高等学校"十二五"规划教材

微机原理与接口技术
（第二版）

毛红旗　刘　敏　杨洪亮　主编

中国铁道出版社
CHINA RAILWAY PUBLISHING HOUSE

内容简介

本书在总结微机基本原理和技术特点的基础上，按照"原理与应用相结合、硬件与软件相结合"的原则，介绍了微机接口技术的基本要点。本书以 Intel 系列微处理器为背景，以16 位微处理器 8086 为核心，分别阐述了 8086 微处理器、指令系统、汇编语言程序设计、总线技术、存储器系统、中断系统、DMA 控制接口、微机系统常用的通用可编程接口的应用实例分析等内容。

本书内容精练、实用易懂，结构层次合理，讲解深入浅出，适合作为高等学校计算机及其他相关专业学生的教材，也可以作为从事微机系统设计和应用的技术人员的参考书。

图书在版编目（CIP）数据

微机原理与接口技术/毛红旗，刘敏，杨洪亮主编.
—2 版.— 北京：中国铁道出版社，2012.7
高等学校"十二五"规划教材
ISBN 978-7-113-14885-0

Ⅰ.①微… Ⅱ.①毛…②刘…③杨… Ⅲ.①微型计算机—理论—高等学校—教材②微型计算机—接口技术—高等学校—教材 Ⅳ.①TP36

中国版本图书馆 CIP 数据核字（2012）第 126520 号

书　　名：	微机原理与接口技术（第二版）		
作　　者：	毛红旗　刘　敏　杨洪亮　主编		
策　　划：	秦绪好　王春霞	读者热线：	400-668-0820
责任编辑：	秦绪好　彭立辉		
封面设计：	刘　颖		
责任印制：	李　佳		

出版发行：中国铁道出版社（100054，北京市西城区右安门西街 8 号）
网　　址：http://www.51eds.com
印　　刷：航远印刷有限公司
版　　次：2007 年 8 月第 1 版　2012 年 7 月第 2 版　2012 年 7 月第 3 次印刷
开　　本：787mm×1092mm　1/16　印张：15.5　字数：370 千
印　　数：5 001～8 000 册
书　　号：ISBN 978-7-113-14885-0
定　　价：30.00 元

第二版前言

本书是在毛红旗、王春红、杨洪亮主编的《微机原理与接口技术》一书（2007 年 8 月由中国铁道出版社出版）的基础上修订而成。随着教学改革的发展，要求开设课程的内容少而精，因此本次修订的指导思想是：在保持全书知识体系结构不变的前提下，精选课程内容，突出应用性，降低了部分内容的学习难度。修订后的教学参考学时约为 60~70 学时。具体对以下几个方面进行了修改：

（1）基础知识部分删除了与"计算机文化基础"课程中重复的内容。

（2）8086 微处理器部分删掉了 8086 支持芯片的详细介绍，只进行了简介。最大模式的介绍也进行了删减。总线操作部分，只对"最小模式下的总线读操作"进行详细介绍，其他总线操作只做简要介绍。

（3）8086 指令系统和汇编语言程序设计部分，删除了侧重算法的较复杂的例子，替换成简单且有助于学生理解计算机程序的汇编、连接过程以及程序的存储及执行过程的例子。本书学习汇编语言程序设计的重点在于帮助学生理解计算机的工作原理而不在于练习程序设计。

（4）对总线技术部分进行了删减。

（5）存储器部分删除了 ROM 和 RAM 工作原理的介绍，增加了具体存储器芯片的介绍。删除了高速缓冲存储器和虚拟存储器工作原理的介绍，增加了对存储器系统的缓存-主存和主存-辅存层次的简要介绍。

（6）删除了与"电子技术"课程重复的模拟接口的有关内容。输入/输出接口技术部分，主要把例题替换成简单但是有代表性且易于实验的例题。

（7）原附录 A 和 B 精简后合为附录 A，附录 B 为新增 Proteus 仿真软件的使用简介。

本书共分 12 章，每章开头介绍本章主要内容和重点，结尾有小结，并配有适当数量的习题以加深对本章内容的理解。

正文中带"*"的内容为选学内容。

本书由毛红旗、刘敏、杨洪亮主编，其中第 1 章由王春红编写，第 3~5 章由杨洪亮编写，第 2、6、9 章由刘敏编写，第 7、8、10~12 章由毛红旗编写，各章和附录由刘敏负责修订，毛红旗负责全书的统稿工作。

本书在修订过程中，参考了大量书籍，听取了许多授课老师与广大读者的意见，在此一并表示感谢。

由于微机技术发展迅速，再加上编者水平有限，难免会有不足之处，敬请各位同仁和广大读者批评指正。

编　者

2012 年 6 月

第一版前言

本书是微机原理与接口技术是计算机专业的一门专业基础课，是一门涉及知识面广、技术性强的学科，也是计算机专业技术应用型人才必须掌握的一门专业技术。只有理解和掌握接口技术的内容，才能真正地了解计算机并且应用计算机。本教材从接口技术的基本原理出发，详细讲述了系统接口和应用接口的基本概念与工作原理、接口设计的关键技术和方法，并给出了相应的应用实例。这些应用实例大多是多年从事教学和科研工作教师的经验总结。为学习方便，每章后面都配有复习思考题，并把经常需要查阅的部分学习资料作为附录列于书后。

《微机原理与接口技术》教材是在毛红旗教授主编的《微型机接口技术》一书的基础上，经过重新整理、修订、扩充而成的。本教材知识结构层次合理、内容实用易懂，主要有以下特点：

1. 注重基础、循序渐进

编者结合长期的教学实践，力求在微机的软、硬件技术结合上做到循序渐进、深入浅出地阐述其工作原理及实际应用。

2. 掌握原理、侧重应用

教材根据高职高专培养目标要求，侧重于对学生在微机接口的设计、开发和应用能力等方面加强培养。在介绍了每一种接口的基本原理和工作方式的基础上，以大量的应用实例分析说明应用技术的要点，使学生在牢固掌握微机原理知识的基础上，具有一定的设计能力和系统应用能力。

3. 重点突出、难点分散

教材遵循面向应用的教学目标、重点突出、内容详尽，力求在微机软件、硬件技术结合上由浅入深、从易到难、循序渐进，对内容的选取、概念的引入、文字的叙述、例题和思考题的设计等进行了精选。

4. 内容全面，风格良好

全书共分为 13 章。每章开头部分都有本章主要内容和要点，结尾部分都有本章小结，并配有适当数量的习题以加深对内容的理解。教学参考学时为 80～90 学时。在授课过程中，教师可根据实际课时适当安排教学内容，其中带有*号的章节可根据授课实际情况作为选讲内容。

本书由毛红旗、王春红、杨洪亮编著，其中第 1 章由金月光编写，第 3、4、5 章由杨洪亮编写，第 6、9 章由王春红编写，第 2、7、8、10、11、12、13 章由毛红旗编写，最后由毛红旗统稿。在编写过程中，参考了大量书籍，听取了许多专家和学者的宝贵意见，在此一并致以衷心的感谢。

由于编者的水平和经验有限，书中不妥之处在所难免，敬请读者和专家提出宝贵意见。

编者
2007 年 6 月

目录

第1章

微机系统概述

计算机是一种高速信息处理和传递的工具，其操作对象是"信息"（或称"数据"），处理（或称"加工"）的结果也是"信息"（或数据）。

计算机之所以获得广泛的应用，是因为其运算速度快、精度高、可以不间断地自动连续工作。完整的计算机系统包括硬件系统和软件系统。硬件是计算机的物质基础，而软件是计算机的灵魂，这两者缺一不可。计算机硬件，只有在相应软件的控制下，才可完成给定的任务，成为对人们真正有用的工具。

本章要点

- 微型计算机（简称微机）的发展过程及各代微处理器的特点；
- 计算机中信息的表示方法；
- 微处理器、微型计算机以及微型计算机系统的组成；
- 微型计算机系统的主要性能评价指标及应用。

计算机是一种能够自动、高速、精确地对数字信息进行加工、处理、存储和传输的电子设备。自 1946 年第一台电子计算机 ENIAC 问世以来，计算机的发展主要经历了电子管、晶体管、中小规模集成电路、大规模和超大规模集成电路等 4 个阶段。进入 21 世纪后，随着生物科学、神经网络技术、纳米技术的飞速发展，生物芯片、神经网络技术进入了计算机领域，计算机的发展进入第 5 个发展阶段。

按照体积、性能和价格来分，计算机可分为巨型机、大型机、中型机、小型机和微型机 5种。20 世纪 70 年代初期，随着微电子技术和超大规模集成电路技术的发展，促使了以微处理器为核心的微型计算机的诞生。微型计算机不但具有计算机快速、精确、程序控制等特点，而且还具有体积小、质量轻、功耗低、价格便宜等特点。微型计算机现已渗透到国民经济的各个领域，极大地改善了人类的工作、学习和生活方式，成为信息时代的主要标志。

1.1 微机发展概况

微型计算机是指以微处理器为核心，配以存储器、输入/输出（I/O）接口电路及系统总线等设备的计算机。微型计算机采用超大规模集成电路技术，将运算器和控制器——微处理器（Microprocessor）集成在一片硅片上。

随着微电子与超大规模集成电路技术的发展，微型计算机技术的发展基本遵循摩尔定律，微处理器集成度每隔 18 个月翻一番，芯片性能随之提高一倍左右。通常，微型计算机的发展与微处理器的发展紧密相关，微型计算机的性能主要取决于微处理器的性能。人们通常按微处理器的字长和功能划分微型计算机的发展阶段：

① 第一阶段（1971—1972 年）：采用 4/8 位低档微处理器（如 Intel 4004 和 Intel 8008）为微型计算机的 CPU。微处理器主要采用 PMOS 工艺，集成度为 2 300 元件/片，基本指令执行时间为 20～50 s，主频在 500 kHz 以下，基本指令 48 条。

② 第二阶段（1973—1977 年）：采用 8 位中档微处理器为微型计算机的 CPU。微处理器的代表芯片是 MC6800、Z80、Intel 8080/8085 等，采用 NMOS 工艺，集成度较上一代提高 4 倍，基本指令执行时间为 2～10 μs，主频高于 1 MHz，基本指令 70 多条。其流行机种是 TRS–80 和 Apple Ⅱ。

③ 第三阶段（1978—1984 年）：采用 16 位微处理器为微型计算机的 CPU。微处理器代表芯片是 Intel 8086/8088、MC6800、Z8000，采用 HMOS 工艺，集成度 2～7 万元件/片，基本指令执行时间为 0.5 μs，主频 4～8 MHz，采用这代微处理器的计算机指令系统完善，采用流水线技术、多级中断、多种寻址方式、段寄存器等结构，能够与协处理器相配合进行浮点运算。其流行机种是 IBM PC 和 IMB PC/XT。

④ 第四阶段（1985—1992 年）：采用 32 位微处理器为微型计算机的 CPU。代表芯片是 Intel 80386、Intel 80486、MC68040 等，采用 HMOS/CMOS 工艺，集成度 100 万元件/片，基本指令执行速度 25MIPS，主频 16～25 MHz，引入了高速缓存，采用精简指令集，其体系结构较 16 位机发生了概念性变化。流行机种是 PC386 和 PC486。

⑤ 第五阶段（1993 年至今）：采用 32 位 Pentium 微处理器 P5 为微型计算机的 CPU。芯片采用 0.6 μm 的静态 CMOS 工艺，集成度 350 万元件/片，基本指令执行时间为 0.5 μs，主频 60 MHz 以上，采用扩展总线，设置高速程序缓存、数据缓存、超流水线结构。1995 年推出的 Pentium Pro 系列微处理器 P6，主频 133 MHz，设置两级缓存，采用动态执行技术，性能大大提高。而后又推出了 Pentium MMX、Pentium Ⅱ、Pentium Ⅲ、Pentium 4。目前，Intel 系列的微处理器中，主频已达 3.8 GHz。表 1–1 给出了 80x86/ Pentium 系列部分 CPU 的主要性能参数。

表 1–1　80x86/ Pentium 系列部分 CPU 的主要性能参数

微处理器	推出时间/年	生产工艺/μm	时钟频率/MHz	集成度/（万元件/片）	寄存器位数/位	数据总线宽度/位	最大寻址空间	高速缓存大小
8086	1978	10	8	0.040	16	16	1 MB	无
80286	1982	2.7	12.5	0.125	16	16	16 MB	无
80386DX	1985	2	20	0.275	32	32	4 GB	无
80486DX	1989	1、0.8	25	1.200	32	32	4 GB	8 KB L1
Pentium	1993	0.8、0.6	60	3.100	32	64	4 GB	16 KB L1
Pentium Pro	1995	0.6	200	5.500	32	64	64 GB	16 KB L1/ 256 KB L2
Pentium Ⅱ	1997	0.35	300	7.500	32	64	64 GB	32 KB L1/256 KB L2
Pentium Ⅲ	1999	0.18	500	9.500	32	64	64 GB	32 KB L1/ 256 KB L2
Pentium 4	2000	0.13	1300	42.00	32	64	64 GB	128 KB L1/512 KB L2

微型计算机的发展之所以如此迅速，主要取决于微型计算机具有运算速度快、计算精度高、集成度高、造价低廉等特点。又由于微型计算机硬件平台开放、易于扩展、适应性强，因此微

处理器的配套应用芯片和软件丰富，更新也很快。此外，微型计算机还具有体积小、质量轻、耗电少及维护方便等特点。

当前微型计算机和微处理器朝以下几个方向发展：

① 发展高性能的 64 位微处理器；

② 发展专用化的单片微型计算机；

③ 发展带有固件的微型计算机；

④ 发展多微处理机系统；

⑤ 充实和发展外围接口电路。

1.2　计算机中信息的表示方法

目前使用的计算机是一种电设备，由千千万万个电子元件（如电容、电感、二极管、晶体管等）组成，这些电子元件一般都只有两种稳定的工作状态（如二极管的截止和导通），用这两种状态对应的高、低两个电位表示 0 和 1，这在物理上最容易实现。0 或 1 可用二进制数的一位表示，称为 bit[1 个二进制位称为 1bit；8 个二进制位称为一个字节（B）；多个字节组成一个字（Word）]。因此，在计算机中，任何信息都是 0 和 1 的数字组合形式，即计算机存储和处理的全部是二进制信息。但是在实际应用中，需要计算机处理的信息是多种多样的，如各种进位制的数据，不同语种的文字符号和各种图像信息等。计算机中用各种二进制编码来表示这些信息。

为了便于书写和记忆，在计算机中数的表示还广泛采用十进制、八进制和十六进制等。为了区别所使用的数制，常用下标或数制代号标注，例如用 $(216)_{10}$ 或 $(216)_D$ 表示十进制数。如采用代码标注，十进制用 D 表示；二进制用 B 表示；八进制用 Q 或 O 表示；十六进制用 H 表示。十进制数的下标 D 可以省略。

1.2.1　数制及其转换

1. 进位计数制

（1）计数符号

每一种进位计数制都有固定数目的计数符号。

① 十进制：10 个计数符号，0、1、2、…、9；

② 二进制：2 个计数符号，0 和 1；

③ 八进制：8 个计数符号，0、1、2、…、7；

④ 十六进制：16 个计数符号，0~9、A、B、C、D、E、F，其中 A~F 对应十进制的 10~15。对于字母开头的十六进制数，还必须在数据前加个 0，以表明它是十六进制数而不是其他符号。

（2）权值

在任何进制中，一个数的每个位置都有一个权值。例如，十进制数 57892 的值为：

$$(57892)_{10}=5 \times 10^4+7 \times 10^3+8 \times 10^2+9 \times 10^1+2 \times 10^0$$

从右向左，每一位对应的权值分别为 10^0、10^1、10^2、10^3、10^4。

不同的进位计数制由于其进位的基数不同，其权值也是不同的。例如，二进制数 101101，其值应为：

$$(101101)_2=1 \times 2^5+0 \times 2^4+1 \times 2^3+1 \times 2^2+0 \times 2^1+1 \times 2^0$$

从右向左，每个位对应的权值分别为 2^0、2^1、2^2、2^3、2^4、2^5。

（3）基数

在任何进制中，基数是指这种进位计数制中计数符号的个数。例如，十进制的基数为 10，二进制的基数为 2，八进制的基数为 8，十六进制的基数为 16。每种进位计数制遵循"逢基数进一"的法则，如十进制数"逢十进一"、二进制数"逢二进一"等。

2．不同数制的相互转换

（1）二、十六进制转换为十进制

将二、十六进制转换为十进制采用"按权展开求和"的方法，即将每位数码乘以各自的权值并累加。

【例 1.1】将 $(1101.1)_2$ 和 $(A3C.F5)_{16}$，分别转换成十进制数。

$$(1101.1)_2 = 1 \times 2^3 + 1 \times 2^2 + 0 \times 2^1 + 1 \times 2^0 + 1 \times 2^{-1}$$
$$= 8 + 4 + 1 + 0.5$$
$$= (13.5)_{10}$$
$$(A3C.F5)_{16} = 10 \times 16^2 + 3 \times 16^1 + 12 \times 16^0 + 15 \times 16^{-1} + 5 \times 16^{-2}$$
$$= 2560 + 48 + 12 + 0.9375 + 0.01953125$$
$$= (2620.95703125)_{10}$$

（2）十进制转换为二、十六进制

十进制数转换为其他进制数时整数部分和小数部分必须分别遵守不同的转换规则。整数部分采用"除以基数取余数"的方法，小数部分采用"乘以基数取整数"的方法。假设将十进制数转换为 R 进制数。

① 整数部分：除以 R 取余数，即整数部分不断除以 R 取余数，直到商为 0 为止，最先得到的余数为最低位，最后得到的余数为最高位。

② 小数部分：乘以 R 取整数，即小数部分不断乘以 R 取整数，直到积为 0 或达到有效精度为止，最先得到的整数为最高位（最靠近小数点），最后得到的整数为最低位。

【例 1.2】将 $(75.453)_{10}$ 转换成二进制数（取 4 位小数）。

得 $(75.453)_{10} = (1001011.0111)_2$

【例 1.3】将 $(237.45)_{10}$ 转换成十六进制数（取 3 位小数）。

得$(237.45)_{10} = (ED.733)_{16}$

（3）二进制转换为十六进制

因为$2^4=16$，所以 4 位二进制数对应 1 位十六进制数。

将二进制数以小数点为中心分别向两边分组，转换成十六进制数，每 4 位为一组，不够位数在两边加 0 补足，然后将每组二进制数转化成十六进制数即可。

【例 1.4】将二进制数 1101111110.10001 转换为十六进制数。

$(\underline{0011}\ \underline{0111}\ \underline{1110}.\underline{1000}\ \underline{1000})_2 = (37E.88)_{16}$（注意：在两边补零）

    3   7   E . 8   8

（4）十六进制转换为二进制

将每位十六进制数展开为 4 位二进制数。注意：可以将转换之后的二进制整数前的高位零和小数后的低位零取消。

【例 1.5】将 $(B3E.A5)_{16}$ 转化成二进制数。

$(B3E.A5)_{16} = (\underline{1011}\ \underline{0011}\ \underline{1110}\ .\ \underline{1010}\ \underline{0101})_2$

1.2.2 计算机中二进制信息编码

所谓二进制信息编码，是指用二进制代码来表示计算机所要处理的信息。在计算机里，所有数字、字母、符号、操作命令等都是用二进制特定编码（一般表示为若干位二进制码的组合）来表示的。

1. 数字编码（BCD 码，Binary Coded Decimal）

BCD（二-十进制）码是一种常用的数字代码，它广泛应用于计算机中。这种编码法分别将每位十进制数字编成 4 位二进制代码，从而用二进制数来表示十进制数。

计算机中采用的是二进制数，由于二进制数不直观，人们不习惯，因此计算机在输入和输出时，通常仍采用十进制数，只不过它要用二进制编码来表示，这时使用 BCD 码就很方便。

最常用的 BCD 码是标准 BCD 码或称 8421 码（这是根据这种表示中各位的权值而定的，其权值与普通的二进制相同）。表 1-2 列出了标准 BCD 码与十进制数字的编码关系。

表 1-2 标准 BCD 码与十进制数的编码关系

十 进 制 数	标准 BCD 码	十 进 制 数	标准 BCD 码
0	0000	6	0110
1	0001	7	0111
2	0010	8	1000
3	0011	9	1001
4	0100	10	00010000
5	0101	100	000100000000

十进制数基数为 10，它有 10 个不同的数码。因此为了能表示十进制数的某一位，必须至少选择 4 位二进制数（4 位二进制数可以表示 16 种不同的状态，所以用以表示十进制数时要丢掉 6 种状态）。在 BCD 码中，0~9 之间的十进制数的 BCD 码与二进制数中的表示形式是一样的，而 1010~1111 这 6 种状态不使用，因此用标准 BCD 码表示十进制数时，只要对每个十进制数字用适当的二进制数代替即可。例如，十进制数 320 可以表示成 0011 0010 0000。

为了避免格式与纯二进制码混淆，通常在每 4 位二进制数之间留一空格，这种表示也适合十进制小数。例如，十进制小数 0.857 可以表示成 0.1000 0101 0111。

2．字符的编码

计算机中最通用的字符信息编码为美国标准信息交换码（American Standard Code for Information Interchange，ASCII），如附录 F 所示。这种代码用一个字节（8 位二进制码）来表示一个字符，其中低 7 位是字符的 ASCII 码值，例如英文字母 A 是 41H。小于 20H 的是不可显示字符，通常是命令代码，如 0AH 是换行命令符。最高位一般用做奇偶检验位或者用于 ASCII 码的扩充。基本 ASCII 码有 128 个，包括大小写字母、数字、专用符号和控制符号等。扩充后的 ASCII 码有 256 个（扩充出了 128 个字符和图形符号）。

3．汉字编码

计算机在我国应用时，要求其能够输入、处理和输出汉字。汉字通过输入设备将外码送入计算机，再由汉字系统将其转换成内码存储、传送和处理，当需要输出时再由汉字系统调用字库中汉字的字形码得到结果，这个过程如图 1-1 所示。

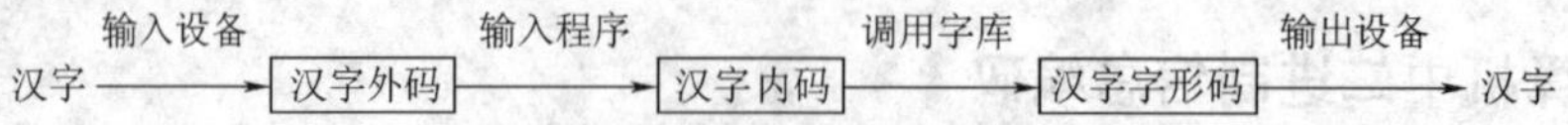

图 1-1　汉字处理流程

只有在中文操作系统环境下才能处理汉字，操作系统中有实现各种汉字代码间转换的模块，在不同场合下调用不同的转换模块。

1.2.3　计算机中数的表示

1．数据格式

（1）数的定点表示和浮点表示

在计算机中，对小数点的处理有两种，分别称为定点格式和浮点格式。

① 在定点格式中，小数点在数据中的位置固定不变。定点格式可表示成定点小数（小数点约定在符号位之后）或定点整数（小数点约定在最低位之后）。通常，小数点的位置确定后，在运算中不再考虑小数点的问题，因而小数点不占用存储空间。定点数表示简单，但数的取值范围小，精度低。

② 采用浮点格式的机器中的数据的小数点位置可变。浮点数的一般格式为：

$$N=R^E \cdot M$$

其中，N 为浮点数或实数；M 是浮点数的尾数；是纯小数；E 是浮点的指数，是整数；基数 R 是常数。

机器中的浮点数用尾数和阶码及其符号位表示。尾数用定点小数表示，尾数给定有效数字的位数并决定浮点数的表示精度；阶码用定点整数表示，指明小数点在数据中的位置并决定浮点数的表示范围。

（2）带符号数和无符号数

对于一个数来说若最高有效位为符号位，则该数为带符号数；反之，若数的最高有效位为数值位，则为无符号数。当进行数据处理时，若不需要考虑数的正负，则可以使用无符号数。带符号数和无符号数的取值范围不同。对于字长为 8 位的定点整数，无符号数的取值范围是 $0 \leq X \leq 255$，有符号数的取值范围是 $-128 \leq X \leq 127$。

2．机器数与真值

机器数是一个数在计算机中的表示形式，一个机器数所表示的数值称为真值。前面提到的二进制数，没有提到符号问题，因此是一种无符号数的表示。对于无符号数，机器数与真值相同，此时计算机的全部有效位都用来存放数据，它能表示的最大数值取决于计算机的字长。对于 n 位字长的计算机来说，表示无符号的整数范围为 $0\sim2^{n}-1$。带符号数的习惯表示方法是在数值前用"+"号表示正数，"-"号表示负数。计算机只能识别 0 和 1，对数值的符号也不例外。对于带符号的数，在计算机中，通常将一个数的最高位作为符号位，最高位为 0，表示符号位为正；最高位为 1，表示符号位为负。例如：

$$真值\quad 机器数$$
$$+83 = 0\,1010011$$
$$-83 = 1\,1010011$$

式中等号左边的+83 和-83 分别是等号右边的机器数所代表的实际数，即真值。

这种把正、负号也数字化的数称为机器数，即计算机所能识别的数。

3．原码、反码与补码

计算机中常用机器数有 3 种不同的编码形式，即原码、反码和补码。

（1）原码

上述以最高位为 0 表示正数，为 1 表示负数，后面各位为其数值的表示法称为原码表示法。

原码简单，与真值转换方便。但是若两个异号数相加或两个同号数相减时，必须做减法。在计算机内部，为了避免做减法，即用一个加法器来完成加减法运算，便引入了反码和补码。

（2）反码

对于正数其反码形式与其原码相同，最高位 0 表示正数，其余位为数值位。

对于负数将其原码除符号位以外，其余各位按位取反，即可得到其反码表示形式。

（3）补码

正数的补码与其原码具有相同的表现形式，最高位为符号位，其余位为数值位。例如：

$$X = +127,\qquad [X]_原 = [X]_反 = [X]_补 = 0\,1111111$$
$$X = +0,\qquad [X]_原 = [X]_反 = [X]_补 = 0\,0000000$$

负数的补码即为它的反码在最低位加上 1。例如：

$$X = -7,\qquad [X]_原 = 1\,0000111,\qquad [X]_反 = 1\,1111000,\qquad [X]_补 = 1\,1111001$$
$$X = -0,\qquad [X]_原 = 1\,0000000,\qquad [X]_反 = 1\,1111111,\qquad [X]_补 = 0\,0000000$$
$$X = -128,\qquad [X]_补 = 1\,0000000$$

从以上几例可归纳出二进制补码的几个特点：

① $[+0]_补 = [-0]_补 = 00000000$，无+0 和-0 之分。

② 正因为补码中没有+0 和-0 之分，所以 8 位二进制补码所能表示的数值范围为+127～-128；同理可知，n 位二进制补码表示的范围为 $+2^{n-1}-1\sim-2^{n-1}$。在原码、反码和补码三者中，只有补码可以表示 -2^{n-1}。

③ 一个用补码表示的二进制数，当为正数时，最高位（符号位）为"0"，其余位即为此数的二进制值；当为负数时，最高位（符号位）为"1"，其余位不是此数的二进制值，必须把它们按位取反，且在最低位加 1，才是它的二进制值。

4．溢出的概念

在计算机中，凡是有符号数一律用补码形式存放和运算，其运算结果也用补码表示。若最高位为 0，表示结果为正；若最高位为 1，表示结果为负。设 X、Y 是两个任意的二进制数，定点补码的运算满足下面的规则：

$$[X+Y]_补 = [X]_补 + [Y]_补$$

$$[X-Y]_补 = [X]_补 + [-Y]_补$$

采用补码运算可以将减法变成补码加法运算，在微处理器中只需要加法的电路就可以实现加法、减法运算。但由于计算机的字长有一定限制，所以一个带符号数是有一定范围的。当运算结果超过这个范围时，便产生溢出。显然，只有在同符号数相加或者异符号数相减的情况下，才有可能产生溢出（如果两个同符号数相加，结果的符号与之相反，则溢出；如果两个异符号数相减，结果的符号与减数相同，则溢出）。在计算机中也可以利用运算时的进位情况判断是否溢出：当数值部分向符号位的进位与符号位向高位的进位不相同时则产生溢出，因此可以用一个异或电路进行检测。

【例 1.6】两个 8 位补码表示的数相加没有溢出的例子。

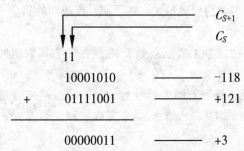

令 C_S 为数值部分向符号位的进位，C_{S+1} 为符号位向高位的进位，此例中，$C_S = C_{S+1} = 0$，结果在 8 位二进制补码表示范围内，没有溢出。

【例 1.7】两个 8 位补码表示的数相加产生溢出的例子。

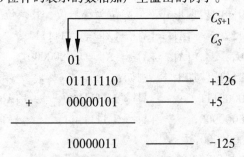

此例中，$C_S \neq C_{S+1}$，产生了错误的结果，发生了溢出。

1.3　微机的基本结构

1.3.1　微型计算机系统

1946 年，美籍匈牙利数学家冯·诺依曼（John von Neumann）等人在论文《关于电子计算仪器逻辑设计的初步探讨》中，第一次提出了计算机组成和工作方式的基本思想。

其主要思想是：

① 计算机应由运算器、控制器、存储器、输入设备和输出设备这五大部分组成。

② 存储器不但能存放数据，而且也能存放程序。数据和指令均以二进制数形式存放，计算机具有区分指令和数据的能力。

③ 编好的程序事先存入存储器中，在指令计数器控制下，自动高速运行（执行程序）。

以上几点可归纳为"程序存储，程序控制"的构思。

数十年来，虽然计算机已经取得惊人的进展，相继出现了各种结构形式的计算机，但究其本质，仍属冯·诺依曼结构体系。

众所周知，计算机由硬件和软件两大部分组成。硬件是指那些为组成计算机而有机联系的电子、电磁、机械、光学元件、部件或装置的总和，是有形的物理实体。软件是相对于硬件而言的。从狭义角度看，软件包括计算机运行所需的各种程序；而从广义角度讲，软件还包括手册、说明书和有关资料。

微机系统是硬件和软件有机结合的整体。没有软件的计算机称为裸机，裸机如同一架没有思想的躯壳，不能做任何工作。操作系统给裸机以灵魂，使其成为真正可用的工具。一个应用程序在计算机中运行时，受操作系统的管理和监控，在必要的系统软件协助之下，完成用户交给它的任务。可见，裸机是微机系统的物质基础，操作系统为它提供了一个运行环境。在系统软件中，各种语言处理程序为应用软件的开发和运行提供方便。用户并不直接和裸机打交道，而是使用各种外围设备（简称外设），如键盘和显示器等，通过应用软件与计算机交流信息。

硬件和软件系统本身还可细分为更多的子系统，如图 1-2 所示。

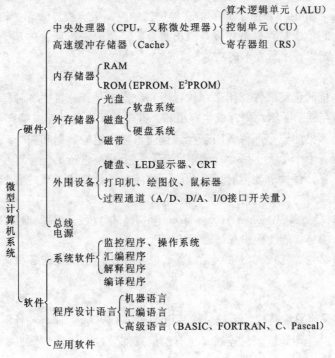

图 1-2　微型计算机系统的组成

1.3.2　微型计算机的硬件系统

　　微型计算机（简称微机）是微型计算机系统的主体。微型计算机的硬件系统由主板、系统总线、I/O 接口和各种外围设备组成。其中，主板主要包括微处理器、内存储器和总线控制逻辑，如图 1-3 所示。

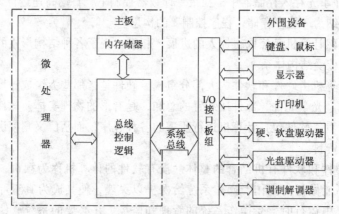

图 1-3　微型计算机的基本结构

1．微处理器

　　微处理器（CPU）是指由一片或几片大规模集成电路组成的具有运算器和控制器功能的中央处理器部件。其作用是对指令进行译码，根据指令要求来控制系统内的活动，并完成全部的算术和逻辑运算。CPU 内部使用了一定数量的寄存器。

　　CPU 由运算器和控制器组成。运算器是信息加工处理部件，其核心部件是算术逻辑单元（Arithmetic and Logic Unit，ALU），运算器在控制器的控制下完成算术和逻辑运算。控制器负责全机的控制工作，它负责从存储器中逐条取出指令，经译码分析后，向其他各部件发出相应的命令，以保证正确完成程序所要求的功能。

2．存储器

　　存储器是计算机的记忆部件，用来存放程序和数据，是计算机中各种信息存储和交流的中心。存储器分为内存储器（简称内存或主存）和外存储器（简称外存或辅存）。

　　内存储器是计算机的记忆部件，用来存储当前正在使用的数据和指令。内存通常分为几个模块，每个模块有若干个单元，每个存储单元都有一个地址进行标识，可存入数据或指令的一部分或全部。有了它，计算机才能有记忆功能，才能把要计算和处理的数据以及程序存入计算机内，使计算机脱离人的直接干预，自动地工作。

　　内存分为随机存储器（Random Access Memory，RAM）和只读存储器（Read Only Memory，ROM），内存和系统总线的连接由存储器接口完成。

　　外存储器包括硬盘、软盘、磁带、光盘等，既可用于向主机发送各种信息，又可接收、保存主机传来的信息。

3．系统总线

　　微机系统大多采用总线结构。系统总线是用来连接 CPU 及存储器和外围设备的一组导线，可以是电缆，也可以是印到板上的连线，所有的信息都通过总线传送。根据总线上所传送的信息种类，将系统总线分为数据总线（Data Bus，DB）、地址总线（Address Bus，AB）和控制总线（Control Bus，CB）3 类。

① 传送地址信息的总线称为地址总线，即 AB。CPU 在地址总线上输出将要访问的内存单元或 I/O 端口的地址，该总线为单向总线。地址总线的位数决定了 CPU 可以直接寻址的内存单元的范围。例如，地址总线是 16 位，则内存容量为 2^{16} 个字节，即 64 KB。在计算机中，1 KB = 2^{10} B =1 024 B。地址总线若为 16 位，则内存容量为 2^{16} B = 64 KB；地址总线若为 20 位，则内存容量为 2^{20} B = 1 MB。

② 传送数据信息的总线称为数据总线，即 DB。在 CPU 进行读操作时，内存或外围设备的数据通过数据总线送往 CPU；在 CPU 进行写操作时，CPU 数据通过数据总线送往内存或外围设备，所以该总线为双向总线。数据总线的位数是微型计算机的一个很重要的指标，它和微处理器的位数相对应。在数据总线内传送的数据流可以是指令代码、状态信息或控制信息，也可以是真正的数据。

③ 传送控制信息的总线称为控制总线，即 CB。其中，有些信号线将 CPU 的控制信号和状态信号送往外界；有些信号线将请求或联络信号送往 CPU；个别信号线兼有以上两种情况。所以，在讨论控制总线的传送方向时要具体到某一个信号，它们可能是输入、输出或者双向。

微处理器的控制信号分为两类：一类是通过对指令的译码，由 CPU 内部产生，这些信号由 CPU 送到存储器、I/O 接口电路和其他部件；另一类是微型计算机系统的其他部件产生并送到 CPU 的信号，如中断请求信号、总线请求信号等。

在一个系统中，除了 CPU 有控制总线的能力外，DMA 控制器等设备也有控制总线的能力，称为总线主控模块；而连在总线上的存储器和 I/O 设备等，则是被访问和被控制的对象，被称为总线从属模块。

4. I/O 接口

I/O 接口是 CPU 与外围设备之间交换信息的连接电路，通过总线与 CPU 相连。I/O 接口也称适配器或设备控制器。由于各种外围设备之间、主机与外围设备之间的性能差异很大，因而，外围设备一般要通过接口和各种适配器经系统总线，才能与主机相连接。

5. 输入/输出设备

输入/输出设备（I/O 设备）是微机和用户或者其他通信设备交流信息的桥梁。输入设备用于提供计算所需的数据和计算机执行的程序，如键盘、鼠标等。输出设备用于输出计算机的处理结果，如显示器、打印机等。上面指出的几种外围设备，已是当前微机系统中必不可少的组成部分。外围设备还有许多，如绘图仪、扫描仪、数码照相机、调制解调器（Modem）等，可根据需要选配。

1.3.3　微型计算机的软件系统

计算机的硬件系统是一个为执行程序建立物质基础的物理装置，被称为裸机或硬壳。微机只有硬件还不能工作，还必须要有软件。软件是计算机处理的程序、数据、文件的集合。其中，程序的集合构成了计算机中的软件系统。

1. 程序和程序设计语言

程序是计算机为实现某一预期目的而编写的一系列指令的集合，它由指令或某种语言编写而成。程序的开发需要借助工具——程序设计语言，它是系统软件的重要组成部分。

早期人们只能使用计算机所固有的指令系统（机器语言）来编写程序。CPU 能直接识别和运行机器语言中的指令代码，因而用机器语言编写程序的突出优点是具有最快的运行速度。但机器语言不容易记忆，使用不便，目前已很少使用。

汇编语言是一种符号语言，它用助记符代替二进制的机器语言指令。助记符是用英文单词或其缩写构成的字符串，容易理解，编程效率高。汇编语言克服了机器语言的缺点，同时保留了机器语言的优点。用汇编语言编写程序，可以充分发挥机器硬件的功能，并提高程序的编写质量。当前在I/O 接口程序设计、实时控制系统和需要特殊保密作用的软件开发中，仍处于不可替代的地位。

汇编语言是面向机器的语言，它与计算机 CPU 的类型和指令系统有关，因此汇编语言的使用受到一定的限制。目前，许多系统软件和应用软件都采用高级语言编写。高级语言是面向问题和过程的语言，它与具体机器无关，并接近人的自然语言，因而，高级语言更容易学习、理解和掌握。高级语言有许多种，常见的有 Visual Basic、Visual C++、Java 等。

2．编译和解释程序

用汇编语言和高级语言编写的程序称作源程序，必须由计算机把它翻译成 CPU 能识别的机器语言之后，才能由 CPU 运行。机器语言如同 CPU 的母语，而汇编语言和高级语言则是它的各种外语，要理解外语发出的各种命令，就必须先进行翻译，翻译工作可由计算机自动完成。能把用户汇编语言翻译成机器语言的程序，称为汇编程序。常用的汇编程序有 ASM、MASM 和 TASM 等。

将高级语言源程序翻译成机器语言，有两种翻译方式：一种是由机器边翻译边执行的方式，称为解释方式，实现解释功能的翻译程序，称为解释程序，如 BASIC 语言大都采用这种方式；另一种称为编译方式，这是一种先将源程序全部翻译成机器语言，然后再执行的方式，如 C 语言等采用这种方式。每一种高级语言都有相应的解释或编译程序，机器的类型不同，其编译或解释程序也不同。

3．操作系统

操作系统是系统软件中最重要的软件。计算机是由硬件和软件组成的复杂系统，可供使用的硬件和软件均称为计算机的资源。要让计算机系统有条不紊地工作，就需要对这些资源进行管理。用于管理计算机软、硬件资源，监控计算机及程序的运行过程的软件系统，称为操作系统（Operating System）。

操作系统对于计算机是至关重要的，没有操作系统，计算机甚至不能启动。目前，广泛使用的微机操作系统有 DOS（Disk Operating System）、Windows、Linux、UNIX 等。DOS 是单用户的操作系统；Windows 是具有图形界面、操作方便的系统；UNIX 是具有多用户、多任务功能的操作系统；Linux 是目前日趋流行的操作系统。

系统软件还包括连接程序、装入程序、诊断程序等。连接程序能把要执行的程序与库文件以及其他已编译的程序模块连在一起，成为计算机可以执行的程序；装入程序能把程序从磁盘中取出并装入内存，以便执行；调试程序能够让用户监督和控制程序的执行过程；诊断程序能够在计算机启动过程中，对计算机硬件进行配置并对其完好性进行监测和诊断。

4．应用软件

应用软件（即应用程序）是为了完成某一特定任务而编制的程序，其中有一些是通用的软件，如数据库系统（DBS）、办公自动化软件、图形图像处理软件等。

*1.4　微机的主要性能指标和应用

1.4.1　微机的主要性能指标

一台微机性能的优劣，主要是由它的系统结构、硬件组成、系统总线、外围设备以及软件配置等因素来决定的，具体表现在以下几个主要技术指标上。

1．字长

微机的字长是指微处理器内部一次可以并行处理二进制代码的位数。它与微处理器内部寄存器以及 CPU 内部数据总线宽度是一致的。字长越长，所表示处理的数据精度就越高。在完成同样精度的运算时，字长较长的微处理器比字长较短的微处理器运算速度快。大多数微处理器内部的数据总线与微处理器的外部数据引脚宽度是相同的，但也有少数例外。例如，Intel 8088 微处理器内部数据总线为 16 位，而芯片外部数据引脚只有 8 位，Intel 80386 SX 微处理器内部为 32 位数据总线，而外部数据引脚为 16 位。对于这类芯片仍然以它们的内部数据总线宽度为字长，但把它们称作"准 XX 位"芯片。例如，8088 被称作"准 16 位"微处理器芯片，80386 SX 被称作"准 32 位"微处理器芯片。Pentium 4 处理器具有 32 位内部数据总线和 64 位外部数据总线，因此，仍是 32 位微处理器。

2．主存容量

主存容量是主存储器所能存储的二进制信息的总量，它反映了微机处理信息时，容纳数据量的能力。主存容量越大，微机工作时主、外存储器间的数据交换次数就越少，处理速度也就越快。

主存容量常以字节（B）为单位，并定义 KB、MB、GB、TB 等派生单位，1 KB=1 024 B；1 MB=1 024 KB；1 GB=1 024 MB；1 TB=1 024 GB。

3．指令执行时间

指令执行时间是指计算机执行一条指令所需的平均时间，其长短反映了计算机执行一条指令运行速度的快慢。它一方面取决于微处理器工作的时钟频率；另一方面又取决于计算机指令系统的设计、CPU 的体系结构等。微处理器工作时钟频率指标可表示为多少兆（或吉）赫兹，即 M（或 G）Hz；微处理器指令执行速度指标则表示为每秒运行多少百万条指令（Millions of Instructions Per Second，MIPS）。

4．系统总线

系统总线是连接微机系统各功能部件的公共数据通道。系统总线所支持的数据传输位数和时钟频率直接关系到整机的性能。数据传送位数越宽，总线工作时钟频率越高，则系统总线的信息吞吐率就越高，整机的性能就越强。目前，微机系统采用了多种系统总线标准，如 ISA、EISA、VESA、PCI、PCI-Express 等。

5．外围设备配置

在微机系统中，外围设备占据了重要地位。计算机信息的输入、输出、存储都必须由外设来完成，微机系统一般都配置了显示器、打印机、键盘等外设。微机系统所配置的外设，其速度快慢、容量大小、分辨率高低等技术指标都影响着微机系统的整体性能。

6．系统软件配置

系统软件也是计算机系统不可或缺的组成部分。微机硬件系统仅是一个裸机，它本身并不能运行。若要运行，必须有基本的系统软件支持，如 DOS、Windows 等操作系统。系统软件配置是否齐全，软件功能的强弱，是否支持多任务、多用户操作等都是微机硬件系统性能能否得到充分发挥的重要因素。

1.4.2　微机的应用

当前，微机已广泛应用于工业、农业、国防、科研、教育、交通、通信、商业乃至家庭日常生活等各个领域。从航天技术到海洋开发、从天气预报到地震勘测、从医疗诊断到生物工程、从电子购物到儿童玩具、从远程教育到情报检索、从产品设计到生产过程控制等，到处都有微机的踪迹。归纳起来，微机的应用主要有以下几个方面：

1. 办公自动化

办公自动化（Office Automation，OA）是计算机、通信与自动化技术相结合的产物，也是当前微机最为广泛的一类应用。主要包括：电子数据处理系统（Electronic Data Process，EDP），如公文的编辑打印、报表的填写与统计、文档检索、活动安排及其他数据处理等；管理信息系统（Management Information System，MIS）是一个以计算机为基础，对企事业单位或政府机关实行全面管理的信息处理系统，如人事管理、财务管理、计划管理、统计管理等，支持本单位的信息管理工作；决策支持系统（Decision Supporting System，DSS），包括数据库、知识库、模型库和方法库，它通过对大量历史数据和当前数据的统计、分析，预测在不同对策下可能产生的结果。

2. 数据库应用

数据库是在计算机存储设备中，按照某种关联方式存放的一批数据。借助数据库管理系统（DataBase Management System，DBMS），可对其中的数据实施控制、管理和使用，如科技情报检索系统、银行储户管理系统、飞机票订票系统等。根据数据存放的差异，可以将数据库分为集中式和分布式两类，集中式数据库将数据集中在一台计算机上，分布式数据库则将数据分散在多台计算机内，数据库在计算机现代应用中占有非常重要的地位。

3. 计算机网络应用

计算机网络就是利用通信设备和线路等，把不同的计算机系统互连起来，并在网络软件支持下，实现资源共享和信息传递的系统。根据计算机之间距离的远近、覆盖范围的多少，分为局域网（Local Area Network，LAN）、广域网（Wide Area Network，WAN）和城域网（City Area Network，CAN）。网络的应用使人类进入了信息化社会，人们可以在网上浏览与检索信息、下载软件，充分享受网络资源，随时收发电子邮件（E-mail）、传真（FAX）、传送文件（FTP）、发布公告（BBS）、参加网络会议（NetMeeting），参加各种网上论坛，在网上开展电子商务和电子数据交换等。

4. 生产过程自动化

这种方式包括：计算机辅助设计（Computer Aided Design，CAD）——具有快速改变产品设计参数，优化设计方案，动态显示产品投影图、立体图，输出图纸等功能，降低了产品的设计成本，缩短了产品的设计周期；计算机辅助制造（Computer Aided Manufacturing，CAM）——根据加工过程编写数控加工程序，由程序控制数控机床完成工件的自动加工，并能在加工过程中自动换刀及给出数据，一次自动完成多种复杂的工序；计算机集成制造系统（Computer Integrated Manufacturing System，CIMS）——是集设计、制造、管理三大功能于一体的现代化工厂生产系统，它代表一种新型的生产模式，具有生产效率高、生产周期短等特点。生产过程自动化是计算机在现代生产领域，特别是在制造业中的典型应用，不仅提高了自动化水平，而且使传统的生产技术发生了革命性的变化。

5. 智能模拟

智能模拟又称人工智能（Artificial Intelligence，AI），是用计算机软硬件系统模拟人类某些智能行为，如感知、思维、推理、学习、理解等的理论和技术。它是在计算机科学、控制论、仿生学和心理学等基础上发展起来的边缘科学，是当前国内外争先研究的热门技术。智能模拟包括专家系统，问题求解，定理证明，机器翻译，自然语言理解，对声、图、文的模式识别等。

人工智能的另一个重要应用是机器人。目前，国际上已有许多机器人用于各种恶劣环境的生产和试验领域。机器人的视觉、听觉、触觉以及行走系统等，是目前亟待解决的问题。随着人工智能研究的发展，机器人的智能水平会不断提高，它的应用前景十分广阔。

微机自 1971 年问世以来，对科学技术和人类的生活产生了巨大的影响，已逐渐成为人们工作和生活中不可缺少的工具。微机之所以发展得如此迅速，一个重要的原因是其性能价格比在各类计算机中占有领先地位。微机以物美价廉、可靠性高、维护方便、小巧灵活而深受人们的欢迎。

6. 多媒体技术

这里的媒体是指表示和传播信息的载体，例如文字、声音、图像等。随着 20 世纪 80 年代以来数字化音频和视频技术的发展，逐步形成了集声、文、图、像于一体的多媒体计算机系统。它不仅使计算机应用更接近人类习惯的信息交流方式，而且将开拓许多新的应用领域。

小　结

本章从微型计算机的产生和发展开始，对微机的基本概念、硬件结构、工作原理、系统组成、应用特点等知识做了相应的概述：介绍了计算机中信息的表示方法，重点介绍了二进制、十进制、十六进制的相关概念和各种数制之间的相互转换方法、无符号数和带符号数的机器内部表示、字符编码和汉字编码等。

通过本章的学习，可了解微机的发展历史和分类，掌握微机系统的组成和工作原理，理解微机硬件和软件的组成，掌握计算机内部的信息处理方式，熟悉各种数制之间的相互转换，理解无符号数和符号数的表示方法，掌握 BCD 码、ASCII 码和汉字编码的概念及应用。

习　题

1. 计算机的发展分为哪几个阶段？当前广泛使用的计算机主要采用哪一代的技术？
2. 如何确定一个微处理器是 8 位、16 位还是 32 位？
3. 微型计算机系统的硬件和软件系统各由哪几部分组成？其中硬件系统各部分的主要功能是什么？
4. 衡量微机系统的主要性能指标有哪些？
5. 微处理器、微型计算机和微机系统三者之间有什么不同？微机的应用主要包括哪些方面？
6. 把下列十进制数分别转换为二进制和十六进制数。
   （1）37　　　　　（2）128　　　　　（3）512　　　　　（4）65
7. 把下列二进制数分别转换为十进制和十六进制数。
   （1）101101　　　（2）10010011　　　（3）1110010　　　（4）10011101
8. 写出下列十进制数的原码、反码、补码（采用 8 位二进制数表示）。
   （1）76　　　　　（2）33　　　　　（3）-47　　　　　（4）-126

第②章

80x86 微处理器

　　微处理器是微型计算机的核心部件，包括运算器、控制器和寄存器组等部分，并通过芯片中的内部总线相连，构成一个整体。8086 CPU 是 Intel 系列微处理器中最具有代表性的 16 位微处理器，采用具有高速运算性能的 HMOS 工艺制造。8086 CPU 有 16 根数据线和 20 根地址线，能处理 8 位或 16 位数据，可寻址 1 MB 的存储单元和 64 KB 的 I/O 端口。后继推出的 80286、80386 等以至目前的 Pentium 微处理器都是从 8086 发展而来，且均保持与其兼容。因此，深入了解 8086 CPU 是进一步掌握 Intel 系列高档微处理器的基础。

本章要点

- 8086 微处理器的功能结构和引脚定义、含义；
- 8086 微处理器的工作模式和总线操作；
- 8086 存储器和 I/O 端口的组织。

　　随着 CPU 芯片制造工艺和性能的提高，微型计算机也以几年一代的速度不断翻新。但是，计算机的基本工作原理并没有改变。所有 CPU 芯片或微型计算机都是一个系列，它们在升级换代过程中充分考虑了兼容性，因而在应用方面是完全兼容的。从 8088、8086 一直到 Pentium，寄存器结构仅仅是 16 位与 32 位的区别，没有本质上的区别。Intel 80x86 系列芯片的指令系统中 80%以上（基本指令集）是完全相同的，只是在 80286 以上的芯片中增加了一些新指令，以提高 CPU 的性能和功能。8086 的工作方式与 80286 以上芯片的实地址工作方式几乎完全相同。因此，8086 CPU 是 Intel 80x86/Pentium 系列芯片的基础，是全面学习和掌握 80x86/Pentium 系列微机接口技术与应用基础的很好切入点。本章主要介绍微处理器 8086。

2.1　8086 CPU 的内部结构

2.1.1　8086 CPU 的功能结构

　　8086 CPU 从功能上看由两个独立的处理部件组成：执行部件（Execution Unit，EU）和总线接口部件（Bus Interface Unit，BIU），如图 2-1 所示。

1. 执行部件（EU）

　　EU 由算术逻辑部件 ALU、标志寄存器 FR、EU 控制系统、8 个通用寄存器（AX、BX、CX、DX、SP、BP、SI、DI）等组成。

　　EU 负责全部指令的执行，同时向 BIU 输出数据（操作结果），并对通用寄存器和标志寄存器进行管理。

　　EU 的简要工作过程是：从 BIU 指令队列中取出指令操作码，通过译码电路分析要进行什么操作，然后发出相应的控制指令，控制数据经过 ALU 数据总线的流向。如果是运算操作，操作数经暂存寄存器送入 ALU，运算结果经过 ALU 数据总线送到相应的寄存器，同时标志寄存器 FR 根据运算结果改变标志位。如果执行指令需要从外界取数据，则 EU 向 BIU 发出请求，由 BIU 通过 8086 外部数据总线访问存储器或外围设备，通过 BIU 的内部通信寄存器向 ALU 数据总线传送数据。

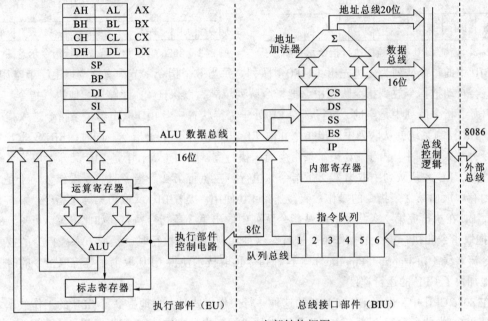

图 2-1　8086 CPU 内部结构框图

2．总线接口部件（BIU）

　　BIU 是由 4 个段寄存器（CS、SS、DS、ES）、指令指针寄存器（IP）、指令队列（Queue）、内部通信寄存器、总线控制逻辑和 20 位地址加法器组成。

　　BIU 负责与存储器、I/O 端口传送数据，执行所有的外部总线周期，提供系统总线控制信号，还将段寄存器中的内容与偏移量寄存器中的内容送到地址加法器中，形成 20 位存储器的物理（实际）地址。

　　BIU 的简要工作过程是：当指令队列有两个以上字节为空，并且 EU 也没有要求 BIU 进入总线周期的时候，BIU 就执行取指令周期，从内存中取指令送到指令队列进行排队。当 EU 执行指令要求和内存或 I/O 接口传送数据时，BIU 根据 EU 的要求执行总线周期从内存的指定单元或 I/O 设备端口，取出数据送入指令队列中，供 EU 执行指令用。

　　BIU 和 EU 这两个部件相互作用、相互依赖，但在大多数情况下，各自独立操作。

3．8086 CPU 的工作特点

　　为了了解 8086 CPU 的工作特点，首先来看传统计算机的 CPU 是如何工作的。

　　在传统的 CPU（如 8080、8085、Z80 等）中，程序的执行是由取指令和执行指令的循环来完成的，如图 2-2 所示。工作的顺序是：取第 1 条指令，执行第 1 条指令；取第 2 条指令，执

行第 2 条指令；如此循环下去。在每条指令执行完后，CPU 必须等待，直到下一条指令取出来以后才能执行。也就是说，指令的提取和执行是串行进行的。由于 CPU 需要等待取指令的时间，影响了其运行速度。

在 8086 CPU 中，由于 EU 和 BIU 是分开的，所以取指令和执行指令的时间可以重叠，也就是说取指令和执行指令可以同时进行，如图 2-3 所示。

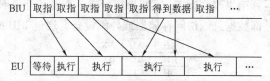

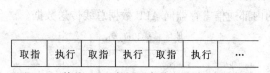

图 2-2　传统 CPU 串行顺序执行指令示意图　　　图 2-3　8086 CPU 并行重叠执行指令示意图

BIU 中的指令队列为先进先出（FIFO）队列。每当 6 个指令字节中有 2 个以上字节空闲时，BIU 就会自动把指令放到指令队列中，把指令队列填满，以保证 EU 能够连续地执行指令。

开始，指令队列中是空的，执行部件 EU 处于等待状态。当 BIU 取出第 1 条指令送入指令队列后，EU 控制系统就从队列中取出指令并由 EU 开始执行第 1 条指令。同时，BIU 又取出第 2 条指令并放入队列中。由于 EU 第 1 条指令尚未执行完，队列未满，于是 BIU 又开始取第 3 条指令，这时，EU 才从队列中取出第 2 条指令并执行。在执行第 2 条指令时需要操作数，于是 BIU 又从内存中取出第 2 条指令的操作数直接送给 EU 使用。接着 BIU 又取出第 4 条指令、第 5 条指令，而 EU 在执行完第 2 条指令后又从指令队列中取出第 3 条指令执行，如此等等。可见，8086 CPU 把取指令和执行指令的操作重叠进行。这种在现行指令执行时，预取下一条指令的技术称为指令流水线（Instruction Pipeline）。这种指令预取技术使得 CPU 取消了等待取指令的时间，有效地加快了 CPU 的运行速度。

在 8086 CPU 中，由于 EU 和 BIU 的这种并行工作方式，大大地提高了 CPU 的工作效率，这也正是 8086 成功的原因之一。这种指令预取技术被后来的高档 CPU 广泛采用。

2.1.2　8086 CPU 的寄存器配置

8086 CPU 的寄存器配置如图 2-4 所示，共有 14 个 16 位寄存器组成，可分为通用寄存器、段寄存器和状态与控制寄存器。

1. 通用寄存器

8086 有 8 个 16 位通用寄存器，分为两组，每组 4 个寄存器。

第一组称为数据寄存器，包括累加器 AX、基地址寄存器 BX、计数器 CX 和数据寄存器 DX。其中的每一个都可以分成两个 8 位寄存器：AH、AL；BH、BL；CH、CL；DH 和 DL。通常它们用来存放操作数和中间结果。当处理字节指令时，用 8 位寄存器；而处理字指令时用 16 位寄存器。另外，BX、CX、DX 寄存器还有一些特殊用途：

① AX 做累加器用，是算术运算的主要寄存器。AX 还用在字乘和字除法中，此外，所有的 I/O 指令都是以 AX 为中心与外围设备进行信息传送。

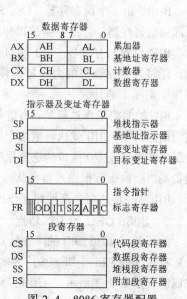

图 2-4　8086 寄存器配置

② BX 在计算存储器地址时，常用做基址寄存器。

③ CX 在串操作指令及循环指令中用做计数器。

④ DX 在字乘法、字除法运算中，将 DX、AX 组合成一个双字长数，DX 用来存放高 16 位数。另外，在间接的 I/O 指令中，DX 用来指定 I/O 端口地址。

第二组是指针寄存器（SP 和 BP）和变址寄存器（SI 和 DI），它们是堆栈指针 SP（Stack Pointer, SP）、基地址指针（Base Pointer, BP）、源变址寄存器（Source Index, SI）和目的变址寄存器（Destination Index, DI）。这些寄存器通常存放段内寻址的偏移量。除非指令中特别指定某个段，一般指针寄存器指向堆栈段，而变址寄存器指向数据段。

相对于访问当前数据段而言，指针寄存器为访问当前堆栈段提供了一种方便形式。SP 中的内容为当前堆栈栈顶单元在堆栈段中的偏移量，即堆栈栈顶单元的位置；BP 则用于存放当前堆栈段的一个数据区基址的偏移量。

在串操作时，对变址寄存器 SI 和 DI 的使用是这样的：被处理的原始数据（源操作数）所在单元的偏移量存放于 SI 中，串操作结果所要送入单元（目的地址）的偏移量存放在 DI 中。另外，串操作的源操作数要位于当前数据段中，而目的操作数则要位于当前附加段中。

2．段寄存器

8086 有 4 个 16 位段寄存器。利用这 4 个段寄存器，8086 可对 1 MB 的内存进行寻址。

① 代码段寄存器（Code Segment, CS）：指向当前程序的代码段，取指令时靠它进行寻址。

② 数据段寄存器（Data Segment, DS）：指向当前的数据段，通常用于存放程序中的数据。

③ 堆栈段寄存器（Stack Segment, SS）：指向当前堆栈段，堆栈操作时靠它进行寻址。

④ 附加段寄存器（Extra Segment, ES）：指向当前附加段，附加段也用于存储数据。

3．指令指针寄存器（IP）

8086 中的指令指针（Instruction Pointer, IP）是一个 16 位寄存器，其功能类似于一般 CPU 中的程序计数器 PC。两者的主要区别是：PC 指向下一条即将要执行的指令，而 IP 指向下一次要取出的指令。IP 的内容是靠总线接口部件 BIU 来修改的，总是包含下一条要取的指令在当前代码段中的偏移量，与 CS 寄存器的内容相配合，形成下一条指令的物理地址。

4．标志寄存器（FR）

标志寄存器（Flag Register, FR）是一个 16 位寄存器，但是只定义了其中 9 个标志位，如图 2-5 所示。

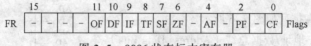

图 2-5　8086 状态标志寄存器

8086 的标志根据功能可分为两类：一类叫做状态标志（也叫条件标志），另一类叫做控制标志。状态标志表示前面的操作执行后，算术逻辑部件 ALU 处于怎样一种状态，这种状态会像某种先决条件一样影响后面的操作。控制标志是人为设置的，对某一种特定的功能起控制作用，在指令系统中有专门的指令用于控制标志的设置和清除。

状态标志有 6 个，即 CF、PF、AF、ZF、SF 和 OF。

① CF（Carry Flag）称为进位标志。当进行 16 位或 8 位加减运算时，若最高位（D_{15} 或 D_7）产生进位或借位，将 CF 置 1；否则 CF 为 0。除此之外，循环指令也会影响进位标志。

② PF（Parity Flag）称为奇偶标志。当运算结果的低 8 位中所含 1 的个数为偶数时，将 PF 置 1；如果为奇数，则将 PF 清 0。此标志一般用来检测数据传输中是否发生错误。

③ AF（Auxiliary Carry Flag）称为辅助进位标志。记录运算时第 3 位产生的进位或借位值。有进位或借位时，则将 AF 置 1；否则 AF 为 0。

④ ZF（Zero Flag）称为零标志。如果当前的运算结果为 0，则将 ZF 置 1；否则 ZF 为 0。

⑤ SF（Sign Flag）称为符号标志。运算结果为负数时，则将 SF 置 1；否则将 SF 清 0。

⑥ OF（Overflow Flag）称为溢出标志。当进行带符号数补码运算时，如果运算结果超出了机器所能表示的数值范围，称为溢出，将 OF 置 1；否则 OF 清 0。

控制标志有 3 个，即 DF、IF 和 TF。

① DF（Direction Flag）称为方向标志。此标志用于控制串操作，由程序设置。当程序设置 DF 为 1 时，表示执行串操作时，要从高地址开始向低地址逐个处理，即串地址自动减量（字节操作减 1，字操作减 2）；如果程序设置 DF 为 0，则表示要从低地址向高地址逐个处理，即串地址自动增量。

② IF（Interrupt Enable Flag）称为中断标志。此标志用于允许或禁止 CPU 响应外部可屏蔽中断，由程序设置。当程序设置 IF 为 1 时，表示 CPU 可以接受外部可屏蔽中断的中断请求；如果程序设置 IF 为 0，则表示禁止 CPU 响应外部可屏蔽中断的中断请求。

③ TF（Trap Flag）称为陷阱标志，又称跟踪标志。此标志是为了调试程序而设置的，也由程序来置位或清零。当设置 TF 为 1 时，表示 CPU 以单步方式执行程序，即 CPU 每执行完一条指令，就自动产生一次内部中断。可以借此来调试程序，跟踪执行指令结果。如果设置 TF 为 0，则表示 CPU 正常执行程序。

2.2　8086 微处理器的引脚信号和工作模式

8086 CPU 为 40 条引脚（PIN）、双列直插式（DIP）封装。为了解决 8086 CPU 功能强与引脚少的矛盾，在其内部设置了若干个多路开关，从而使某些引脚具有多种功能，这些多功能引脚功能的转换分为两种情况：一种是分时复用，在总线周期的不同时钟周期内其功能不同，如分时复用的地址总线和数据总线；另一种是按照工作模式来定义引脚的功能，以提供不同功能的控制信号来满足系统的需要。

2.2.1　8086 的引脚信号及功能

8086 CPU 的引脚排列如图 2-6 所示。

① $AD_{15} \sim AD_0$：地址/数据总线（Address Data Bus），双向，三态。

在每个总线周期的 T_1 状态这些引脚用做地址总线低 16 位 $A_{15} \sim A_0$，输出访问存储器或 I/O 端口地址；在 T_2 状态 CPU 内部的多路转换开关将它们转换为数据总线 $D_{15} \sim D_0$，用来传送数据，直到总线周期结束。在 DMA 方式下，这些引脚成为浮空状态。

② $A_{19}/S_6 \sim A_{16}/S_3$：地址/状态线（Address/Status），输出，三态。

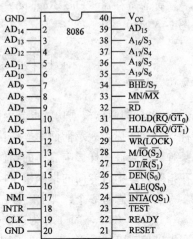

图 2-6　8086 CPU 引脚排列

在总线周期的 T_1 状态输出高 4 位的地址信息（也需要外部锁存）；而在其他 T 状态用来输出状态信息：S_6 始终为低电平；S_5 是标志寄存器中中断允许标志的状态，可在每个时钟周期开始时修改；S_4 和 S_3 用来表示当前访问存储器所用的段寄存器，其编码含义如表 2–1 所示。在 DMA 方式下，这些引脚成为浮空状态。

表 2-1　S_4、S_3 编码含义

S_4	S_3	功　能	所使用的段寄存器
0	0	数据交换	附加段寄存器 ES
0	1	堆栈操作	堆栈段寄存器 SS
0	0	代码	代码段寄存器 CS
0	1	数据	数据段寄存器 DS

③ $\overline{\text{BHE}}$ /S_7：高 8 位数据总线允许/状态引脚（Bus High Enable/Status），输出，三态。

在 T_1 状态，$\overline{\text{BHE}}$ 输出低电平时，允许 CPU 访问存储器的奇体，即数据线高 8 位有效。它与 A_0 组合来决定数据字是高字节工作还是低字节工作。在其他 T 状态时，作为一条状态信号线输出 S_7。在 8086 中，S_7 作为备用状态。在 DMA 方式下，该引脚成为浮空状态。

④ NMI：非屏蔽中断引脚（Non–Maskable Interrupt），输入。

非屏蔽中断请求信号，上升沿触发，不受中断允许标志 IF 的影响，即不能用软件进行屏蔽。所以，每当这条线上出现上升沿信号，CPU 就会在结束当前指令后，执行对应于中断类型号为 2 的中断处理程序。

⑤ INTR：可屏蔽中断请求信号引脚（Interrupt Request），输入。

可屏蔽中断请求信号为高电平有效。如果该信号是高电平，并且中断允许标志为 1，则 CPU 在结束当前指令周期后响应中断请求，转去执行相应的中断处理程序。

⑥ $\overline{\text{RD}}$：读信号引脚（Read），输出，三态。

该引脚的输出信号又称为读选通信号，低电平有效。有效时，表示 CPU 正在进行一个存储器或 I/O 端口的读操作。在 DMA 方式下，此引脚浮空。

⑦ READY：准备就绪信号引脚（Ready），输入。

该引脚是准备就绪信号输入端，高电平有效。准备就绪信号是由所访问的存储器或 I/O 设备发来的响应信号，有效时，表示存储器或 I/O 设备已经准备就绪，可以立即进行一次数据传送。CPU 在每个总线周期的 T_3 状态开始对 READY 信号进行采样。

⑧ RESET：复位信号引脚（Reset），输入。

该引脚是复位信号输入端，高电平有效。8086 要求复位信号至少在 4 个时钟周期内保持有效（高电平），以完成内部复位过程。当复位信号变为低电平时，CPU 从内存 FFFF0H 单元开始执行程序。

⑨ $\overline{\text{TEST}}$：测试信号引脚（Test），输入。

该引脚是测试信号输入端，低电平有效。$\overline{\text{TEST}}$ 信号是和指令 WAIT 结合起来使用的。当 CPU 执行 WAIT 指令时，CPU 处于等待状态，暂停往下执行指令，并每隔 5 个时钟周期就对 $\overline{\text{TEST}}$ 信号进行一次测试。一旦 $\overline{\text{TEST}}$ 是低电平，则 CPU 结束等待状态，继续执行下一条指令。WAIT 指令可使 CPU 与外部硬件同步，$\overline{\text{TEST}}$ 相当于外部硬件的同步信号。

⑩ CLK：时钟信号引脚（Clock），输入。

该引脚是时钟信号输入端，为 CPU 的所有操作提供定时。8086 要求时钟信号 CLK 的占空比为 33%。

⑪ GND：地线引脚，接 0V。

⑫ V_{cc}：电源引脚，接+5V。

⑬ MN/$\overline{MX}$：工作模式选择引脚，输入。

引脚 24～31 因不同工作模式而具有不同的意义和功能，后面将分别进行介绍。

2.2.2　8086 的支持芯片

8086 CPU 本身并不包含存储器、I/O 端口、时钟发生器等部件，当用 8086 构成微机系统时，还需要配置诸如时钟发生器、地址锁存器、总线收发器、总线控制器等支持芯片，才能构成一个完整的微机系统。

1．时钟发生器 8284

8086 CPU 内部没有时钟信号发生器，组成系统时，所需的时钟信号要由外部提供。8284 就是 Intel 公司专门为 8086 设计的时钟发生器/驱动器。它除了能为 CPU 提供时钟信号外，还能提供复位信号 RESET 和准备就绪信号 READY，以及其他外设所需的信号。

2．地址锁存器 8282

由于 8086CPU 的地址/数据和地址/状态总线是分时复用的，即 CPU 在访问存储器或 I/O 端口时，总是在总线周期的 T_1 状态期间首先发出地址信号到 AD_{15}～AD_0 和 A_{19}/S_6～A_{16}/S_3 上，然后在 T_2 状态以后又用这些引脚来传送数据和状态信号。而存储器或 I/O 端口通常要求在与 CPU 进行数据传送的整个总线周期内必须保持稳定有效的地址信息，因此需要加入地址锁存器，在 T_1 状态期间先将地址信息锁存起来，从而使地址信息在整个总线周期内保持稳定有效。通常采用 3 片 8282 作为地址锁存器。系统中，8282 的 $\overline{OE}$ 端接地，保持内部三态门常通，仅作锁存器用。

3．数据总线收发器 8286

在 8086 系统中，通常要用 8 位数据总线收发器将数据总线上的数据接收到 CPU 或者把 CPU 的数据发送到数据总线上，另外也同时用来增加数据总线的带负载能力。因此，在 8086 CPU 和系统数据总线之间需要接入 8286 作为双向总线收发/驱动器。在 8086 系统中，8286 的 $\overline{OE}$ 总是与 8086 的 $\overline{DEN}$ 相连接，用做数据允许信号；8286 的 T 总是与 8086 的 DT/$\overline{R}$ 相连接，用做数据发送/接收的选择信号。

4．总线控制器 8288

8288 总线控制器是专门为 8086 微处理器构成多 CPU 模式（最大模式）而设计的，用来提供有关的总线命令，并且具有较强的驱动能力。

2.2.3　8086 的工作模式及引脚特性

为了不同的使用目的，8086 CPU 可以设置为最小工作模式或最大工作模式。这两种模式的选择由 8086 的引脚 MN/$\overline{MX}$ 连接方式决定，将其接高电平+5 V 是最小模式；将其接低电平 0 V 是最大模式。

1．8086 的最小模式系统配置及引脚特性

最小工作模式又称为单 CPU 模式，指系统中只有 8086 一个微处理器，所有的总线控制信号都是由 8086 直接产生，从而使系统中的总线控制逻辑最为简化。

用 8086 CPU 构成的最小模式系统的典型配置如图 2-7 所示。

8086 最小模式下其他引脚信号及功能如下：

① $\overline{\text{INTA}}$：中断响应信号（Interrupt Acknowledge），输出，低电平有效。

$\overline{\text{INTA}}$ 是 CPU 对外部中断请求信号 INTR 的响应信号。8086 将执行两个连续的中断响应总线周期，在这两个连续总线周期中的 T_2、T_3 状态，$\overline{\text{INTA}}$ 变为低电平（负脉冲）。第一个 $\overline{\text{INTA}}$ 负脉冲通知外设接口，它的中断请求已被响应，第二个 $\overline{\text{INTA}}$ 负脉冲则通知外设向数据总线上发出中断类型码。

② ALE：地址锁存允许信号（Address Latch Enable），输出，高电平有效。

ALE 与地址锁存器 8282 的选通信号相连，在总线周期的 T_1 状态 ALE 输出有效，在其下降沿将复用总线上的地址信息锁存到地址锁存器 8282 中。

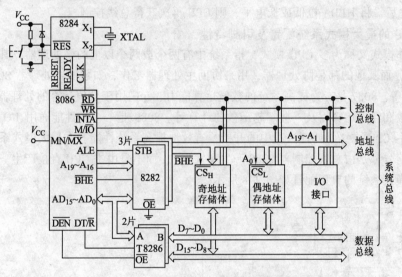

图 2-7　8086 单 CPU 模式系统结构原理图

③ $\overline{\text{DEN}}$：数据允许信号（Data Enable），输出，三态，低电平有效。

在最小模式下，通常要用总线收发器 8286（也称为总线驱动器）来增加数据总线的驱动能力，$\overline{\text{DEN}}$ 就是用做总线收发器 8286 的输出允许控制信号。$\overline{\text{DEN}}$ 在每一次存储器访问、I/O 端口访问以及中断响应周期都有效。在 DMA 方式下，此引脚浮空。

④ DT/$\overline{\text{R}}$：数据发送/接收控制信号（Data Transmit/Receive），输出，三态。

DT/$\overline{\text{R}}$ 信号用来控制总线收发器 8286 的数据传送方向，与总线收发器 8286 的 T 端相连接。当 DT/$\overline{\text{R}}$ =1 时，总线收发器使 CPU 把数据写到存储器或 I/O 端口；当 DT/$\overline{\text{R}}$ =0 时，总线收发器使 CPU 从外部存储器或 I/O 端口接收读取数据。在 DMA 方式下，此引脚浮空。

⑤ M/$\overline{\text{IO}}$：存储器/IO 端口选择控制信号（Memory/Input Output），输出，三态。

该引脚的输出信号用于区别 CPU 是要访问存储器还是要访问 I/O 端口。当此引脚输出高电平时，表示 CPU 当前要访问存储器；当此引脚输出低电平时，表示 CPU 当前要访问 I/O 端口。一般在总线周期的 T_1 之前开始有效，直到本总线周期的 T_4 为止。在 DMA 方式下，此引脚浮空。

⑥ $\overline{\text{WR}}$：写信号（Write），输出，三态，低电平有效。

写信号有效时，表示 CPU 正在对存储器或 I/O 端口进行写操作（取决于 M/$\overline{\text{IO}}$）。在 DMA

方式下，此引脚浮空。

⑦ HLDA：总线保持响应信号（Hold Acknowledge），输出、高电平有效。

HLDA 信号是 CPU 对其他总线主模块发出的总线保持请求（HOLD）信号的响应信号，当 CPU 接收到有效的 HOLD 信号时，就输出一个高电平的总线响应信号 HLDA，同时使 CPU 的所有具有三态功能的引脚信号变为浮空状态（即高阻态），从而让出总线控制权。

⑧ HOLD：总线保持请求信号（Hold Request），输入、高电平有效。

HOLD 信号是当其他总线主模块要求占用总线时，向 CPU 发出的总线请求信号，也就是请求占用总线的申请信号。这时，如果 CPU 允许让出总线，在当前总线周期结束时，于 T_4 状态从 HLDA 引脚发出一个高电平的应答信号 HLDA，表示对 HOLD 请求信号的响应，然后就让出总线控制权，使所有三态引脚处于高阻状态，CPU 即处于"保持响应"状态。当 CPU 收到低电平的 HOLD 信号之后，将 HLDA 拉低成低电平，则 CPU 再次获得总线控制权。

2．8086 的最大模式系统配置及引脚特性

最大工作模式又称为多 CPU 模式，指系统中有两个或两个以上的微处理器，其中一个主处理器是 8086，而其他的都是协处理器，用来协助主处理器工作，如数值协处理器 8087 和 I/O 协处理器 8089 等。8087 是专为提高系统的数值运算能力、专门用于数值运算的处理器，可以进行高精度的整数和浮点运算以及一些超越函数的计算等。8089 是一个高性能通用 I/O 处理器，可以大大减轻主 CPU 在 I/O 处理过程中的开销，有效地提高系统性能。在最大模式系统中，所有的总线控制信号都是由总线控制器 8288 产生和发出的，而不是由主 CPU 直接产生。用 8086 CPU 构成的最大模式系统的典型配置如图 2-8 所示。

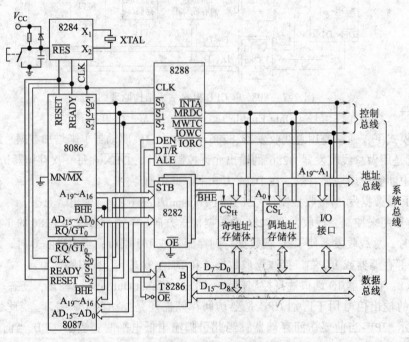

图 2-8　8086 多 CPU 模式系统结构原理图

与 8086 的最小模式系统相比，增加了一个总线控制器 8288 和一个协处理器 8087。总线控制器 8288 用来产生系统所需的所有总线命令信号和总线控制信号，即此时 8086 CPU 不直接产生系统所需的总线控制信号。

8086 最大模式下其他引脚信号及功能如下：

① QS_1、QS_0：指令队列状态信号（Instruction Queue Status），输出、高电平有效。

这两个状态信号的组合用来指示 8086 内部指令队列的当前状态，以便追踪 CPU 内部指令队列的动作，其代码组合所对应的操作含义如表 2-2 所示。

表 2-2　QS_1、QS_0 的组合编码与对应含义

QS_1	QS_0	状 态 含 义	QS_1	QS_0	状 态 含 义
0	0	无操作	1	0	队列已空
0	1	从队列中取走第一个字节	1	1	从队列中取走随后的字节

② $\overline{S_2}$、$\overline{S_1}$、$\overline{S_0}$：总线周期状态信号（Bus Cycle Status），输出、三态。

总线周期状态信号用来指示当前总线周期所进行的操作类型。这些信号首先送给总线控制器 8288，再由 8288 译码后产生相应的访问存储器或 I/O 端口的总线控制信号。$\overline{S_2}$、$\overline{S_1}$、$\overline{S_0}$ 的编码与总线操作类型的对应关系如表 2-3 所示。

表 2-3　$\overline{S_2}$、$\overline{S_1}$、$\overline{S_0}$ 编码与对应的总线操作类型

$\overline{S_2}$	$\overline{S_1}$	$\overline{S_0}$	总线操作类型	$\overline{S_2}$	$\overline{S_1}$	$\overline{S_0}$	总线操作类型
0	0	0	中断响应	1	0	0	取指令
0	0	1	读 I/O 端口	1	0	1	读存储器
0	1	0	写 I/O 端口	1	1	0	写存储器
0	1	1	暂停	1	1	1	无源状态

③ $\overline{LOCK}$：总线封锁信号（Lock），输出，三态，低电平有效。

当该信号有效时，禁止系统中的其他总线主设备占用总线。$\overline{LOCK}$ 信号一般是由指令前缀 LOCK 来设置，即在 LOCK 前缀后面的一条指令执行期内，保持 $\overline{LOCK}$ 有效，其作用是封锁总线，不允许系统中其他总线主设备使用总线，在此指令执行完后，则使 $\overline{LOCK}$ 信号无效。另外，在中断响应总线周期内，$\overline{LOCK}$ 信号会自动变为有效，以防止其他总线主设备在此过程中占用总线而影响一个完整的中断响应过程。在 DMA 方式下，此引脚处于浮空状态。

④ $\overline{RQ}/\overline{GT_0}$、$\overline{RQ}/\overline{GT_1}$：总线请求输入/总线请求允许输出（Request/Grant），输入/输出，双向，低电平有效。

这两个信号是用来供 CPU 以外的两个协处理器发出总线请求 $\overline{RQ}$ 和接收 CPU 对其总线请求的响应信号（$\overline{GT_0}$，$\overline{GT_1}$）。这两个引脚都是双向的，请求信号和请求允许信号在同一个引脚上传输。两个引脚可以同时连接两个其他主设备，但是 $\overline{RQ}/\overline{GT_0}$ 要比 $\overline{RQ}/\overline{GT_1}$ 具有更高的优先权。

2.3　8086 微处理器的存储器组织

1．8086 存储器的硬件组织

8086 把 1 MB 的存储空间分为两个 512 KB 的存储体，一个用来存放奇数地址的字节（高字节），一个用来存放偶数地址的字节（低字节），如图 2-9 所示。

偶数地址存储器的数据线与数据总线的低 8 位 D_7～D_0 连接，奇数地址存储器的数据线与数据总线的高 8 位 D_{15}～D_8 连接。地址线 A_{19}～A_1 可以对这两个存储体的存储单元寻址。

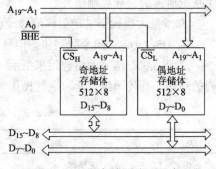

图 2-9　8086 存储器接口示意图

A_0 用于对偶数地址存储体的片选信号：当 $A_0=0$ 时，选择偶数地址的存储体；$A_0=1$ 时，不选择偶数地址存储体。选择奇数地址存储体的片选信号采用 $\overline{BHE}$。从表 2-4 可以看出，利用 A_0 和 $\overline{BHE}$ 两个控制信号，可以对这两个存储体进行 16 位数据的读或写操作，也可以单独对其中一个存储体进行读或写操作。

表 2-4　8086 存储体的选择

$\overline{BHE}$	A_0	对应的操作
0	0	高低字节同时传送（从偶地址读/写一个字）
0	1	从奇数地址传送高字节（从奇地址读/写一个字节）
1	0	从偶数地址传送低字节（从偶地址读/写一个字节）
0 1	1 0	从奇地址读/写一个字（分两次读/写）

2．存储单元的地址和内容

计算机存储信息的基本单位是一个二进制位（bit）。一位可存储一个二进制数：0 或 1，每 8 位组成一个字节。微机中常用的数据类型有：

① 字节（Byte）：存储器中存取信息的基本单位，其位编号如图 2-10（a）所示。

② 字（Word）：一个字 16 位，占用两个字节，8086 的字长就是 16 位的。一个字的位编号如图 2-10（b）所示。

③ 双字（Double Word）：一个双字 32 位，由 4 个字节组成。其位编号如图 2-10（c）所示。

在存储器里以字节为编址单位，也就是说给每个字节单元分配一个地址号，地址从 0 开始编号，依次递增 1。地址在机器中用无符号二进制数表示，可简写为十六进制数的形式。由于 8086 有 20 根地址线，因此，具有 $2^{20}=1$ MB 的存储空间，地址号范围是 00000H～FFFFFH，这种在地址总线上传输的实际地址就是物理地址。在 8086 计算机系统中它是 20 位二进制地址码，是唯一标识 1 MB 存储空间内的某一个字节单元的地址。

一个存储单元中存放的信息称为该单元的内容，如果用 X 表示某存储单元的地址，则 X 单元的内容可以表示为（X）。多字节数据在存储器中占连续的多个存储单元，即对于字、双字、四字数据类型，其低地址中存放低位字节数据，高地址中存放高位字节数据。在读/写数据时只需给出最低字节单元的地址号即可，然后依次存取后续字节。假设存储情况如图 2-11 所示，则：

字节单元内容：（00002H）=12H

字单元内容：（00002H）=3412H

双字单元内容：（00002H）=78563412H

因此，同一个地址既可看做字节单元的地址，又可看做字单元、双字单元的地址。字单元的地址可以是偶数，也可以是奇数。但是，在 8086 中，机器是以偶地址访问存储器的。对于奇地址的字单元，要访问一个字需要访问二次存储器。字单元安排在偶地址（xxx0B）、双字单元安排在模 4 地址（xx00B）等，称为"地址对齐（Align）"（N 字节数据安排的起始地址能够被 N 整除）。对于不对齐地址的数据，处理器访问时，需要额外的访问存储器时间，因此应该将数据的地址对齐，以取得较高的存取速度。

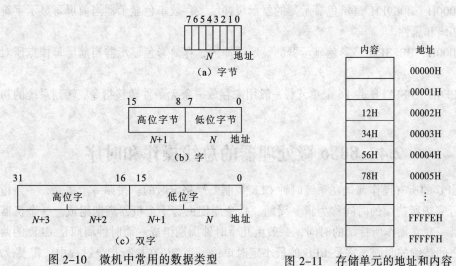

图 2-10　微机中常用的数据类型　　　　图 2-11　存储单元的地址和内容

3．8086 存储器的分段管理

8086 有 20 条地址线，可以生成 20 位地址信息，直接寻址空间为 1 MB，而它内部只能进行 16 位运算，也就是说它的寄存器能处理的地址信息为 16 位。为了解决这一问题，把 1 MB 存储空间划分为若干逻辑段来使用，每个逻辑段的容量小于或者等于 64 KB。

每个逻辑段的起始地址的低 4 位必须为 0，取其高 16 位放在 16 位的段寄存器内，把这高 16 位地址称为段地址（段基地址）。段寄存器分别为 CS、DS、ES 和 SS，对应存放代码段、数据段、附加段和堆栈段的段地址（段基地址）。

偏移地址是段内某存储单元到段起始地址的距离（段内偏移量），用 16 位无符号二进制数表示，可存放在 IP、SP、BX、SI、DI、BP 中或者直接出现在指令中。

段内地址是连续的，而逻辑段可以在整个存储空间浮动。段与段之间可以是连续的、分开的、部分重叠的，也可以是完全重叠的。

4．物理地址的形成

当 CPU 访问某一内存单元时，地址总线上送出的是物理地址。存储器分段管理后，在编写程序时，则采用逻辑地址。逻辑地址由段地址和偏移地址组成（段地址：偏移地址）。

每当 CPU 访问存储器时，就把逻辑地址换算为物理地址送往地址总线。把段地址（段基地址）左移 4 位再加上偏移地址值就形成物理地址。物理地址的生成示意图如图 2-12 所示。

物理地址的计算公式为：

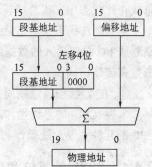

图 2-12　物理地址生成示意图

$$物理地址 \ PA = 段地址 \times 10H + 偏移地址$$

每个存储单元只有唯一的物理地址，但是可以对应多个逻辑地址。

一般情况下，各逻辑段在存储器中的分配是由操作系统负责的，但是，也允许程序员用操作命令来指定所需占用的内存区。改变段地址就改变了程序在存储器中的位置，分段管理的方法便于程序的再定位。

5．8086 系统存储区的分配

① 00000H～003FFH 共 1 KB 区域用来存放中断向量，这一区域称为中断向量表。

② B0000H～B0F9FH 是单色显示器的显示缓冲区，存放单色显示器当前屏幕显示字符所对应的 ASCII 码和属性。

③ B8000H～BBF3FH 是彩色显示器的显示缓冲区，存放彩色显示器当前屏幕像点所对应的代码。

④ FFFF0H～FFFFFH 共 16 个单元，一般用来存放一条无条件转移指令，转到系统的初始化程序。

2.4   8086 微处理器的总线操作和时序

8086 CPU 的所有操作都是在系统时钟 CLK 控制下严格定时的。按照一般概念，一条指令从取出到执行完毕所持续的时间称为指令周期。指令周期由若干个机器周期组成。一个机器周期就是完成某一独立操作所持续的时间，一般由几个时钟周期组成。而时钟周期是 CLK 的两个脉冲下降沿之间持续的时间，它是 CPU 的最小定时单位。当 EU 在执行指令过程中，需要读/写存储器或 I/O 端口中的操作数时，BIU 就响应 EU 的请求去执行某个访问存储器或 I/O 端口的读/写机器周期。这个机器周期又称为总线周期。换句话说，总线周期就是 BIU 对存储器或 I/O 端口访问一次所需的时间。8086 CPU 的一个基本总线周期由 4 个时钟周期 T 组成，分别称为 4 个状态，即 T_1、T_2、T_3 和 T_4 状态，如图 2-13 所示。

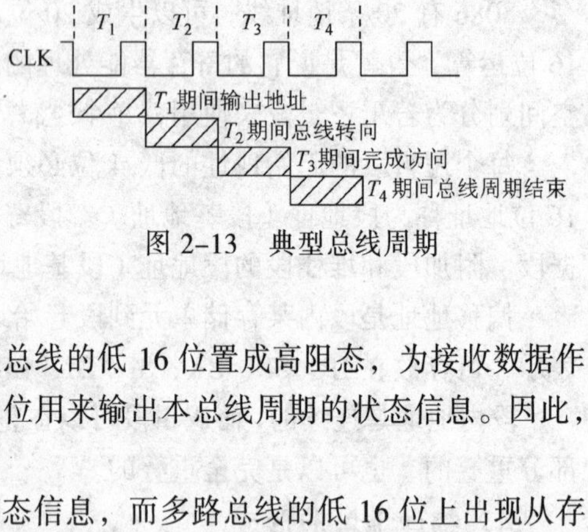

图 2-13   典型总线周期

① 在 T_1 状态，CPU 向多路复用总线发出地址信息，指出要寻址的存储单元或外设端口的地址。

② 在 T_2 状态，CPU 从总线上撤销地址信息，使总线的低 16 位置成高阻态，为接收数据作好准备或者驱动向外发送的数据信息；总线的最高 4 位用来输出本总线周期的状态信息。因此，总线在此状态中完成总线转向。

③ 在 T_3 状态，多路总线的最高 4 位继续提供状态信息，而多路总线的低 16 位上出现从存储器或 I/O 端口读入的数据或者继续驱动向外发送的数据信息。一般情况下，CPU 在本状态中完成数据传输访问。

④ 在 T_4 状态，总线周期结束。

掌握 CPU 的总线操作和时序是分析和设计计算机应用系统的重要基础。本节将介绍 8086 CPU 的几种主要总线操作和时序。

2.4.1   8086 的复位和启动操作

8086 CPU 的复位和启动操作是通过 RESET 引脚上的触发信号 RESET 来实现的。8086 要求复位信号 RESET 至少要维持 4 个时钟周期的高电平，如果是初次上电所引起的复位（又称为"冷启动"），则要求 RESET 信号的高电平持续时间不能少于 50 μs。RESET 信号一旦变为高电平，

8086 CPU 就结束当前操作而进入复位状态，并且只要 RESET 信号一直保持在高电平状态，CPU 就维持在复位状态，直到 RESET 信号变为低电平时为止。在复位状态，CPU 内部的各寄存器被设置为初态值，如表 2-5 所示。

从表 2-5 中可以看出，在复位状态，代码段寄存器 CS 为 FFFFH，而指令指针 IP 被清零，所以当 RESET 恢复为低电平后，8086 CPU 便从内存的 FFFF0H 单元处开始执行指令。因此，在 FFFF0H 处存放一条无条件转移指令，跳转到系统引导程序的入口处。这样，系统启动后便自动进入系统程序。

当复位信号 RESET 从高电平向低电平跳变时，触发 CPU 内部的复位逻辑电路，经过 7 个时钟周期后，CPU 就完成了启动操作。由于复位时标志寄存器 FR 被清零，其中中断允许标志 IF 也被清除，从 INTR 引脚输入的可屏蔽中断请求信号就不能被响应，因此要在系统程序的适当位置用开放中断指令 STI 来设置中断允许标志 IF，以便开放中断。

8086 CPU 复位的操作时序如图 2-14 所示。

由图 2-14 可知，当复位信号 RESET 变为高电平后，再经过一个时钟周期，就会执行如下操作：

表 2-5　复位时内部寄存器的值

标志寄存器	清零
指令指针(IP)	0000H
CS 寄存器	FFFFH
其他寄存器	0000H
指令队列	空

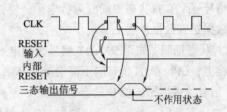

图 2-14　8086 复位操作时序

① 把所有三态输出线都置成高阻状态，并且一直保持高阻状态，直到 RESET 信号变回到低电平结束复位操作为止。但是，这些信号在进入高阻状态的前半个时钟周期内，即在时钟周期的低电平期间，先被置为不作用状态。这些三态输出线是 $AD_{15} \sim AD_0$、$A_{19}/S_6 \sim A_{16}/S_3$、$\overline{BHE}/S_7$、$M/\overline{IO}$、$DT/\overline{R}$、$\overline{DEN}$、$\overline{RD}$、$\overline{WR}$ 和 $\overline{INTA}$。

② 把所有不具备三态功能的控制信号都置为无效状态，分别是 ALE、HLDA、QS_1、QS_0、$\overline{RQ}/\overline{GT_0}$、$\overline{RQ}/\overline{GT_1}$。

2.4.2　8086 最小模式下的总线操作

1. 最小模式下的总线读操作

总线读操作是 CPU 从存储器或 I/O 端口读取数据的操作。图 2-15 是 8086 在单 CPU 模式下存储器读总线周期的时序图。

在 T_1 状态期间，首先要用 $M/\overline{IO}$ 信号指出 CPU 是访问内存还是 I/O 端口，所以 $M/\overline{IO}$ 信号必须在 T_1 的前沿之前有效。因为是从存储器读数据，所以 $M/\overline{IO}$ 为高电平。$M/\overline{IO}$ 信号的有效电平一直保持到整个总线周期结束即 T_4 状态。

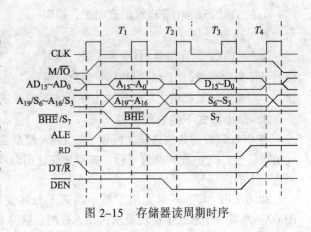

图 2-15　存储器读周期时序

在 T_1 开始处 BIU 把访问存储器（或 I/O 端口）的 20 位物理地址 $A_{19}/S_6 \sim A_{16}/S_3$、$AD_{15} \sim AD_0$ 连同 $\overline{BHE}/S_7$ 通过多路复用总线输出。这些引脚上的地址信号需要被锁存起来，以便在总线周期的其他状态从这些引脚上传送数据和状态信息。因此，CPU 在 T_1 状态从 ALE 引脚输出一个正脉冲作为地址锁存信号，在 ALE 的下降沿到来之前，$\overline{BHE}/S_7$、$M/\overline{IO}$、地址信号都已有效，从而使地址锁存器 8282 利用 ALE 的下降沿对地址信息进行锁存。

把 $\overline{BHE}$ 也同时锁存并输出，是因为 $\overline{BHE}$ 通常作为奇地址存储体的选择信号，配合地址信号来实现对存储单元寻址。而偶地址存储体的选择信号是用最低位地址 A_0。

CPU 还需要控制总线收发器 8286，要用 $DT/\overline{R}$ 和 $\overline{DEN}$ 作为控制信号。在 T_1 的前沿之前 CPU 就使 $DT/\overline{R}$ 有效，输出低电平表示读周期，控制 8286 处于接收数据状态。

在 T_2 状态期间，CPU 撤销地址信号，从 $A_{19}/S_6 \sim A_{16}/S_3$、$\overline{BHE}/S_7$ 引脚上输出状态信息 $S_7 \sim S_3$，并且使 $AD_{15} \sim AD_0$ 引脚进入高阻状态，为读入数据作好准备。

数据允许信号 $\overline{DEN}$ 在 T_2 状态中间变为低电平，使总线收发器 8286 处于输出允许状态，以便读取的数据通过 8286 进入 CPU。$\overline{DEN}$ 信号的低电平一直维持到进入 T_4 状态才结束。

读信号 $\overline{RD}$ 在 T_2 状态中间变为低电平，使被寻址的存储单元（或 I/O 端口）在 $\overline{RD}$ 的选通作用下将数据送到数据总线上。

在 T_3 状态期间，如果 READY 信号为高电平，则内存单元（或 I/O 端口）的数据就会呈现在数据总线上，CPU 在 T_3 状态的下降沿处从 $AD_{15} \sim AD_0$ 上接收到数据，完成读取数据操作。如果 READY 信号为低电平，CPU 就会自动插入等待状态。

在 T_4 状态期间，数据信息从数据总线上撤销，各控制信号和状态信号都变成无效，$\overline{DEN}$ 信号变为高电平，禁止总线收发器 8286 工作，结束总线读周期。

对于 8086 CPU 访问外设的读操作时序，即访问 I/O 端口的读操作时序，与 CPU 对存储器的读操作时序几乎完全相同，两者唯一区别是 $M/\overline{IO}$ 信号的电平不同，此时为低电平。

2. 最小模式下的总线写操作

总线写操作是 CPU 把数据输出到存储器或 I/O 端口的指定地址中的操作。图 2-16 所示为 8086 在单 CPU 模式下存储器写总线周期的时序图。

写周期时序和读周期时序类似，区别在于 T_1 和 T_2 状态。

① 在 T_1 状态，$DT/\overline{R}$ 应输出高电平，即表示为写周期。

② 在 T_2 状态，读信号 $\overline{RD}$ 变为无效，而写信号 $\overline{WR}$ 变为有效；$AD_{15} \sim AD_0$ 不变为高阻

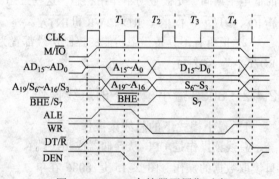

图 2-16　8086 存储器写周期时序

状态，而是在地址撤销之后立即送出要写入存储器或外设端口的数据。

3. 最小模式下的总线保持

当 CPU 以外的其他总线主模块（如 DMA 控制器）需要使用总线时，首先要向 CPU 发出总线请求信号，CPU 收到此信号后，如果允许让出总线控制权，CPU 就向发出总线请求的主模块回送一个响应信号。

8086 CPU 具有一对专用于最小模式下总线使用权转让的总线控制联络信号：HOLD 和 HLDA。当某一个总线主模块要求占用总线时，就向 CPU 发出总线保持信号 HOLD。CPU 在每个

时钟周期的上升沿检测 HOLD 引脚，如果检测到高电平，并且允许让出总线，则在总线周期的 T_4 状态或空闲状态 T_i 之后的下一个时钟周期，从 HLDA 引脚发出总线响应信号 HLDA（为高电平），然后让出总线控制权。CPU 一直处于保持状态，直到 HOLD 信号变为低电平（表示其他总线主模块使用完总线并交出控制权），CPU 才恢复对总线的控制权。

图 2-17 所示为最小模式下的总线请求与总线响应的时序图。由图可以看出，当 HOLD 变为高电平后，CPU 要在下一个时钟周期的上升沿才能检测到 HOLD 为高电平。如果随后的时钟周期正好是 T_4 或 T_i，则在其下降沿使 HLDA 变为高电平，向外发出响应信号；如果随后的时钟周期不是 T_4 或 T_i 状态，则可能会延迟几个时钟周期，再等到 T_4 或 T_i 状态时，CPU 才会发出 HLDA 信号，表示让出总线。

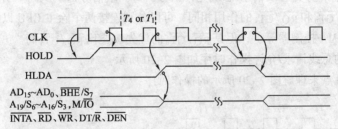

图 2-17　8086 最小模式下总线请求与响应时序

一旦 8086 CPU 让出总线控制权，就将所有具有三态输出的地址线、数据线和控制线等都置成浮空状态，但地址锁存信号 ALE 除外。

在总线保持过程中，因 CPU 总线浮空，CPU 中的总线接口部件 BIU 将停止工作，但执行部件 EU 将继续执行指令队列中的指令，直到遇到需要访问总线的指令为止，或者指令队列为空时 EU 才会暂停下来。

当 HOLD 信号变为无效后，CPU 就会在 CLK 的下降沿将 HLDA 信号变为低电平。但是，CPU 并不立即改变三总线引脚的浮空状态，而是当 CPU 需要执行一个新的总线操作周期时，才结束这些引脚的浮空状态。因此，在总线控制权切换的一小段时间内，将没有任何主模块驱动总线，会使控制线的电平漂移到最小电平以下。为此，需要在控制线和电源 V_{CC} 之间连接上拉电阻。

*2.4.3　8086 最大模式下的总线操作

8086 CPU 在最大模式下的总线操作也是包括总线读和总线写两种操作，但在最大模式下，由于设置了总线控制器 8288，总线控制信号就不再由 CPU 直接输出，而是由总线控制器根据 CPU 给出的状态信号 $\overline{S_2}$、$\overline{S_1}$、$\overline{S_0}$ 进行综合译码后产生，因此在分析操作时序时要同时考虑 CPU 和 8288 两者产生的控制信号。

1. 最大模式下的总线读操作

8086 多 CPU 系统和单 CPU 系统在总线读操作逻辑上基本一致，但总线控制信号的产生源有所不同。8086 CPU 将其 $\overline{S_2}$、$\overline{S_1}$、$\overline{S_0}$ 状态信号送到 8288 总线控制器，再由 8288 产生相应的控制信号 $\overline{MRDC}$ 和 $\overline{IORC}$。另外，ALE 和 DT/$\overline{R}$、DEN 也是由 8288 发出的。但是，8288 发出的 DEN 信号的极性与 CPU 在最小模式下发出的 $\overline{DEN}$ 信号正好相反。其时序如图 2-18 所示。

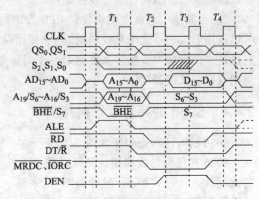

图 2-18　8086 最大模式下总线读操作时序

2．最大模式下的总线写操作

在最大模式下，总线写操作就是将 CPU 输出的数据写入指定的存储器单元或 I/O 端口。8086 CPU 将其 $\overline{S_2}$、$\overline{S_1}$、$\overline{S_0}$ 状态信号送到 8288 总线控制器，再由 8288 产生相应的控制信号 $\overline{MWTC}$ 和 $\overline{IOWC}$。另外，还有一组 $\overline{AMWC}$ 和 $\overline{AIOWC}$（比 $\overline{MWTC}$ 和 $\overline{IOWC}$ 提前一个 T 状态有效），ALE 和 $DT/\overline{R}$、$\overline{DEN}$ 也是由 8288 发出的。其时序如图 2-19 所示。

3．最大模式下的总线请求/允许

8086 CPU 在最大模式下提供了两组总线主模块之间转让总线控制权的联络信号，分别是 $\overline{RQ}/\overline{GT_0}$ 和 $\overline{RQ}/\overline{GT_1}$，称为总线请求/总线允许信号。每一组信号都是从同一引脚上传送，具有双向传输功能。$\overline{RQ}/\overline{GT_0}$ 和 $\overline{RQ}/\overline{GT_1}$ 的作用相同，可以分别连接两个除主 CPU 以外的其他总线主模块（协处理器、DMA 控制器等），但是 $\overline{RQ}/\overline{GT_0}$ 的优先级要比 $\overline{RQ}/\overline{GT_1}$ 高。

最大模式下的总线请求/允许操作时序如图 2-20 所示。

需要从以下几点来理解图 2-20 所示的操作时序：

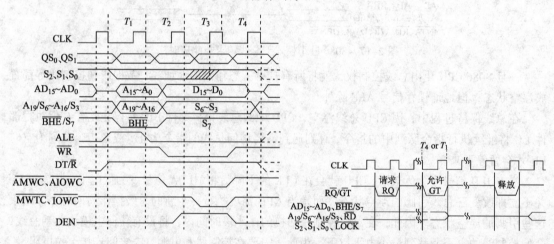

图 2-19　8086 最大模式下总线写操作时序　　图 2-20　8086 最大模式下总线请求与响应时序

① CPU 在每一个时钟周期的上升沿检测 $\overline{RQ}/\overline{GT_i}$ 引脚，如果检测到外部输入的总线请求负脉冲（宽度为一个时钟周期），则在下一个 T_4 状态或 T_i 状态从同一条引脚 $\overline{RQ}/\overline{GT_i}$ 上向发出总线请求信号的主模块发一个负脉冲 $\overline{GT_i}$（宽度为一个时钟周期），表示其请求得到允许。CPU 发出允许脉冲之后，就使各地址/数据引脚、地址/状态引脚以及控制线 $\overline{RD}$、$\overline{LOCK}$、$\overline{S_2} \sim \overline{S_0}$、$\overline{BHE}/S_7$ 置成高阻状态，从而让出总线控制权。

② 当其他个总线主模块收到 CPU 发出的允许脉冲 $\overline{GT_i}$ 信号之后，就得到了总线控制权，它可以占用总线一或几个总线周期。当它使用总线完毕，就从引脚 $\overline{RQ}/\overline{GT_i}$ 向 CPU 发一个释放脉冲，它也是一个负脉冲，脉冲宽度也是一个时钟周期。CPU 检测到这个释放脉冲后，在下一个时钟周期收回总线控制权。

2.4.4　8086 的等待状态时序

8086 的等待状态时序如图 2-21 所示。

8086 在任何总线周期，都可以在 T_3 和 T_4 之间插入 $1 \sim N$ 个等待时钟周期 T_W 来延长总线周期。T_W 状态称为等待状态。当 CPU

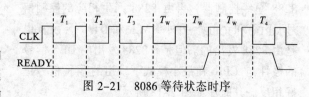

图 2-21　8086 等待状态时序

与慢速设备进行数据交换时，必须插入等待状态来延长总线周期，这个任务是由 READY 信号来实现的。当被访问对象的数据传输速度与 CPU 存取数据的速度正好匹配时，READY 信号就处于高电平；当被访问对象的数据传输速度慢于 CPU 的存取速度时，READY 信号就会在 T_2 下降沿之前变为低电平。8086 在 T_3 状态的前沿采样 READY 线，如果 READY 信号为高电平，则 CPU 在 T_3 状态后沿通过 $AD_{15} \sim AD_0$ 获取数据；如果 READY 信号为低电平，将插入等待状态 T_W，直到 READY 信号变为高电平。在执行最后一个等待状态 T_W 的后沿处，CPU 通过 $AD_{15} \sim AD_0$ 获取数据。

2.4.5　8086 的中断响应周期

当外围设备通过 8086 CPU 的 INTR 引脚输入一个高电平信号时，表示向 CPU 提出中断请求（指可屏蔽中断请求）。如果 CPU 允许中断（即 IF=1），则在当前指令执行完后就会响应该中断，进入中断响应总线周期，其时序如图 2-22 所示。中断响应时序由两个连续的中断响应周期构成。在第一个中断响应周期，CPU 在 T_2、T_3 状态输出第一个 $\overline{INTA}$ 负脉冲，表示响应外设的中断请求，并用以要求外设撤销其请求信号 INTR；在第二个中断响应周期，CPU 输出第二个 $\overline{INTA}$ 负脉冲，通知外设向数据总线发送一个字节中断类型码，CPU 读入中断类型码后自动从中断向量表中取出该设备的中断服务程序的入口地址并开始执行中断服务程序。

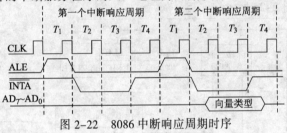

图 2-22　8086 中断响应周期时序

2.4.6　8086 的总线空闲周期 T_i

只有当 CPU 与外设的 I/O 端口或存储器之间传送数据时，CPU 才会执行总线操作周期；当 CPU 不执行总线操作周期时，总线接口部件 BIU 就不和外部总线打交道，此时 CPU 就进入总线空闲周期，对总线实行空操作，如图 2-23 所示。在总线空闲周期中，状态信号 $S_6 \sim S_3$ 与前一个总线周期的信号一样。如果前一个总线周期是写周期，则在空闲周期中地址/数据复用引脚上还会继续驱动前一个总线周期的数据 $D_{15} \sim D_0$；如果前一个总线周期是读周期，则在空闲周期中 $AD_{15} \sim AD_0$ 就会处于高阻状态。

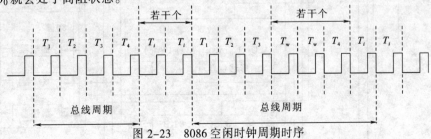

图 2-23　8086 空闲时钟周期时序

在空闲周期中，虽然 CPU 对总线进行空操作，但在 CPU 内部，仍然进行着有效的操作。即执行部件 EU 继续进行有效的操作，例如执行某个运算，在寄存器之间传送数据等。因此，总线空操作是指总线接口部件 BIU 对执行部件 EU 的等待。

*2.5　Pentium 微处理器

　　Pentium 是继 8086/8088、80286、80386、80486 之后的 Intel 公司的第五代微处理器。早期的公司内部代号为 P5，1993 年 3 月正式发布时取名 Pentium，以表示并非 80486 的延续，而是本质的创新，并受商标法保护。这个名字隐含有数字 5(Pentagram，五角形)和字母 TM(Trademark，商标)的意思。Pentium 是微处理器发展史上的一个重要代表，它是 32 位结构但外部数据总线为 64 位的高能奔腾微处理器，采用了亚微米（0.815 μm）CMOS 工艺技术，集成度为 310 万晶体管/片，其地址线为 32 位，寻址范围是 4 GB，外部主频为 60～166 MHz；CPU 内部采用了超标量流水线结构，有两条独立的整数流水线和一个流水化的浮点单元，具有 8 KB 的程序 Cache 和 8 KB 的数据 Cache。Pentium 扩充了 80x86 的指令集，与 80x86 相比，性能具有了很大提高。下面简要介绍它的结构特点及主要性能。

2.5.1　Pentium 微处理器的功能结构

　　Pentium 微处理器由总线接口部件、代码 Cache、数据 Cache、转移目标缓冲器、控制部件、预取缓冲存储器、指令译码部件、整数运算部件、整数及浮点数寄存器组、浮点运算部件等 11 个功能部件组成，如图 2-24 所示。

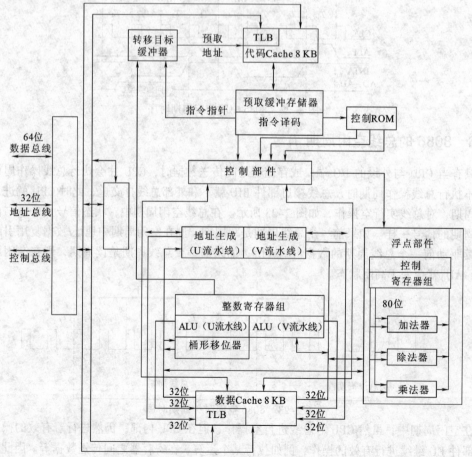

图 2-24　Pentium 微处理器内部逻辑结构

1．总线接口部件

总线接口部件是 Pentium 微处理器与微机其他部分的物理接口，当访问 Cache 出现未命中，或需要修改系统存储器内容，或需向 Cache 写入某些信息时，就要通过总线接口从外部存储器系统中取出一批数据。在写 Cache 时使用成组传送方式，以减少向缓冲存储器写数据时出现的等待时间。它根据优先级高低协调数据的传送、指令的预取等操作，在处理器的内部部件和外部系统间提供控制。对 Pentium 内部，总线接口部件借助 32 位的地址总线和 64 位的数据总线与指令 Cache 和数据 Cache 进行通信，对 Pentium 外部，总线接口部件负责提供总线信号。它包括总线的控制逻辑，还集成了 Cache 控制功能以及对地址、数据信号的奇偶检验功能等。

① 总线主控制：总线主控制模块控制系统中各个模块对总线权的请求和响应。总线主模块信号允许控制器向仲裁机构申请总线的使用权，并接收仲裁机构的应答。

② 数据总线收发器：该模块驱动 Pentium 的双向数据总线。在写总线周期，收发器将数据送到 Pentium 微处理器的局部数据总线上；再读总线周期，收发器把局部总线上的数据送给处理器。

③ 总线控制逻辑：总线控制逻辑控制运行标准总线周期或是突发总线周期。标准总线周期既可进行 I/O 端口和非高速缓冲内存访问，也可进行高速缓冲内存访问。这种情况下，按照不同指令所传输的数据可以是 8 位、16 位和 32 位。突发总线周期用于 Cache 填充或将数据从 Cache "写回"存储器，每次传送 4 个 64 位的数据。

④ 第二级 Cache 控制：总线单元的第二级 Cache 控制模块具有对第二级 Cache 的控制能力，管理对第二级外部 Cache 的特定操作请求，包括是否允许"写回"策略替代"写通过"策略等，从而保证 Cache 数据的一致性。

⑤ 内部 Cache 控制：完成 CPU 内部 Cache 控制和数据一致性控制管理。在 Cache 行填充期间，总线单元的内部 Cache 控制逻辑能够控制 Cache 的状态，监听外部控制逻辑信号，决定何时侦听地址总线，保证 Cache 数据的一致性，并向外发出相关信号通知外部控制逻辑侦听操作结果。

⑥ 奇偶检验码生成和控制：奇偶检验码生成控制模块分别在读、写、监听周期进行检验验证并在写周期生成奇偶检验码。在读总线周期进行检验验证；在写总线周期，为每个 8 位数据生成偶检验位。写总线周期也为地址生成一位的检验位，并在外部 Cache 侦听操作时进行的地址的奇偶检验写缓冲器。

2．数据 Cache

内部数据 Cache 是集成在 Pentium 处理器内部的一个 8 KB 按照每行 32B 的、两路组相联结构组织的高速缓存。Cache 目录为三端口结构，允许两条流水线同时访问，并支持监听功能。

内部数据 Cache 两条整数流水线和流水线浮点单元保存最常用的数据备份，两个执行单元可以同时从数据 Cache 读取操作数或者往数据 Cache 中存储结果。所谓两路组相联是 Cache 的一种组织结构。监听是一种为了维护数据一致性检测存储器数据变化的手段，用于多主系统共享内存的情况。存储器系统由内部 Cache、外部 Cache 和主存储器组成，多处理器（包括控制器 DMA）系统中，如果有一个处理器修改了某级存储器的内容，要保证内部 Cache、外部 Cache 以及内存储器数据的一致性，这就需要按一定的规则对存储器进行操作。因此，Cache 除了和本地 CPU 流水线接口外，还需要监听其他总线主设备的存储器访问。

3．代码 Cache

内部代码 Cache 也是 Pentium 内部的一个 8 KB 两路组相联结构组织的高速缓存。内部代码 Cache 保存最近最常用（程序）指令的备份，指令预取器从代码 Cache 中读取指令，提供给指令队列。

4．指令预取器

指令预取器将所需要的指令从代码 Cache 中读出后，顺序存放在一组指令预取缓冲器中。如果所需要的指令不在内部 Cache 中，便发生一次内部 Cache 不命中，则由指令预取器启动一个总线猝发周期。CPU 将从外部 Cache 或存储器取指令对内部 Cache 整行替换，进行内部 Cache 的行填充操作。

所谓猝发周期是指微处理器的一种特殊的总线操作周期，它的第一个时钟周期是地址周期，接着是两个以上数据周期，在一个总线周期中处理器可以连续进行几组数据的读取和写操作。猝发操作一般只对存储器进行，包括猝发读和猝发写。

5．预取缓冲器

Pentium 微处理器包含 4 个指令预取缓冲器，每两个缓冲器组成一组，也称为预取指令队列。两个预取队列之间相互独立，并不同时工作，在同一个时刻只有一个预取指令队列处于有效状态。指令预取器从指令 Cache 中取出指令以后，将它们顺序存放在有效的预取指令队列中，有效的队列为流水线提供指令。只有在流水线遇到分支指令，有关逻辑预测分支指令将会发生转移时，预取器才不再顺序取指令，而是跳转到分支指令的转移目标地址再进行顺序取指令，并将当时空闲的第二条指令队列激活，把从分支指令转移目标地址取出的指令顺序存放在第二条指令队列中。在 CPU 的整个工作过程中，都是由当时有效的一条指令队列给两条流水线输送指令的。指令的分支预测是由一个称作分支预取逻辑和分支目标缓冲器（Branch Target Buffer，BTB）的功能部件完成的。

6．指令译码单元

Pentium 的指令译码单元有两级，称为译码级 1 和译码级 2，每级都有分别服务于流水 U 和 V 的功能模块。译码级 1 包含指令配对检查逻辑和分支目标缓冲器（BTB），BTB 具有分支预测功能。译码级 2 包含存储器操作数产生逻辑、分段逻辑以及期望检测逻辑。

译码级 1 对指令译码，确定操作码的类型和寻址方式，并完成对指令的两种检查：配对检查和转移预测检查。配对检查确定操作码在两条流水线中是否满足 Pentium 指令的配对规则，如果满足，两条指令同时被送到译码级 2。转移预测检查是由分支预测逻辑和分支目标缓冲器实现的。如果指令是分支指令，则由 BTB 检查预测该指令是否会发生分支转移。做完两种检查，译码级 1 将指令送往译码级 2，译码级 2 为那些存储器访问指令计算操作数在存储器中的地址。

7．控制单元

控制单元包含微代码序列器和微代码控制 ROM，控制单元进行解释指令、控制断点、控制中断并控制整数流水线和浮点流水线的操作。每条指令的执行过程是指令周期。每个指令周期又可以看做由几个更小的子周期组成，一般分为取指、间址、执行和中断等。每个子周期又由若干步操作组成，这些操作称为微操作。控制单元的微代码序列器和微代码控制 ROM 控制指令子周期的位操作。

8．执行单元

执行单元包含两个 ALU 和一个桶状移位器。两个 ALU 分别属于 U、V 流水线，而桶状移位器仅为 U 流水线所有。U 的执行单元可以完成比 V 相对复杂的指令，并可以先于 V 中的 ALU 完成操作。因此，双流水线当中 U 比 V 有更强大的功能优先级。

9．地址生成器

每条流水线有一个地址生成器。地址生成器根据每条流水线中指令的寻址方式为操作数形成特定地址。

10. 分页单元

分页单元将从地址生成器得来的线性地址转换为物理地址。分页单元中有一组高速缓存称作转换旁视缓冲器（Translation Looking Buffer），用来保存最近使用过的页目录项和页表项。

11. 浮点部件

Pentium 处理器浮点流水线由浮点接口、寄存器组及控制部件、浮点指数功能部件、浮点乘法部件、浮点加法部件、浮点除法部件以及浮点舍入部件 7 部分组成，运行期间各部件进行的均是专项操作。浮点流水线由预取（PF）、首次译码（D1）、二次译码（D2）、读取操作数（EX）、首次执行（X1）、二次执行（X2）、写浮点数（WF）和出错报告（ER）8 个步骤组成。其中，PF 和 D1 这两个操作步骤与整数流水线中的前两个操作步骤公用一个硬件资源。而第三个操作步骤是开始激活浮点指令的执行逻辑，其实前 5 个步骤与整数流水总的 5 个操作步骤是同步执行的，只是多出了后面 3 个步骤而已。

2.5.2 Pentium 的寄存器组织

Pentium 微处理器内部寄存器种类和数量非常多，可以分成如下 4 类：

① 基本结构寄存器组：通用寄存器、段寄存器、指令指针、标志寄存器。

② 系统级寄存器组：存储管理寄存器、控制寄存器、调试寄存器、测试寄存器、内置自检 BIST。

1. 基本结构寄存器组

Pentium 的基本结构寄存器组如图 2-25 所示，下面分 4 部分进行介绍。

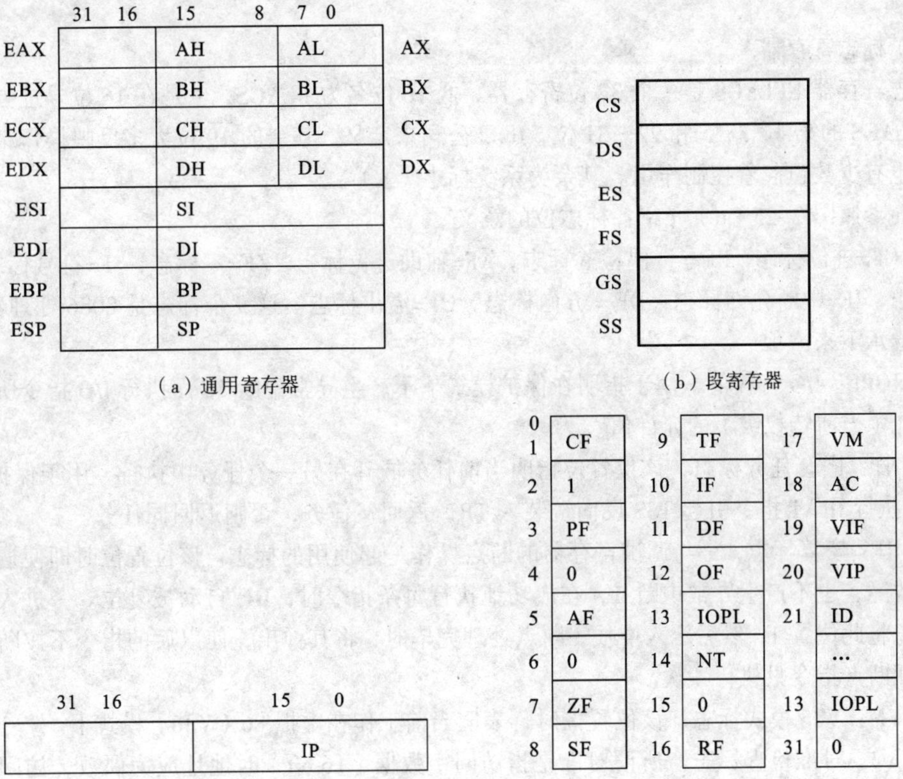

（a）通用寄存器　（b）段寄存器　（c）指令指针 EIP　（d）标志寄存器

图 2-25　Pentium 基本结构寄存器组

（1）通用寄存器

8 个 32 位通用寄存器，用于保存数据和地址，分别命名为 EAX、EBX、ECX、EDX、ESI、EDI、EBP 和 ESP。这些寄存器的低 16 位可作为 16 位寄存器单独使用，它们是 AX、BX、CX、DX、SI、DI、BP 和 SP，使用时不影响高 16 位的值。AX、BX、CX、DX4 个寄存器的高、低 8 位可以单独使用来保存 8 位数据，它们是 AH、AL、BH、BL、CH、CL、DH、DL，但它们不能用于有效地址计算。

（2）段寄存器

Pentium 有 6 个段寄存器，每个都是 16 位长，CS 是代码段寄存器，DS、ES、FS、GS 是数据段寄存器，SS 是堆栈段寄存器，每个段寄存器都有一个相应的 64 位描述符高速缓存器，是用户不可见的。

在保护模式下，段寄存器的内容是选择符，在实模式下，段寄存器的内容左移 4 位是段基址的高 16 位（低 4 位为全 0）。其对应的描述符高速缓存器继续起作用，只不过这 64 位不是从描述符表取来而是自动设定的。其中，段基地址为段寄存器值×16；段界为 0FFFFH；段属性为 16 位寻址时各段的存取属性（如可执行否、可读否、可写否、段扩展方向等），值得注意的是此时特权级为 0（最高）。

（3）指令指针

指令指针是一个 32 位寄存器，名为 EIP。它保存下一条待取出指令的代码段的段内偏移值，即总是相对于 CS 段基地址的值。EIP 的低 16 位名为 IP，是 16 位的指令指针，供 16 位寻址时使用。

（4）标志寄存器

标志寄存器 EFLAGS 是一个 32 位寄存器，低 16 位名为 FLAGS，也是在 16 位寻址方式中使用。EFLAGS 的第 1、3、5 和 22～31 位，Intel 公司未定义，其余的 19 位大多反映操作结果的状态，但也有少数位起着控制作用。其余为系统标志（X）。

下面参照图 2-25（d）介绍各标志位的意义。

① CF=进位标志，PF = 奇偶检验标志，AF=辅助进位标志，ZF=零标志，SF=符号标志，TF=陷阱标志，IF=中断允许标志，DF = 方向标志，OF=溢出标志。这 9 个标志是 8086 处理器标志，一直被继承下来。

② IOPL：I/O 特权值，用于指明在保护模式下不产生异常中断 13 而执行 I/O 指令所要求的最大 CPL（当前特权级）的允许值。

③ NT：嵌套任务标志，该位置位指明当前任务嵌套在另一个任务中执行，用于保护模式。NT=1 时执行 IRAT 指令引起 TSS 反向链装入 TR，返回父任务，否则返回同任务。

④ RF：恢复标志，是与调试寄存器的断点操作一起使用的标志。该位置位时即使遇到断点或调试故障，也不产生异常中断 1。在成功地执行每条指令时，RF 自动被复位。一进入断点处理程序先将此位置 1，然后压入堆栈，断点处理完毕时，将其弹出，使以后的指令不按断点指令执行，即断点指令只执行一次。

⑤ VM：V86 模式标志，该位置位时，表明当前工作在虚拟 86（V86）模式下。

⑥ AC：对准检查标志。所谓对准是指访问字数据（16 bit）时地址应为偶数，访问双字数据（32 bit）时地址应为 4 的倍数，访问 4 字数据（64 bit）时地址应为 8 的倍数。若该位置位，进行未对准地址访问时将产生异常中断 17。只有在特权级 3 时此位才有效。

⑦ VIF：虚拟中断标志。

⑧ VIP：虚拟中断挂起标志，虚拟中断（Virtual Interrupt）用于多任务环境中，虚拟中断标志是所用中断标志的虚拟映像，虚拟中断挂起标志指示虚拟中断是否被挂起。

⑨ ID：识别标志（X），若这位能被置位和复位，则指明这个处理器能支持 CPU ID 指令。该指令能提供处理器的厂商、系列和模式等信息。

⑩ VIF、VIP 和 ID 这 3 个标志位是 Pentium 比之 80486 新增加的标志位。

2．系统管理寄存器

（1）存储管理寄存器

在保护模式下，Pentium 的虚拟存储地址空间达到 64 GB，处理器内部的存储器管理部件通过分段和分页机制进行逻辑地址到物理地址的转换，实现对存储器的访问，存储器管理寄存器是支持这种机制的寄存器。通常，每个任务可以分配 16 K 个存储器段，每段最大 4 GB，一段又可以分为多个存储器页，一般情况下以 4 KB 为一页，正好和磁盘扇区大小相对应。Pentium 和 80386 以上处理器的段寄存器 CS、SS、DS、ES、FS、GS 分别存放代码段、堆栈段和数据段的段选择符，段选择符指向定义段的段描述符。段描述符由 8 个字节组成，它提供段的长度、基地址以及段的访问控制信息和状态信息。段描述符根据属性又分为全局描述符、中断描述符以及局部描述符，分别存放在全局描述符表、中断描述符表以及局部描述符表中。存储器管理寄存器支持这种分段的数据组织，包含 4 个寄存器：全局描述符表寄存器 GDTR、中断描述符表寄存器 IDTR、局部描述符表寄存器 LDTR、任务寄存器 TR。

（2）控制寄存器

Pentium 处理器有 5 个 32 位的控制寄存器 $CR_0 \sim CR_4$，控制系统级的操作，如图 2-26 所示。

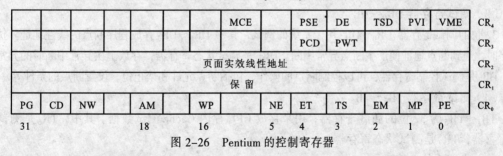

图 2-26　Pentium 的控制寄存器

① CR_0 表示微处理器的操作方式和工作状态。它包含了系统的控制标志，通常用于控制处理器的工作模式或者指出处理器的工作状态。主要有下面各标志位：

- PE：保护工作模式允许，置 1 时处理器进入保护模式，清 0 后重新进入实模式。
- MP：监控协处理器，该位被置位表示系统中存在协处理器。
- EM：仿真浮点指令，置位时可使每条 ESC 指令引起类型 7 中断，通常通过该中断的服务程序仿真协处理器的功能。
- TS：任务切换，指出处理器已经切换了任务。在保护模式下，改变 TR 的内容将引起 TS 位置 1。
- ET：扩展类型，用于对 80287 和 80387 协处理器的选择，Pentium 不使用。
- NE：数字错误，为 1 时能使标准算术协处理器进行错误检测。
- WP：写保护，WP 为 1 时保护用户级页面使其不接受超级用户的写操作。

- AM：地址对齐屏蔽，该位复位时允许进行地址对齐检查，对齐检查仅在保护模式下用户处于优先级 3 时发生，检查处理器是否访问了位于其地址或非双字边界的双字。
- NW：非写直达，一种维护存储器数据一致性的写策略，如果 NW 为 1，数据 Cache 禁止写直达操作。
- CD：Cache 禁止，用来控制内部 Cache，该位为 1 禁止内部 Cache。
- PG：分页，PG 为 1 选择线性地址到物理地址的页表转换。

② CR_1：在 Pentium 处理器中保留。

③ CR_2：存放缺页的线性地址。当允许分页时，CR_2 和 CR_3 有效。在进行存储器管理页面寻址时，如果产生缺页错误，CR_2 指示产生缺页异常指令的位置，保存产生缺页中断之前最后访问页面的 32 位线性地址。

④ CR_3：页目录基地址寄存器。CR_3 的高 20 位保存页目录基地址的高 20 位。低位中 D_4、D_3 位用于驱动外部 Cache 操作的引脚。D_4 为页级 Cache 禁止位 PCD，D_3 为页级写直达控制位 PWT。

⑤ CR4：定义另外 6 个控制位，存放一组允许多种结构扩展的标志。主要有下面几个标志：

- VME：虚拟方式扩展，为 1 表示在保护模式下允许对虚拟 8086 模式扩展功能的支持。
- PVI：保护模式虚拟中断，有效时在保护模式下允许对虚拟中断标志的支持。
- TSD：时间标记禁止，用来控制 RDTSC 指令，RDTSC 指令可读取时间戳寄存器中的数据。TSD 为 1 时禁止 RDTSC 指令。
- DE：调试扩展，置位时允许 I/O 断点调试扩展。
- PSE：页面大小扩展，置位时允许 4 MB 存储页面。
- MCE：机器检查允许，有效时允许机器检查终端等。

（3）调试寄存器 $DR_0 \sim DR_7$

32 位的调试寄存器 $DR_0 \sim DR_7$ 用于系统的调试，其中 $DR_0 \sim DR_3$ 存放程序断点的线性地址。执行程序时，遇到断点地址便产生断点异常中断。DR_6 是调试状态寄存器，存放上次异常中断时的异常状态。DR_7 是调试控制寄存器，可以控制断点的操作，包括断点允许和禁止位，设置断点的条件等。

（4）测试寄存器 $TR_3 \sim TR_5$

$TR_3 \sim TR_5$ 为 32 位的测试寄存器，用来存放 CPU 片内 Cache 测试数据。其中，TR_6 是测试控制寄存器，TR_7 是测试状态寄存器。

（5）内置自检 BIST

BIST 是 Pentium 处理器一种特殊的自检功能，它是通过 BIST 相关逻辑和寄存器 EAX 共同实现的。在系统上电时，RESET 引脚由 1 变 0 将 INT 置 1，启动 BIST 测试 Pentium 70% 的内部结构，并用 EAX 报告结果。若 EAX 为 0，自检通过，Pentium 进入正常工作状态；若 EAX 为其他值，报告 Pentium 存在故障。

2.5.3 Pentium 的工作模式

Intel 系列的各代计算机，系统结构本质是相同的。它们的软件具有兼容性，处理器始终保持着目的代码一级的向上兼容，Intel 结构对于 Intel 系列的计算机具有普遍的意义和通用性。从 80386 开始，Intel 结构处理器支持实地址方式、保护虚拟地址方式和一种准操作方式——虚拟 8086 方式。在这些工作方式基础上，Pentium 还支持一种对操作系统或用户透明的、系统平台的专用方式——系统管理方式，共 4 种工作模式。

1. 实地址模式

实地址模式也简称为实模式，这是自 8086 一直延续继承下来的 16 位模式，采用和 8086 类似的编程环境，包括寻址方式、存储管理方式、中断处理机制，只是在 8086 基础上进行扩充，扩展了 32 位寄存器的指令核心的寄存器。Intel 结构的实地址方式下可运行 Intel 8086、8088、80186、80188 处理器编写的程序，也可运行为 Intel 80286、80386、80486、Pentium 等处理器编写的实地址方式程序。实地址模式用于系统的初始化，在系统加电和复位以后，Intel 结构微处理器进入实地址模式，可以在实地址方式下进入保护模式和系统管理模式。

实地址模式执行环境的主要特点如下：

① 处理器支持 1 MB 的物理地址空间。该空间分成若干段，段长最大 64 KB。段地址由指定的段寄存器的内容乘以 16（即左移 4 位），得到 20 位段基址，加上 16 位偏移地址即得 20 位物理地址。

② 可以使用 8 个 16 位的寄存器 AX、BX、CX、DX、SP、BP、SI 和 DI，也可以访问 32 位寄存器 EAX、EBX、ECX、EDX、ESP、EBP、ESI 和 EDI，访问 32 位寄存器时需加上操作数规模超越前缀。

③ 可以使用 4 个段寄存器 CS、DS、ES、SS。另外，显示访问程序可以访问 2 个新增加的段寄存器 FS 和 GS。

④ 16 位指针 IP 映射到 32 位 EIP 寄存器的低 16 位。16 位的 FLAGS 寄存器包含状态标志位和控制位，该寄存器映射到 32 位 EFLAGS 寄存器的低 16 位。

⑤ 使用中断向量表替代中断描述符表，中断和异常类型码是向量表中中断入口地址的索引，并为处理过程调用、中断处理或异常处理程序提供 16 位的堆栈。

⑥ 可以使用浮点单元 FPU，可以在实地址方式下执行 FPU 指令。在 Intel 8087、80287、80387 数值协处理器上运行的程序可以直接在实地址方式下运行。

2. 保护模式

保护的虚拟地址模式（Protected Virtual Address Mode）简称为保护模式。这是 80386 才具备并一直延续下来的 32 位模式。为了维护系统程序与应用程序之间、各个应用程序之间以及程序与数据之间互相独立所采取的措施称作"保护"。这种保护机制由硬件和软件共同配合完成。保护模式是 Pentium 微处理器的基本操作方式，它充分发挥了 Pentium 微处理器的存储管理功能和硬件支持的保护机制，可以对复杂的多任务操作系统环境提供全面服务，实现了各种复杂的系统管理功能。

3. 虚拟 8086 方式

虚拟 8086 方式不是一种专门的处理器工作方式，而是保护方式的一种功能。虚拟 8086 方式可以在保护方式以及多任务的情况下运行 8086 的程序，它具有保护方式的任务属性，属于一种准操作方式。其目的是使 8086 方式下的软件在保护方式下仍能够运行。

当操作系统或监控程序切换到虚拟 8086 方式时，处理器就模仿 Intel 8086 处理器来执行任务。仿真 8086 状态下的处理器执行环境与实地址方式一样。这两种方式的主要区别在于，虚拟 8086 方式中，8086 程序以独立的保护方式运行任务。这样，8086 程序能够以任务的形式在保护方式的操作系统下运行，可以使用保护方式机制，比如使用保护方式存储器管理机制、保护方式中断和异常处理机制以及保护方式任务机制，为 8086 任务提供管理与保护。多任务机制可以让多个虚拟 8086 方式任务和非虚拟 8086 方式任务一起在处理器上运行。

4．系统管理模式

Pentium 除了上述 3 种主要工作模式外，还从 80486 继承下来一种称为系统管理模式 SMM（System Management Mode）的新模式。它提供了一种对系统或用户透明的专用程序，以实现平台专用功能，如电源管理、系统安全等。SMM 的专用程序只能由系统固件所利用，而不能由操作系统和应用程序等使用。当外部的系统管理中断引脚（SMI）信号有效，或者从高级可编程中断控制器 APIC 方面接收到 SMI 中断时，处理器就进入 SMM 方式。在 SMM 方式中，处理器保存了当前正在运行的程序或任务的上下文关系之后，切换到一个独立的地址空间中，启动 SMM 专用代码。SMM 专用程序在自己的地址空间中运行，完全与操作系统和应用程序无关。当从 SMM 退出时，处理器回到系统管理中断前的状态。最早引进这个模式是为了笔记本式计算机的电源管理模式，在 CPU 没有实质工作进行时系统降低电源功耗，此时就是以 SMM 模式来保护现场。现在 SMM 又增添了新功能，能对实际不在系统的硬件予以虚拟化。

2.5.4 Pentium 存储器系统

Pentium 微处理器的存储器系统大小为 4 GB，与 80386 DX 和 80486 微处理器的一样。它们之间的差别在于存储器数据总线的宽度。Pentium 使用 64 条数据总线来进行寻址位于 8 个存储块（每个存储块包含 512 MB）中的数据的地址，如图 2-27 所示。

图 2-27　Pentium 微处理器 8B 宽存储器

Pentium 存储器系统被分为 8 个存储块，每个存储块都包含一个检验位的字节数据。与 80486 一样，Pentium 采用内部检验发生和检查逻辑来获得存储器系统的数据总线信息（多数 Pentium 系统不使用检验检查）。64 位宽的存储器对于双精度浮点型数据是很重要的，因为双精度浮点型数据正好是 64 位宽。与早期的微处理器相似，Pentium 存储器系统的字节计数为 00000000H～FFFFFFFFH。

存储器块选择是由块允许信号（$BE_7 \sim BE_0$）来完成的，这些单独的存储器块允许 Pentium 在一个存储器传送周期中存取任何一个字节、字、双字、或四字数据。与早期的存储器的选择逻辑一样，通常机器产生 8 个独立的写脉冲来向存储器中写数据。

Pentium 所添加的一个新特性是能为地址总线（$A_{31} \sim A_5$）进行检查和产生检测。AP 引脚为系统提供检验信息，APCHK（低电平）指示地址总线出现一个错误的检验检查。当检测到一个地址检验错误时 Pentium 并不采取任何措施，此错误必须由系统获得，且如果需要的话由系统来采取中断举措。

小　　结

8086 微处理器从功能上可以分为执行部件（EU）和总线接口部件（BIU）两个部分。EU 部件负责指令的执行，BIU 部件负责与存储器、I/O 端口数据的传送。内部有 6 个字节的指令队列，使两个部件相互独立、相互配合实现指令流水级。

　　8086 内部有通用寄存器组、段寄存器组、专用寄存器组。特别是标志寄存器，共使用了 9 位（6 位状态位，3 位控制位），运算的有关状态在此标识。8086 引入了存储器分段概念，是 80x86 分段的雏形。8086 通过段寄存器和偏移量寄存器共同实现对存储单元物理地址的访问，内存分段还为程序的动态装配创造了条件。

　　在 8086 系统中，有最大和最小两种工作模式，通过引脚 MN/$\overline{\text{MX}}$ 选择。在不同工作模式下，部分引脚的定义也有所不同。总体上引脚分为地址、数据、控制信号和系统信号，地址线和数据线的分时复用，减少了总线的数目。理解引脚信号的定义和作用，是学习配置典型系统，理解工作原理的基础。

　　在取指或传送数据时，CPU 通过 BIU 与存储器或 I/O 端口交换信息，BIU 执行总线周期，完成一次访问。一个总线周期一般由 $T_1 \sim T_4$ 共 4 个状态组成。CPU 典型操作特别是总线操作时序，是分析系统、进行系统设计的依据。

　　8086 系统存储器分为奇、偶两个存储体，用 A0 和 $\overline{\text{BHE}}$ 信号选择低字节、高字节、字操作的实现。8086 系统 I/O 端口的编址方式采用独立编址（专用的 I/O 端口编址），有 I/O 端口的地址码较短，译码电路简单。存储器同 I/O 端口的操作指令不同，程序比较清晰，存储器和 I/O 端口的控制结构相互独立，可以分别进行设计，但需要有专用的 I/O 指令，程序设计的灵活性较差。

　　Pentium 处理器进一步改造了指令预取技术，以两条预取指令队列和分支预测缓冲器支持指令的分支进行预测，以分支指令的历史执行为依据预测指令是否转移，提高了指令预取功能的效率。

　　Pentium 有两条可同步执行的 U、V 流水线。每个时钟周期完成 2 条整数指令或一条浮点数指令。U 和 V 浮点流水线由指令预取、译码 1、译码 2、读取操作数、首次执行、二次执行、写浮点数和出错报告 8 个步骤组成。其中，前 5 个步骤与整数流水线中的 5 个步骤是同步执行的。

　　Pentium 有 4 种工作模式，除了实地址模式、保护虚拟地址模式、虚拟 8086 模式外，Pentium 还可工作于系统管理模式。

习　题

1. 8086 的总线接口部件 BIU 中包含哪些部件？执行部件 EU 中包含哪些部件？
2. 8086 系统中存储器的逻辑地址和物理地址之间有什么关系？
3. 8086 CPU 有几个状态标志位？有几个控制标志位？它们在什么条件下被置位？
4. 当 A0 为低电平时，在总线的哪一部分传送数据？当 $\overline{\text{BHE}}$ 为低电平时，在总线的哪一部分传送数据？
5. 总线接口部件中加法器的作用是什么？它与执行部件中的加法器在功能上有何差别？
6. 什么叫总线周期？8086 的典型总线周期包含几个时钟周期？每个时钟周期的具体任务是什么？
7. 8086 CPU 在结构上有什么主要特点？
8. 什么是分时复用？8086 是如何应用分时复用的？
9. 什么叫等待周期？为什么要插入等待周期？如何插入等待周期？
10. 8086 对 1 MB 的内存单元是如何组织的？
11. 8086 对存储器为什么要分段？如何分段？
12. 什么是最小模式？什么是最大模式？8086 CPU 是如何识别这两种不同的工作模式的？

第 3 章

指令系统

应用汇编语言编写程序，必须掌握微处理器的指令系统。不同的微处理器具有不同的指令，因为指令系统不仅定义了一个 CPU 所能执行的指令，还定义了使用这些指令的规则。8086 指令系统是所有 80x86 系列微处理器指令系统的基础，80286、80386 乃至 Pentium 系列 CPU 仅是在这个基础上做了一些扩充。8086 指令系统具有较强的向上兼容性，是从 8 位机指令系统基础上发展而来，用该指令系统编写的程序可以毫无改动地在 80x86 系列 CPU 上执行。其特点是：指令格式灵活、寻址能力强、能处理多种数据类型，还能支持多处理系统结构。

本章要点

- 微型计算机的基本寻址方式；
- 8086 指令系统及指令应用。

用来指挥和控制计算机完成指定操作的命令称为指令。不同的微处理器具有不同的指令。每种微处理器能够识别和执行的所有指令的集合称为该微处理器的指令系统。通常指令系统包括指令格式、寻址方式、指令种类、指令功能内容和使用规则，他们不仅与计算机的硬件结构紧密相关，而且直接关系到用户的使用需要，也影响到机器的适用范围。因此，在使用汇编语言进行程序设计时，必须对微处理器的指令系统非常了解。

PC 的指令系统以 8086 CPU 的指令系统为基本的指令集。80286、80386、80486 和 Pentium 等 CPU 的指令系统在这个基础上作了一些扩充和增加。

本章在讨论寻址方式的基础上，主要介绍 8086 CPU 的指令系统，并简单介绍 80x86/Pentium 扩充和增加的指令。

3.1 寻 址 方 式

计算机能直接识别和执行的指令是用二进制编码表示的机器指令。机器指令一般由操作码和操作数两部分组成，指令的一般格式为：

操作码　　　[操作数 1，操作数 2，…，操作数 n]

操作码用来规定该指令要执行的操作，是指令中唯一不可缺少的必要字段；操作数表示指令执行过程中的操作对象，该字段可以有零个、一个、两个或 3 个，通常称为零地址、一地址、二地址或三地址指令。二地址指令的基本格式为：

OPRD　DEST, SRC

其中，OPRD 为操作码助记符，DEST 为目的操作数，SRC 为源操作数。

执行指令时一般需要存取操作数，寻址方式就是用于说明指令中如何提供操作数或提供操作数存放地址的方法，即按什么方法找到操作数。操作数可以存放在指令中、寄存器中或存储器中，其对应的寻址方式分别为立即数寻址、寄存器寻址、存储器寻址方式。

3.1.1　立即数寻址

操作数直接存放在指令中，紧跟在操作码之后，它作为指令的一部分存放在代码段里，这种操作数称为立即数。

【例 3.1】立即数寻址。

```
MOV AL, 9    ;源操作数为立即寻址方式,指令执行后,(AL)=09H
MOV AX, 3064H ;源操作数为立即寻址方式，指令执行后，；（AX）= 3064H
```

图 3-1 是指令 MOV AX, 3064H 的执行情况，图中指令存放在代码段中，OP 表示该指令的操作码部分，3064H 为立即数，它是指令的一个组成部分。

注意：

① 立即数可以是 8 位的或 16 位的，并且必须与目的操作数的长度一致。

② 立即寻址方式常用于给寄存器或者存储器赋初值，并且只能用于源操作数字段，不能用于目的操作数字段。

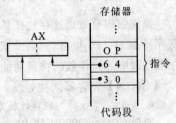

图 3-1　立即寻址执行情况

3.1.2　寄存器寻址方式

操作数存放在寄存器中，寄存器号由指令指定。对于 16 位操作数，寄存器可以是 AX、BX、CX、DX、SI、DI、SP、BP；对于 8 位操作数，寄存器可以是 AL、AH、BL、BH、CL、CH、DL、DH。由于操作数就在寄存器中（在 CPU 内部），指令执行时不需要访问存储器，因此这是一种快速的寻址方式。

【例 3.2】寄存器寻址。

```
MOV  AX,3064H ;目的操作数为寄存器寻址方式，指令执行后（AX）=3064H
MOV  AX, BX   ;目的操作数和源操作数都为寄存器寻址方式，如指令执行前（AX）= 1234H、
```
（BX）= 5678H；则指令执行后（AX）=5678H，（BX）保持不变。

存储器寻址方式：除上述两种寻址方式外，下面 5 种寻址方式的操作数都在除代码段以外的存储区中，都属于存储器寻址方式。在 8086 中，把操作数的偏移地址称为有效地址 EA(Effective Address)，下面 5 种寻址方式体现了 5 种计算 EA 的方法。

3.1.3　直接寻址方式

在直接寻址方式中，操作数存放在存储单元中，而这个存储单元的有效地址就在指令的操作码之后，默认的操作数的物理地址可通过(DS)×10H 再加上这个有效地址形成。

【例 3.3】直接寻址。

```
MOV AX, [2000H]    ;源操作数为直接寻址
```

如果（DS）= 3000H，则执行情况如图 3-2 所示。 最后的执行结果为（AX）=3050H。

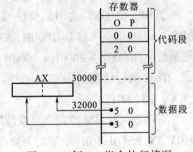

图 3-2　例 3.3 指令执行情况

在汇编语言指令中，可以用符号地址（变量名或标号）代替数值地址。例如：

　　MOV AX, DATA　　;源操作数为直接寻址方式

或　MOV AX, [DATA]　;源操作数为直接寻址方式

这里 DATA 是存放操作数单元的符号地址。

直接寻址方式默认操作数在数据段中，如果操作数定义在其他段中，则应在指令中指定段跨越前缀。例如：

　　MOV AX, ES:NUMBER（或写成 MOV AX, ES:[NUMBER]）;源操作数为直接寻址方式

此时源操作数的物理地址=(ES)×10H+NUMBER。

直接寻址方式适合于处理单个变量。

3.1.4　寄存器间接寻址方式

操作数的有效地址存放在基址寄存器 BX、BP 或变址寄存器 SI、DI 中。如果指令中使用的寄存器是 SI、DI 和 BX，则操作数默认在数据段中；如果指令中使用的寄存器是 BP，则操作数在堆栈段中。操作数的物理地址=(DS)×10H+(SI)/(DI)/(BX)或者(SS)×10H+(BP)。

【例 3.4】寄存器间接寻址。

　　MOV AX, [BX]　;源操作数为寄存器间接寻址方式

如果（DS）= 2000H，（BX）= 1000H，则物理地址 = 20000H + 1000H = 21000H。执行情况如图 3-3 所示，最后的执行结果为（AX）= 50A0H。

指令中也可以指定段跨越前缀来取得其他段中的数据。例如：

MOV AX, ES:[BX]，此时源操作数的物理地址=(ES)×10H+ (BX)。

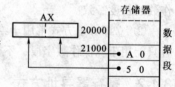

图 3-3　例 3.4 指令执行情况

寄存器间接寻址方式可以用于表格处理。基址或变址寄存器初始化为表格的首地址，每取一个数据就修改寄存器的值，使之指向下一个数据。

3.1.5　寄存器相对寻址方式

这种寻址方式通过基址寄存器 BX、BP 或变址寄存器 SI、DI 与一个位移量相加形成有效地址，计算物理地址的默认段仍然是 SI、DI 和 BX 为 DS，BP 为 SS。

　　操作数的物理地址=(DS)×10H+(SI)/(DI)/(BX)+8 位或 16 位位移量

或　操作数的物理地址=(SS)×10H+(BP)+8 位或 16 位位移量

【例 3.5】寄存器相对寻址。

　　MOV AX, COUNT[SI]（也可表示为 MOV AX, [COUNT+SI]）;源操作数为寄存器相对寻址

其中，COUNT 为 16 位位移量的符号地址。如果（DS）= 3000H，（SI）=2000H，COUNT = 3000H，则物理地址 = 30000H + 2000H + 3000H = 35000H。

指令执行情况如图 3-4 所示，最后的执行结果是（AX）= 1234H。

寄存器相对寻址方式也可以使用段跨越前缀。例如：

MOV AX, ES:[DI+10H]，此时源操作数的物理地址=(ES)×10H+ (DI) +10H。

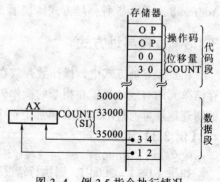

图 3-4　例 3.5 指令执行情况

这种寻址方式同样可用于表格处理。表格的首地址可设置为位移量，修改基址或变址寄存器的内容取得表格中的值。

3.1.6 基址变址寻址方式

操作数的有效地址是一个基址寄存器（BP 或 BX）和一个变址寄存器（SI 或 DI）的内容之和。当基址寄存器为 BX 时，段寄存器使用 DS；当基址寄存器为 BP 时，段寄存器使用 SS。

操作数的物理地址=(DS)×10H+ (BX)+ (SI)/(DI)

或 操作数的物理地址=(SS)×10H+(BP)+ (SI)/(DI)

【例 3.6】基址变址寻址。

MOV AX, [BX][DI]（也可表示为 MOV AX, [BX+DI]）；源操作数为基址变址寻址方式

如果 (DS)=2100H，（BX）=0158H，（DI）=10A5H，则 EA =0158H +10A5H =11FDH，物理地址 =21000H +11FDH =221FDH。

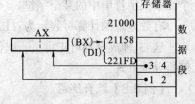

图 3-5 例 3.6 指令执行情况

指令执行情况如图 3-5 所示，最后的执行结果是（AX）=1234H。

此种寻址方式也可使用段跨越前缀。例如：MOV AX, ES:[BX][SI]，此时源操作数的物理地址=(ES)×10H+ (BX) + (SI)。

这种寻址方式同样适用于数组或表格处理。首地址可存放在基址寄存器中，而用变址寄存器来访问数组中的各个元素。由于两个寄存器的值都可以修改，所以它比寄存器相对寻址方式更加灵活。

注意：一条指令中同时使用基址寄存器或变址寄存器是错误的。

例如：MOV CL, [BX+BP] 或 MOV AX, [SI+DI] 均为非法指令。

3.1.7 相对基址变址寻址方式

操作数的有效地址是一个基址寄存器（BP 或 BX）和一个变址寄存器（SI 或 DI）的内容以及 8 位或 16 位位移量之和。默认段的使用仍然是 DS 与 BX 组合，SS 与 BP 组合。

操作数的物理地址=(DS)×10H+ (BX)+ (SI)/(DI) +8 位或 16 位位移量

或 操作数的物理地址=(SS)×10H+(BP)+ (SI)/(DI) +8 位或 16 位位移量

【例 3.7】相对基址变址寻址。

MOV AX, MASK[BX][SI]（或 MOV AX, MASK[BX+SI]，或 MOV AX, [MASK+BX+SI]）；源操作数为相对基址变址寻址方式

如果（DS）=3000H，（BX）=2000H，（SI）=1000H，MASK =0250H，则物理地址 =30000H +2000H +1000H +0250H =33250H。指令执行情况如图 3-6 所示，最后的执行结果是（AX）=1234H。

这种寻址方式通常用于对二维数组的寻址。例如，存储器中存放着由多个记录组成的文件，则位移量可指向文件之首，基址寄存器指向某个记录，变址寄存器则指向该记录中的一个元素。这种寻址方式也为堆栈处理

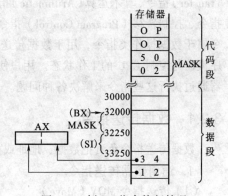

图 3-6 例 3.7 指令执行情况

提供了方便，一般（BP）可指向栈顶，从栈顶到数组的首址可用位移量表示，变址寄存器可用来访问数组中的某个元素。

此种寻址方式也可使用段跨越前缀。对寄存器的要求同基址变址寻址方式。

存储器寻址方式总结：有效地址可以由以下 3 种成分组成：

① 位移量（Displacement）是存放在指令中的一个 8 位或 16 位数，但它不是立即数，而是一个地址。

② 基址（Base）是存放在基址寄存器（BX 或 BP）中的内容。它是有效地址中的基址部分，通常用来指向数据段中数组或字符串的首地址。

③ 变址（Index）是存放在变址寄存器（SI 或 DI）中的内容。它通常用来访问数组中的某个元素或字符串中的某个字符。

有效地址的计算可表示为：EA = 基址 + 变址 + 位移量。

这 3 种成分都可正可负，以保证指针移动的灵活性。它们任意组合使用，可得到不同的存储器寻址方式。

【例 3.8】综合练习。

在 16 位寻址时，设(DS)=2100H，(BX) = 0158H，(DI)=10A5H，位移量=1B57H，DS 用来作为段寄存器，则相对于各种寻址方式的有效地址和物理地址将是什么？

解答：

① 寄存器和立即数寻址方式：无有效地址和物理地址。

② 直接寻址方式：EA=1B57H；PA=21000+1B57=22B57H。

③ 寄存器间接寻址方式（假设寄存器为 BX）：EA=0158H；PA=21000+0158=21158H。

④ 寄存器相对寻址方式（假设寄存器为 BX）：EA=0158+1B57=1CAFH；PA=21000+1CAF=22CAFH。

⑤ 基址变址寻址方式：EA=0158+10A5=11FDH；PA=21000+11FD=221FDH。

⑥ 相对基址变址寻址方式：EA=0158+10A5+1B57=2D54H；PA=21000+2D54=23D54H。

3.2 8086 指令系统

指令系统是计算机硬件和软件的主要界面，它是硬件设计人员或者汇编语言程序设计者进行设计的基础。8086 指令系统是 80x86 的基本指令集，按功能可以分为 6 类：数据传送（Data Transter）指令、算术运算（Arithmetic）指令、逻辑运算（Logic）指令、串操作（String Manipulation）指令、控制转移（Program Control）指令、处理器控制（Processor Control）指令。前 4 种类型指令属于数据操作类指令，用于数据传送和数据处理；后两类指令属于控制类指令，用于改变程序流向与控制 CPU 的工作状态。用户使用指令系统可以对某一问题编制一系列的指令序列，机器通过执行这些指令来解决各种问题。

3.2.1 数据传送指令

数据传送指令负责把数据、地址或立即数传送到寄存器或存储单元中。可分为 4 种：

1. 通用数据传送指令

（1）传送指令 MOV（Move）

格式：MOV DEST,SRC

功能：将源操作数的内容（一个字或者一个字节）传送到目标操作数指定的寄存器或者内

存单元，源操作数内容不变。MOV 指令不影响标志位。

注意：

① 目的操作数和源操作数不能同时用存储器寻址方式，也不允许同时为段寄存器，这个限制适用于所有指令。

② 目的操作数不能是 CS，也不能用立即数方式，这个限制适用于所有指令。

③ 目的操作数和源操作数的类型（长度）必须相同，这个限制适用于所有指令。

④ IP 和 FLAGS 不允许作为源操作数或者目的操作数，这个限制适用于所有指令。

⑤ 立即数不允许直接送到段寄存器。

MOV 指令的数据传送方向如图 3-7 所示。

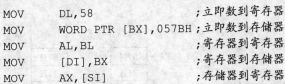

图 3-7　MOV 传送方向示意图

【例 3.9】MOV 传送指令。

```
MOV    DL,58                ;立即数到寄存器
MOV    WORD PTR [BX],057BH  ;立即数到存储器
MOV    AL,BL                ;寄存器到寄存器
MOV    [DI],BX              ;寄存器到存储器
MOV    AX,[SI]              ;存储器到寄存器
```

【例 3.10】下列指令不合法。

```
MOV    1234H,AX       ;立即数不能作为目的操作数
MOV    CS,AX          ;CS 不能作为目的操作数
MOV    IP,AX          ;IP 不能作为目的操作数
MOV    DS,5000H       ;立即数不能直接送至段寄存器
MOV    DS,ES          ;两个段寄存器之间不能直接传送信息
MOV    BL,AX          ;源操作数和目的操作数类型不一致
MOV    ADDR2,ADDR1    ;不能在两个存储器单元间直接传送数据
```

（2）交换指令 XCHG（Exchange）

格式：XCHG　DEST,SRC

功能：将源地址和目的地址中的数据互换（字节或者字）。XCHG 指令不影响标志位。

【例 3.11】交换指令。

```
XCHG   AL,CL      ;寄存器字节交换
XCHG   AX,DI      ;寄存器字交换
XCHG   AX,[BX]    ;寄存器和存储器交换
XCHG   VAL,DH     ;寄存器和存储器交换
```

交换可在寄存器之间、寄存器与存储器之间进行，但不能是段寄存器或立即数，也不能同时为两个存储器操作数。

（3）堆栈指令 PUSH/POP

堆栈是在内存中开辟的一片数据存储区（设置在堆栈段内），采用的存储方式是一端固定，另一端活动，即只允许在一端向该存储区存入或取出数据，数据的存取遵循"先进后出"原则。如同在货栈中从下至上堆放货物的方式一样，最先堆放进去的货物压在最低层，顺序取出货物时，它必将最后取出，此即"先进后出"。

从硬件来看，堆栈由一片存储单元和一个指示器（即堆栈指针 SP）组成。堆栈的固定端称

为栈底。堆栈指针 SP 用于指示数据进栈和出栈时偏移地址的变化，SP 所指示的最后存入数据的单元称为栈顶，堆栈中所有数据的存取都在栈顶进行。

① 进栈指令 PUSH（Push onto the Stack）：

格式：PUSH　　SRC

功能：源操作数入栈。

即 (SP) ← (SP)–2，((SP)) ← (SRC)。

【例 3.12】进栈指令。

```
PUSH    AX    ;假设（AX）=2107H
```

则指令的执行情况如图 3-8 所示。

② 出栈指令 POP（Pop from the Stack）

格式：POP　　DST

功能：数据出栈，存入目的操作数。

即 (DST) ← ((SP))，　(SP) ← (SP)+2。

【例 3.13】出栈指令。

```
POP    AX    ;指令执行后（AX）=2107H。
```

指令的执行情况如图 3-9 所示。

堆栈在计算机工作中起着重要作用：

- 调用子程序和进行中断处理时保护断点地址。

- 保护寄存器的内容。例如：

```
PUSH    AX
PUSH    BX
PUSH    CX   ;将 AX、BX 和 CX 的内容送入堆栈保护
...          ;这段程序要用到 AX、BX 和 CX
POP     CX
POP     BX
POP     AX   ;恢复 AX、BX 和 CX 的内容。恢复时,后进栈的先出栈
```

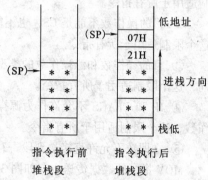

图 3-8　PUSH AX 指令的执行情况

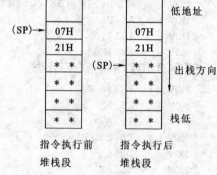

图 3-9　POP AX 指令的执行情况

对于堆栈指令应注意的问题：

- 堆栈操作的对象是字数据。

- 不可以使用立即数寻址方式。这个限制适用于所有的地址指令。

- 这两条指令不影响标志位。

（4）换码指令 XLAT（Translate）

格式：XLAT

功能：执行(AL) ← ((DS)×10H+(BX)+(AL)) 操作，将 BX 指示的字节表格中的代码换存在 AL 中。使用该指令时，要求 BX 寄存器指向表格的首地址，AL 为表格中的某一项与表格首地址的偏移量。XLAT 指令不影响标志位。

注意：所建字节表格的长度不能超过 256 B，因为存放位移量的是 8 位寄存器 AL。

【例 3.14】在内存以 TABLE 开始的数据段中依次存放着数字 0～9 对应的 LED 七段字形码 3FH、06H、5BH、4FH、66H、6DH、7DH、07H、7FH、6FH。现要把 8 转换成其对应的 LED 七段字形码，可以用以下几条指令实现：

```
MOV    BX,OFFSET TABLE
MOV    AL,8
```

```
XLAT
```
结果（AL）=7FH，为 8 所对应的 LED 七段字形码。

2. 输入输出指令

格式：IN　累加器,PORT

　　　OUT　PORT,累加器

功能：专门用于 I/O 端口和累加器 AL 或 AX 之间进行数据传送。IN（Input）指令表示将 I/O 端口一个字节或一个字数据送到 AL 或 AX 中。OUT（Output）指令表示将 AL 或 AX 的内容传送到 I/O 端口。指令格式中的 PORT 为 I/O 端口号，当端口号不超出 255 时，可采用直接寻址方式，在指令当中直接指定端口地址；若端口号超过 255，应采用间接寻址方式，预先用 DX 保存端口号，然后再用 IN 或 OUT 指令实现输入输出操作，这样用 DX 进行端口寻址最多可寻址 64 K 个 I/O 端口。

【例 3.15】输入输出指令。

```
IN    AL,    40H        ;将端口 40H 的字节内容读入 AL
OUT   40H,   AX         ;将 AX 中的一个字内容输出至 40H,41H 两端口,其中 AL 内容
                        ;送 40H 端口,AH 内容送 41H 端口
MOV   DX,    4000H      ;先将端口地址送入 DX
IN    AL,    DX         ;从端口 4000H 读取一个字节至 AL
```

3. 地址传送指令

有 3 条指令：LEA（Load Effective Address）、LDS（Load Pointer into DS）和 LES（Load Pointer into ES）。

（1）LEA 有效地址传送指令

格式：LEA　DEST,SRC

功能：把源操作数的偏移地址传送至通用寄存器、指针或变址寄存器中。这种指令的目的操作数必须是一个 16 位的寄存器，而且源操作数提供的一定是一个存储器的地址。

【例 3.16】LEA 有效地址传送指令。

```
LEA   BX, [2000H]       ;将有效地址 2000H 送 BX
比较：MOV    BX,[2000H]  ;将 2000H 单元的内容送 BX
```

（2）地址指针传送指令

格式：LDS　DEST,SRC

　　　LES　DEST,SRC

功能：将源操作数所指定的连续 4 个存储单元内容送至指定的寄存器（前两个字节）和段寄存器（后两个字节）中，即偏移地址送入 DEST 指定的通用寄存器，而段地址送入指令所表示的段寄存器 DS 或 ES 中。

【例 3.17】地址指针传送指令。

```
POINT DD 22334455H      ;定义 POINT 的地址
LES   BX, POINT         ;（BX）=4455H,（ES）=2233H
LDS   BX, POINT         ;（BX）=4455H,（DS）=2233H
```

4. 标志传送指令

标志寄存器是特殊寄存器，不能像一般数据寄存器那样随意操作，标志传送指令是专门对标志寄存器操作的指令。

（1）标志读/写指令

格式：LAHF/SAHF

功能：LAHF 将 16 位的标志寄存器低 8 位值送至 AH 中；SAHF 将寄存器 AH 的值送至标志寄存器的低 8 位。

（2）标志入栈/出栈指令

格式：PUSHF/POPF

功能：PUSHF 将标志寄存器的值入栈，不影响标志位。POPF 指令将堆栈顶部的一个字送至标志寄存器，影响标志位。

3.2.2　算术运算指令

算术运算指令可实现加、减、乘、除 4 种基本运算，另外还有用于 BCD 码调整的指令。操作数可以是 8 位和 16 位的二进制无符号数或有符号数，有符号数用补码表示，其运算结果亦用补码表示。

1．加法指令

加法指令包括普通加法（ADD）指令、带进位加法（ADC）指令和加 1（INC）指令，另外还有两条加法调整指令，即非压缩 BCD 码调整（AAA）和十进制加法调整（DAA）指令。

（1）不带进位的加法指令 ADD（Addition）

格式：ADD　DEST,SRC

功能：将源操作数与目的操作数相加，结果存放在目的操作数中，即 DEST←DEST+ SRC 运算结果对标志位 CF、DF、PF、SF、ZF 和 AF 有影响。

目的操作数可以是寄存器或存储器，源操作数可以是立即数、寄存器或存储器。但是，源操作数和目的操作数不能同时是存储器。另外，不能对段寄存器进行加法运算（也不能参加减法、乘法和除法运算）。加法指令的操作对象可以是 8 位数（字节），也可以是 16 位数（字）。

【例 3.18】不带进位的加法指令。

```
ADD    AL,70H      ;寄存器 AL 中内容与立即数 70H 相加,结果存放在 AL 中
ADD    BX,[3000H]  ;BX 内容与 3000H 开始的两字节单元内容相加,结果存放在 BX 中
ADD    DI,CX       ;DI 与 CX 的内容相加,结果存放在 DI 中
ADD    DL,[BX+SI]  ;DL 中内容与 BX+SI 所指字单元内容相加,结果存放在 DL 中
```

相加的数据类型可以为带符号数或无符号数。对于带符号数，如果 8 位数相加结果超出范围（−128～+127），或 16 位数的相加结果超出范围（−32 768～+32 767），则发生溢出，OF 标志位置 1。对于无符号数，若 8 位数加法结果超过 255，或 16 位数加法结果超过 65 535，则最高位产生进位，CF 标志位置 1。

【例 3.19】加法指令溢出。

```
MOV    AL,7EH      ;(AL)=7EH
MOV    BL,5BH      ;(BL)=5BH
ADD    AL,BL       ;(AL)=7EH+5BH=D9H
```

执行以上 3 条指令以后，相加结果(AL)= D9H，此时各标志位的状态为：SF=1，ZF = 0，AF = 1，PF = 0，CF=0，OF = 1。其中，OF = 1 表示发生了溢出，这是由于相加结果超过了 127，但最高位并未产生进位，故 CF = 0。

（2）带进位位加法指令 ADC（Addition–with–Carry）

格式：ADC　DEST,SRC

功能：将源操作数与目的操作数相加，再加上进位标志 CF 的内容，然后将结果存放在目的

操作数中，即 DEST←DEST + SRC +CF。

ADC 指令对标志位的影响与 ADD 相同，ADC 指令对操作数的要求也与 ADD 相同。

【例 3.20】 多字节加法。

有两个 4 字节（32 位）无符号数，已分别放在自 BUFFER1 和 BUFFER2 开始的存储区中，每个数占 4 字节单元。因 8086 加法指令最多只能进行 16 位加法运算，故将 32 位加法运算分两次进行，先进行低 16 位相加（ADD 指令），在做高 16 位相加时，使用 ADC 指令可以把低 16 位相加时可能出现的进位位（CF）加进去，否则运算结果会出错。

```
MOV    AX,BUFFER1
ADD    AX,BUFFER2        ;低 16 位相加
MOV    BUFFER3,AX
MOV    AX,BUFFER1+2
ADC    AX,BUFFER2+2      ;高 16 位相加
MOV    BUFFER3+2,AX
```

（3）加 1 指令 INC（Increment Addition）

格式：INC　DEST

功能：将目的操作数加 1，即 DEST←DEST+1。结果影响标志位 AF、OF、PF、SF 和 ZF，而对进位标志 CF 没有影响。INC 指令中操作数的类型可以是寄存器或存储器，但不能是段寄存器；字节操作或字操作均可；操作数不能用立即数。

【例 3.21】 加 1 指令。

```
INC    AL               ;8 位寄存器 AL 的内容加 1
INC    SI               ;16 位寄存器 SI 的内容加 1
INC    BYTE PTR [BX]    ;BX 所指字节单元内容加 1
INC    WORD PTR [BX]    ;BX 所指字单元内容加 1
```

（4）加法的 ASCII 调整指令 AAA（ASCII Adjust After Addition）

格式：AAA

功能：ASCII 加法调整，将 AL 的内容调整为一位非压缩的十进制数。指令的操作为：如(AL) & 0FH)>9，或(AF)=1 则(AL)←(AL)+6；(AH)←(AH)+1；(AF)←1；(CF)←(AF)；(AL)←(AL & 0FH)，否则，(AL)←((AL) & 0FH)。由上可见，指令将影响 AF 和 CF 标志，其他位状态不确定。虽然指令后面不写操作数，但实际上是对累加器进行操作。

【例 3.22】 ASCII 加法调整指令。

```
MOV    AL,08            ;(AL)←08(AL)←00001000
ADD    AL,09            ;(AL)←08+09(AL)←00010001=11H
AAA                     ;AF=1,(AH)←(AH)+01,(AL)←(AL+06),AL 高 4 位
                        ;为 0,(AL)=00000111,结果(AX)=0107H,AF=1,CF=1
```

（5）十进制加法调整指令 DAA（Decimal Adjust after Addition）

格式：DAA

功能：将存放在 AL 中的两个十进数（压缩的 BCD 码）之和调整为压缩 BCD 码，并放在 AL 中。指令的操作为：如(AL & 0FH)>9，或(AF)=1 则(AL)←(AL)+6；(AF)←1；如果 AL>9FH 或 CF=1 则(AL)←(AL)+60H；CF=1。

该指令只对 AL 中的内容进行调整，任何时候都不会改变 AH 的内容。该指令影响标志位，如 SF、ZF、AF、PF、CF。

【例 3.23】 计算两个两位的十进制数之和：89+75=？

用 BCD 码的运算过程如下：

压缩 BCD 码	对应的十进制数
10001001	89
+）01110101	+）75
1111 1110　=FEH	164
+）0110 0110　（加 66H 调整）	
1　0110 0100　= 164H　（正确的 BCD 码结果）	

DAA 指令不能单独使用，它必须跟在 ADD 或 ADC 指令之后使用，把二进制数变换为 BCD 码相加，结果仍然放在 AL 中。如上例相应指令为：

```
MOV     AL,89H
ADD     AL,75H
DAA
```

2．减法指令

8086/8088 减法指令包括不带借位的减法（SUB）指令、带借位减法（SBB）指令和减 1（DEC）指令、求补（NEG）指令、比较（CMP）指令，以及减法非压缩 BCD 码调整（AAS）和十进制调整（DAS）指令。

（1）不带借位减法指令 SUB（Subtraction）

格式：SUB DEST,SRC

功能：目的操作数减去源操作数，将结果送回目的操作数，即 DEST←DEST-SRC。

指令对标志位 AF、CF、OF、PF、SF 和 ZF 都有影响。对操作数的要求同 ADD 指令。

【例 3.24】不带借位减法指令

```
SUB     AX,BX       ;将AX中的内容减去BX中的内容,结果放在AX中
SUB     [BP],CL     ;将BP所指字节单元的内容减去CL中的内容,结果放在BP所指字节单元中
```

相减数据的类型也可以为带符号数或无符号数。当无符号数的较小数减较大数时，因不够减而产生借位，此时进位标志 CF 置 1。当带符号数的较小数减较大数时，将得到负的结果，则符号标志 SF 置 1。带符号数相减如果结果溢出，则 OF 置 1。

（2）带借位减法指令 SBB（Subtraction-with-Borrow）

格式：SBB DEST,SRC

功能：SBB 指令执行带借位的减法操作，即目的操作数减去源操作数，然后再减去进位标志 CF，并将结果送回目的操作数，即 DEST←DEST-SRC-CF。SBB 指令对标志位的影响与 SUB 指令相同，对操作数的要求也与 SUB 指令相同。

同 ADC 指令类似，本指令主要用于多字节减法运算。

（3）减 1 指令 DEC（Decrement Subtraction）

格式：DEC DEST

功能：DEC 指令将目的操作数减 1，即 DEST←DEST-1。指令影响标志 AF、OF、PF、SF 和 ZF，但对 CF 标志不影响。操作数不能用立即数。

【例 3.25】减 1 指令

```
DEC     BYTE PTR [SI]       ;存储器单元内容减1
DEC     CX                  ;CX内容减1
```

（4）求补指令 NEG（Negate）

格式：NEG DEST

功能：对操作数求补，即用零减去操作数，再把结果送回。求补指令对大多数标志位如 SF、ZF、AF、PF、CF 和 OF 都有影响。

操作数的类型可以是寄存器或存储器，可以对 8 位数或 16 位数求补。

【例 3.26】求补指令。

NEG AL

指令执行前(AL) = 00111100，指令执行后(AL)=11000100，即 0000 0000-0011 1100 = 1100 0100。注意两点：

① 若操作数的值为 80H(−128)或为 8000H(−32 768)，则求补后操作数无变化，但标志位 OF 置 1。

② 此指令虽然影响标志位 AF、CF、OF、PF、SF 和 ZF，但一般总是使标志 CF=1，除非在操作数为零时，才使 CF=0。

（5）比较指令 CMP（Comparison）

格式：CMP DEST,SRC

功能：目的操作数减去源操作数，但结果并不送回目的操作数（即目的操作数在指令执行后不变），使结果反映在标志位上。

CMP 对标志位的影响和对操作数的要求与 SUB 指令相同。比较指令主要用于比较两个数是否相等，或谁大谁小。

（6）减法的 ASCII 调整指令 AAS（ASCII Adjust after Subtraction）

格式：AAS

功能：与 AAA 指令类似的是将 AL 的内容调整为非压缩的十进制数。不同的是当 AL 低 4 位表示的数大于 9 时或者 AF=1 时，则将 AL 减 6，AH 减 1，并使 AF 和 CF 置位，清除 AL 中的高 4 位。否则，清除 AL 中的高 4 位。

【例 3.27】ASCII 码的减法调整指令。

MOV AX,0608H
SUB AL,09H
AAS

（7）十进制减法调整指令 DAS（Decimal Adjust after Subtraction）

格式：DAS

功能：与 DAA 指令类似，是将 AL 的内容调整为压缩的十进制数。不同的是当 AL 低 4 位表示的数大于 9 或者 AF=1 时，将 AL 减 6，并将 AF 置 1；而当 AL 高 4 位的值大于 9 或者 CF=1 时，AL 减 60H，并将 CF 置 1。

【例 3.28】DAS 十进制减法调整指令。

MOV AL,73H
SUB AL,27H
DAS

3．乘法指令（Multiplication）

在乘法指令中，操作数只是乘数，被乘数为累加器，隐含为目的操作数。

（1）无符号数乘法 MUL

格式：MUL SRC

功能：字节相乘时(AX)←(AL)*(SRC)；字相乘时(DX，AX)←(AX)*(SRC)。

指令中的源操作数可以使用除立即数方式以外的任意一种寻址方式。若乘积的高半部为 0，则 CF 和 OF 均为 0，否则为 1。

【例 3.29】无符号数乘法指令。

```
MUL     BL                          ;(AX)←(AL)*(BL)
MUL     CX                          ;(DX,AX)←(AX)*(CX)
MUL     BYTE PTR[SI+8]              ;(AX)←(AL)*[SI+8]
```

（2）带符号数乘法 IMUL

格式：IMUL SRC

功能：与 MUL 相同，只是操作数与乘积是带符号数。

注意：若乘积的高半部是低半部的符号扩展，则 CF 和 OF 均为 0，否则为 1。

（3）乘法的 ASCII 调整指令 AAM（ASCII Adjust after Multiplication）

格式：AAM

功能：将非压缩 BCD 码乘法的结果（在 AL 中）转换成的内容调整为两个非压缩的 BCD（AH 和 AL 中）码。AAM 用于 MUL 指令之后。其调整方法是：把 AL 的内容除以 0AH，所得的商送至 AH 中，余数送至 AL 中，并根据 AL 的内容设置标志位 SF、ZF 和 PF。但 AF、CF、OF 无意义。

【例 3.30】乘法的 ASCII 调整指令。

```
MOV     AL,06H                      ;(AL)←06H
MOV     BL,07H                      ;(BL)←07H
MUL     BL                          ;(AX)←002AH
AAM                                 ;(AX)←0402H
```

4. 除法指令（Division）

除法相当于乘法的逆运算，同样可以进行字或字节的除法，所不同的是结果有两个：商和余数，其被除数隐含在 AX（8 位数除法）或 DX，AX（16 位数除法）中，而除数则可以在指令中指出。商与余数分别被放在 AL 与 AH（8 位数除法）或 AX 与 DX（16 位数除法）中。

（1）无符号数除法 DIV

格式：DIV SRC

功能：字节操作数(AL)←(AX)/(SRC)的商；(AH)←(AX)/(SRC)的余数。

字操作数：(AX)←(DX,AX)/(SRC)的商；(DX)←(DX,AX)/(SRC)的余数。

【例 3.31】无符号数除法。

```
DIV     CL          ;AX 中的 16 位数除以 CL 中的 8 位数,商送入 AL 中,余数送入 AH 中
DIV     CX          ;DX 和 AX 中的 32 位数除以 CX 中的 16 位数,商送入 AX 中,余数送入 DX 中
```

（2）带符号数除法 IDIV

格式：IDIV SRC

功能：与 DIV 相同，只是操作数与商是带符号数。

注意：

① 两个操作数均为有符号数。

② 除法有溢出问题。当商超出目的寄存器（AL 或 AX）的范围时，会产生 0 号中断（用 0 作除数），退出该程序，并显示 Divide overflow。

③ 如果被除数不是除数长度的两倍，对被除数要用专门的指令进行符号扩展。

（3）除法的 ASCII 调整指令 AAD（ASCII Adjust before Division）

格式：AAD

功能：该指令常用于 DIV 之前，将 AX 中两位非压缩 BCD 码变为二进制数，即完成(AL)←(AH)*10+(AL)，0 送到 AH 中，并根据结果设置标志位 SF、ZF 和 PF，但 AF、CF、OF 无意义。

【例 3.32】除法的 ASCII 调整指令。

```
MOV     AX,0605H          ;(AX)←0605H
MOV     BL,07H            ;(BL)←07H
AAD                       ;(AX)←0041H
DIV     BL               ;商值(AL)←09H,余数(AH)←02H
```

（4）有符号扩展指令

格式：CBW

　　　CWD

功能：CBW（Change Byte to Word）为字节扩展指令，将 AL 中有符号数的符号位扩展到 AH 中，如果 AL < 80H，则 AH=00H，否则 AH=0FFH。CWD（Change Word to Doubleword）为字扩展指令，将 AX 中有符号数的符号位扩展到 DX 中，如果 AX < 8000H，则 DX=0000H，否则 DX=0FFFFH。

【例 3.33】有符号扩展指令。

```
MOV     AL,12H
CBW                       ;AX←0012H
MOV     AX,0A234H
CWD                       ;DX←0FFFFH,AX←A234H
```

3.2.3　逻辑运算和移位指令

逻辑运算和移位指令包括逻辑运算、移位和循环移位指令。

1. 逻辑运算指令

逻辑运算指令的操作数可以是 8 位、16 位，运算按位进行。对操作数的规定与 MOV 指令相同。

（1）逻辑与指令 AND

格式：AND DST, SRC

功能：对两个操作数进行按位的逻辑"与"运算，结果送回目的操作数。

用途：使一个操作数中的若干位维持不变（与 1 相"与"），而另外若干位清零（与 0 相"与"）。

【例 3.34】逻辑与指令。

```
MOV     AL,    10010101B
AND     AL,    01011011B    ;将操作数10010101的第2、5、7位清零,其余位不变
AND     AL,    0FH          ;可完成拆字的动作,屏蔽高4位(拆出低4位)
```

（2）逻辑或指令 OR

格式：OR DST, SRC

功能：对两个操作数进行按位的逻辑"或"运算，结果送回目的操作数。

用途：使一个操作数中的若干位维持不变（与 0 相"或"），而另外若干位置 1（与 1 相"或"）。

【例 3.35】逻辑或指令。

```
MOV     AL,    10100001B
OR      AL,    01101001B    ;将操作数0,3,5,6位置1,其余位保持不变
AND     AL,    0FH
AND     AH,    0F0H
OR      AL,    AH           ;完成拼字的动作
```

（3）逻辑非指令 NOT

格式：`NOT OPR`

功能：对操作数按位求反，然后送回原处。

操作数可以是寄存器或存储器中的内容。此指令对标志位无影响。

【例 3.36】逻辑非指令。

```
NOT     AL
```

（4）逻辑异或指令 XOR（Exclusive-OR）

格式：`XOR DST, SRC`

功能：对两个操作数进行按位的逻辑"异或"运算，结果送回目的操作数。

用途：使一个操作数中的若干位维持不变（与"0"相"异或"），而另外若干位取反（与"1"相"异或"）。

【例 3.37】逻辑异或指令。

```
MOV     AL,11011110B
XOR     AL,01010101B        ;将操作数的 0,2,4,6 位取反,其余位保持不变
XOR     AL,AL               ;使 AL 清 0
XOR     CL,0FH              ;使低 4 位取反,高 4 位不变
```

（5）测试指令 TEST

格式：`TEST DST, SRC`

功能：完成与 AND 指令相同的操作，结果反映在标志位上，但并不送回与运算的结果。

用途：在不希望改变原有操作数的情况下，用来检测操作数的若干位是否满足条件，并根据检测结果设置标志位。

【例 3.38】测试指令若要检测 AL 中的最低位是否为"1"，为"1"则转移。可用以下指令：

```
TEST    AL,01H
JNZ     THERE
…
THERE:
```

逻辑运算类指令对标志位的影响情况如下：

NOT 不影响标志位，其他 4 种指令将使 CF=OF=0，AF 无定义，而 SF、ZF 和 PF 则根据运算结果而定。

2．移位指令

移位指令的操作对象可以是一个 8 位或 16 位的寄存器或存储器，移位操作可以是向左或向右移一位，也可以移多位。

（1）算术/逻辑移位指令

```
格式：   SAL     DEST, CNT       ;shift arithmetic left,算术左移指令
         SHL     DEST, CNT       ;shift logical left,逻辑左移指令
         SAR     DEST, CNT       ;shift arithmetic right,算术右移指令
         SHR     DEST, CNT       ;shift logical right,逻辑右移指令
```

式中 CNT 是移位次数，可以是 1 或寄存器 CL（CNT 大于 1 时必须把它放在 CL 中）。

功能：将目的操作数中的内容按 CNT 的值进行左（右）移位，最低位补 0，最高位移入 CF。但 SAR 指令移位时，最高位返回原位，如图 3-10 所示。

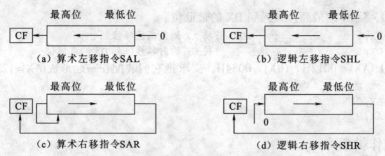

图 3-10　算术/逻辑移位指令功能示意图

SHL 和 SAL 指令的操作完全相同，是将目标操作数顺序向左移 1 位或 CL 寄存器中指定的位数。左移 1 位时，操作数的最高位移入进位标志 CF，最低位补 0。左移一位，只要左移以后的数未超出一个字节或一个字的表达范围，则相当于原数乘以 2，因此左移常用来完成乘某些常数的运算。如果移位次数等于 1，且移位以后目的操作数新的最高位与 CF 不相等，则溢出标志(OF) = 1，否则(OF) = 0。对其他标志位没有影响。

【例 3.39】将 AL 寄存器中的数据左移一位，BX 寄存器所指的字存储单元中的数据左移 2 位。

```
SHL     AL,1
MOV     CL,02H
SHL     WORD PTR [BX],CL
```

SAR 和 SHR 的功能不同，由于在执行 SHR 时常把操作数看做无符号数来进行移位，所以最高位补 0，而在执行 SAR 时，常把操作数看做有符号数来进行移位，故右移时，最高位保持不变。如果移位次数等于 1，且移位以后新的最高位和次高位不相等，则(OF) = 1，否则(OF) = 0。右移 1 位的操作，相当于将寄存器或存储器中的数除以 2，因此同样可以利用右移指令完成除以某些常数的运算。

（2）循环移位指令

格式：　ROL DEST,CNT　　;rotate left, 左循环移位
　　　　ROR DEST,CNT　　;rotate right, 右循环移位
　　　　RCL DEST,CNT　　;rotate left through carry, 带进位左循环移位
　　　　RCR DEST,CNT　　;rotate right through carry, 带进位右循环移位

功能：循环移位是将目的操作数从一端移出的位返回到另一端形成循环。前两条循环指令未把标志位 CF 包含在循环中，后两条把标志位 CF 包含在循环中，作为整个循环的一部分，如图 3-11 所示。

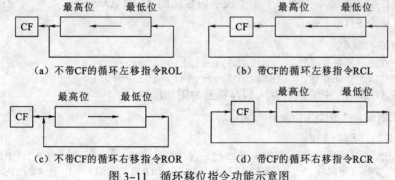

图 3-11　循环移位指令功能示意图

所有循环移位指令都只影响进位标志 CF 和溢出标志 OF，但 OF 标志的含义对于左循环移位指令和右循环移位指令将有所不同。

【例 3.40】 将 AX 的最高位移入到 DX 的最低位。

```
RCL    AX,1                        ;将 AX 的最高位移位到 CF
RCL    DX,1                        ;将 CF 的内容移位到 DX 的最低位
```

【例 3.41】 (AX) = 0012H，(BX) = 0034H，要求把它们装配在一起形成(AX)=1234H。

```
MOV    CL,8
ROL    AX,CL
ADD    AX,BX
```

3.2.4　串操作类指令

在内存一个存储区域连续存放着若干个字节（或字）数据，这样一组数据称为数据串。若每个数据是一个字节，称为字节串；若是字，则称为字串。串操作指令可以用来实现内存区域的数据串操作。8086/8088 指令系统提供了 5 条基本的串操作指令和 3 条重复前缀指令。

1．基本串操作指令

串操作指令共有 5 种（MOVS、STOS、LODS、CMPS、SCAS），其基本操作各不相同，但有以下共同特点：

① 源数据串地址由 DS:SI 提供，目的数据串地址由 ES:DI 提供。

② 每次操作后，地址指针 SI、DI 自动修改，修改的方向取决于方向标志 DF。DF=0 时，地址增加；DF=1 时，地址减小。

③ 串操作指令与重复前缀结合，可进行多次重复操作。

④ 串操作指令都具有 3 种指令格式。

（1）串传送指令 MOVS（Move String）

格式：MOVS DEST, SRC

```
      MOVSB   ;字节操作，((ES):(DI))←((DS):(SI)),(SI)←(SI)±1,(DI)←(DI)±1
      MOVSW   ;字操作，  ((ES):(DI))←((DS):(SI)),(SI)←(SI)±2,(DI)←(DI)±2
```

功能：将一个字节或字从存储器的某个区域传送到另一个区域，然后根据方向标志 DF 自动修改地址指针。串传送指令不影响标志位。

（2）取串指令 LODS（Load from String）

格式：LODS SRC

```
      LODSB   ;字节操作,(AL)←((DS):(SI)), (SI)←(SI)±1
      LODSW   ;字操作， (AX)←((DS):(SI)), (SI)←(SI)±2
```

功能：将存储器的源串中的一个字节或字内容送到 AL 或 AX 中。

（3）存串指令 STOS（Store into String）

格式：STOS DEST

```
      STOSB   ;字节操作,((ES):(DI))←(AL), (DI)←(DI)±1
      STOSW   ;字操作， ((ES):(DI))←(AX), (DI)←(DI)±2
```

功能：将 AL 或 AX 中的内容存入到存储器的附加段中。

（4）串比较指令 CMPS（Compare String）

格式：CMPS DEST,SRC

```
      CMPSB ;字节操作, ((DS):(SI)) -((ES):(DI)),(SI)←(SI)±1,(DI)←(DI)±1
      CMPSW ;字操作，  ((DS):(SI)) -((ES):(DI)),(SI)←(SI)±2,(DI)←(DI)±2
```

功能：比较源串和目的串是否相同，只影响状态标志位，不保留结果。

（5）串搜索指令 SCAS（Scan String）

格式：SCAS DEST;

```
SCASB          ;字节操作,  (AL)-((ES):(DI)),(DI)←(DI)±1
SCASW          ;字操作,   (AX)-((ES):(DI)),(DI)←(DI)±2
```

功能：将附加段存储单元一个字节或字内容与 AL 或 AX 中的内容进行比较，根据比较结果设置相应的标志位。

2. 重复前缀

串操作指令每次只处理数据串中的一个数据，但与重复前缀配合使用（重复前缀 + 串操作指令），可使操作重复进行（其执行过程相当于一个循环程序的运行，重复次数由寄存器 CX 决定）。

```
格式: REP          ;(repeat)无条件重复
REPE/REPZ        ;(repeat if equale/ repeat if zero)相等/结果为 0 时重复
REPNE/REPNZ      ;(repeat if not equale/ repeat if not zero)不相等/结果
                 ;不为 0 时重复
```

功能：REP 指令用在 MOVS、STOS 指令之前，每执行一次串指令，(CX)←(CX)-1，直到(CX)= 0，则重复执行结束。

REPE/REPZ 指令用在 CMPS、SCANS 指令之前，每执行一次串指令，(CX)←(CX)-1，并判断 ZF 标志是否为 0，只有(CX)= 0 或 ZF=0，重复执行才会结束。

REPNE/REPNZ 指令用在 CMPS、SCANS 指令之前，每执行一次串指令，(CX)←(CX)-1，并判断 ZF 标志是否为 1，只有(CX)= 0 或 ZF=1，重复执行才会结束。

LODS 指令之前不能添加前缀。

综上所述为实现串操作，程序设计时要掌握 3 个要点：

① 利用方向标志 DF 设定串操作中地址指针修改的方向。

② 利用(DS):(SI)和(ES):(DI)设定源数据串和目的数据串的首地址。

③ 利用 CX 设定被处理数据串的字节个数或字个数（即数据串中数据个数）。

【例 3.42】 把数据段中从符号地址 STR1 开始的 100 B 内容传送到附加段中从 STR2 开始的单元中。

实现上述功能的程序段如下：

```
CLD                        ;清方向标志 DF(DF=0)
LEA      SI,STR1           ;(SI)←源串首地址指针
LEA      DI,STR2           ;(DI)←目的串首地址指针
MOV      CX,100            ;(CX)←字节串长度
REP      MOVSB             ;字符串传送
```

【例 3.43】 对从符号地址 STR2 开始的 256 个字单元清零。

```
CLD                        ;清方向标志 DF
LEA      DI,STR2           ;(DI)←目的串首地址指针
MOV      AX,0              ;AX 寄存器清 0
MOV      CX,256            ;(CX)←字串长度
REP      STOSW
```

【例 3.44】 字符串 STR1 是数据段中的一个 4 B 字符串，STR2 是附加段中的一个 4 B 字符串，比较两字符串是否相等。

```
CLD                        ;清方向标志 DF
LEA      SI,STR1           ;(SI)←源串首地址指针
LEA      DI,STR2           ;(DI)←目的串首地址指针
MOV      CX,4              ;(CX)←字符串长度
REPE     CMPSB
```

【例 3.45】 搜索字符串 STR 中是否有字符 M，字符串长度为 12。

```
CLD
LEA      DI,STR
MOV      AL,'M'            ;AL←关键字 'M'
```

```
MOV     CX,12
REPNE   SCASB
```

3.2.5 控制转移指令

程序的执行可以按顺序一条一条地执行，也可以改变顺序转向所需执行的指令。8086/8088系统中，指令执行的顺序是由 CS 和 IP 确定的。转移类指令可改变 CS 与 IP 的值或仅改变 IP 的值，使程序转移到新的地址（称"转移地址"或"目的地址"）去执行，以改变指令执行的顺序。其中，前者称"段间转移"或"远转移"，用 FAR 表示；后者称"段内转移"或"近转移"，用 NEAR 表示。若段内转移限制在（-128～+127）范围内，则称"短转移"，用 SHORT 表示。

1. 无条件转移指令 JMP（Jump）

无条件转移指令执行后使程序无条件转移到指令中指定的目标地址处执行程序。

（1）段内直接转移

格式：JMP 标号

功能：（IP）←(IP)+8 位或者 16 位偏移量，（CS）不变。

【例 3.46】段内直接转移。

```
JMP     SHORT   LABEL           ;（IP）←(IP)+8 位偏移量,转向符号地址 LABEL 处
JMP     NEAR    PTR L1          ;（IP）←(IP)+16 位偏移量,转向符号地址 L1 处
```
（2）段内间接转移

格式：JMP 寄存器或者存储单元

功能：（IP）←寄存器或者存储单元的值，（CS）不变。

【例 3.47】段内间接转移。

```
JMP     AX  ;（IP）←(AX)，即 AX 中的 16 位数据作为有效转移地址，（CS）不变
JMP     WORD PTR [2000H]    ;（IP）←（2000H），（CS）不变
```
（3）段间直接转移

指令格式：JMP FAR PTR 标号

指令功能：（IP）←标号的偏移地址，（CS）←标号的段地址。

【例 3.48】段间直接转移。

```
JMP  FAR PTR OTHERSEG       ;(CS)←OTHERSEG 的段地址,(IP)←OTHERSEG 的偏移地址
```
（4）段间间接转移

格式：JMP DWORD PTR 存储单元

功能：（IP）←双字存储单元的低 16 位，（CS）←双字存储单元的高 16 位。

【例 3.49】段间间接转移。

```
JMP DWORD PTR [BX]          ;(IP)←((DS):(BX)),(CS)←((DS):(BX+2))
```
2. 过程调用和返回指令

如果有些程序段需要在不同的地方多次反复出现，则可以将这些程序段设计成为过程（也称子程序），每次需要时进行调用。被调用的过程可以在本段内（近过程，对其调用称为段内调用）；也可在其他段（远过程，对其调用称为段间调用）。调用的过程地址可以用直接的方式给出，也可用间接的方式给出。过程中有返回指令，使得过程结束时返回调用处。

（1）调用指令 CALL

调用指令的功能是将断点地址（CALL 指令的下一条指令的地址）压入堆栈保存，并转移到被调用的过程去执行程序。该指令对状态标志位无影响。

① 段内直接调用:

CALL　　过程名　　　　　　　　；(SP)←(SP)-2, ((SP))←(IP), (IP)←(IP)+16 位位移量

② 段内间接调用:

CALL　　寄存器　　　　　　　；(SP)←(SP)-2, ((SP))←(IP), (IP)←寄存器的值

CALL　　存储单元　　　　　　；(SP)←(SP)-2, ((SP))←(IP), (IP)←存储单元的内容

③ 段间直接调用:

CALL FAR PTR 过程名 SUB ；(SP)←(SP)-2, ((SP))←(CS), (SP)←(SP)-2,

　　　　　　　　　　　　　　；((SP))←(IP), (IP)←SUB 过程的偏移地址,CS←SUB 过程的段地址

④ 段间间接调用

CALL DWORD PTR 存储单元 ；(SP)←(SP)-2, ((SP))←CS;SP←SP-2, ((SP))←(IP);

　　　　　　　　　　　　　；(IP)←双字存储单元的低 16 位；(CS)←双字存储单元的高 16 位

（2）返回指令 RET（Return）

过程的最后一条可执行指令必须是返回指令 RET。其功能是从堆栈中弹出由 CALL 指令压入的断点地址, 送入 IP 或 IP 与 CS 寄存器中, 迫使 CPU 返回到主程序的断点去继续执行。

① 返回指令:

格式: RET

功能: 若过程定义为 NEAR 类型, 则为段内返回, 指令执行（IP）←((SP)), (SP)←(SP)+2 操作。若过程定义 FAR 类型, 则为段间返回, 指令执行(IP)←((SP)), (SP)←(SP)+2, (CS)←((SP)), (SP)←(SP)+2。

② 带弹出值的返回指令:

格式: RET n

功能: 在弹出断点地址后, 再用这个立即数 n 修改堆栈指针 SP 的值。

(SP)←(SP)+n

3. 条件转移指令

格式: Jcc 标号

功能: 以标志位的状态作为转移依据。满足转移条件则转移到标号指示的指令处; 不满足转移条件则顺序执行下一条指令。

（1）单测试条件转移指令

根据单个标志位的状态, 判断转移条件的转移指令, 如表 3-1 所示。

表 3-1　单测试条件转移指令

指　令	测试标志位	转移条件	含　义
JE/JZ（Jump if equal,or zero）	ZF	ZF=1	相等/等于 0
JNE/JNZ（Jump if not equal,or not zero）		ZF=0	不相等/不等于 0
JS（Jump if sign）	SF	SF=1	是负数
JNS（Jump if not sign）		SF=0	是非负数
JP/JPE（Jump if parity,or parity even）	PF	PF=1	有偶数个 1
JNP/JPO（Jump if not parity,or parity odd）		PF=0	有奇数个 1
JO（Jump if overflow）	OF	OF=1	有溢出
JNO（Jump if not overflow）		OF=0	无溢出
JC（Jump if carry）	CF	CF=1	有进位/借位
JNC（Jump if not carry）		CF=0	无进位/借位

【例 3.50】 单测试条件转移指令。

```
OR      AX,AX
JZ      LY              ;若AX的内容为0,则转到LY=
```

或：
```
TEST    AX,0FFFFH
JZ      LY
```

（2）复合测试条件转移指令

根据两个或两个以上标志位的状态，判断转移条件的转移指令。根据所测试的操作数类型不同，可分为无符号数和有符号数条件转移指令两种，如表 3-2 所示。

表 3-2　复合测试条件转移指令

操作数类型	指　令	转 移 条 件	含　义
无符号数	JA/JNBE（Jump if above,or not below or equal）	CF=0 AND ZF=0	高于或不低于等于(A>B)转移
	JAE/JNB（Jump if above or equal,or not below）	CF=0 OR ZF=1	高于等于或不低于(A≥B)转移
	JB/JNAE（Jump if below, or not above or equal）	CF=1 AND ZF=0	小于或不大于等于(A<B)转移
	JBE/JNA（Jump if below or equal,or not above）	CF=1 OR ZF=1	小于等于或不大于(A≤B)转移
有符号数	JG/JNLE（Jump if greater,or not less or equal）	SF=OF AND ZF=0	高于或不低于等于(A>B)转移
	JGE/JNL（Jump if greater or equal,or not less）	SF=OF OR ZF=1	高于等于或不低于(A≥B)转移
	JL/JNGE（Jump if less,or not greater or equal）	SF≠OF AND ZF=0	小于或不大于等于(A<B)转移
	JLE/JNG（Jump if less or equal,or not greater）	SF≠OF OR ZF=1	小于等于或不大于（A≤B）转移

【例 3.51】 复合测试条件转移指令。

判断 AL 中内容是否为大写字母（根据 ASCII 码判断），如果是则转换为小写字母。

```
CMP     AL,'A'
JB      LY              ;若(AL)<字母'A',则转到LY
CMP     AL,'Z'
JA      LY              ;若(AL)>字母'Z',则转到LY
ADD     AL,20H          ;(AL)是大写字母,大写转换为小写
        …
LY:     …
```

4．循环控制指令

对于需要重复进行的操作，可以用循环程序结构来进行。8086/8088 指令系统中，有 3 条循环指令，都隐含使用 CX 寄存器，作为循环次数计数器，确定是否循环，如表 3-3 所示。

表 3-3　循环控制指令

名　称	助记符和格式	其他助记符	测 试 条 件
循环	LOOP　　DEST		(CX)≠0
为零或等于时循环	LOOPZ　　DEST	LOOPE	ZF=1 且(CX)≠0
非零或不等于零时循环	LOOPNZ　DEST	LOOPNE	ZF=0 且(CX)≠0

注：① 所有指令均使（CX）←（CX）-1。如果满足测试条件，则（IP）←（IP）+由 DEST 决定的 8 位位移量，继续执行循环体；否则，（IP）不变，程序按顺序往下执行。

② 寻址方式：DEST 必须表示一个标号，该标号应在循环指令后面那条指令的-128～+127 B 范围内。

【例 3.52】 计算 $S=1+2+3+4+\cdots+100$。

```
        MOV     CX,100          ;设计数器初值
        MOV     AX,0            ;累加器初值为0
        MOV     DX,0001H        ;(DX)←1
NEXT:   ADD     AX,DX           ;求和
```

```
        INC    DX                      ;修改 DX,形成下一个自然数
        LOOP NEXT                      ;重复
```

【例 3.53】有一个地址为 ARRAY 的数组（包含 20 个字数据），试编写一段程序，求出该数组的内容之和（不考虑溢出），并把结果存入 TOTAL 中。程序段如下：

```
        MOV    CX,20                   ;设计数器初值
        MOV    AX,0                    ;累加器初值为 0
        MOV    SI,0                    ;地址指针初值为 0
START:  ADD    AX,ARRAY[SI]
        ADD    SI,2                    ;修改指针值(字操作,因此加 2)
        LOOP START                     ;重复
        MOV    TOTAL,AX                ;存结果
```

5．中断指令

中断是指计算机暂停正在运行的程序，转去执行处理某事件的中断服务程序。中断服务执行完毕后，CPU 又返回继续执行其原来的程序。

（1）中断指令 INT（Interrupt）

格式：INT　中断类型号 N

中断类型号 N 的取值范围是 0～255。指令执行的操作如下：

① 标志寄存器的值入栈。

② 断点地址入栈，CS 先入栈，然后 IP 入栈。

③ 从中断向量表中获得中断服务程序的入口地址，转去执行中断服务程序，即：

$(IP) \leftarrow (N*4)$ ，$(CS) \leftarrow (N*4+2)$

（2）溢出中断指令 INTO（Interrupt on Overflow）

格式：INTO

功能：专用于对溢出标志 OF 进行测试，当 OF=1 时，产生类型为 4 的中断。

① 标识寄存器的值入栈。

② 断点地址入栈，CS 先入栈，然后 IP 入栈。

③ 从中断向量表中获得中断服务程序的入口地址，转去执行中断服务程序，即：

$(IP) \leftarrow (10H)$，$(CS) \leftarrow (12H)$

（3）中断返回指令 IRET（Interrupt Return）

格式：IRET

功能：IRET 总是被安排在中断服务程序的出口处，作用是从中断服务程序返回断点处，继续执行原程序。执行的操作如下：

① 断点出栈，IP 先出栈，然后 CS 出栈。

② 标识寄存器出栈。

3.2.6　处理机控制指令

处理机控制类指令用来控制 CPU 的各种操作。共分两类，一类是针对标志位的指令，对标志位进行设置；另一类是对 CPU 状态进行控制的指令。

1．标志位操作指令

（1）进位标志操作指令

```
CLC             ;（Clear carry）复位进位标志:CF←0
```

```
STC          ;（Set carry）置位进位标志:CF←1
CMC          ;（Complement carry）求反进位标志:CF←C̄F̄
```

（2）方向标志操作指令

```
CLD          ;（Clear direction）复位方向标志:DF←0
STD          ;（Set direction）置位方向标志:DF←1
```

在串操作指令使用之前，通常应先设置方向标志，以决定 SI/DI 是增量还是减量。

（3）中断标志操作指令

```
CLI          ;（Clear interrupt）复位中断标志,禁止可屏蔽中断:IF←0
STI          ;（Set interrupt）置位中断标志,允许可屏蔽中断:IF←1
```

2. CPU 状态控制指令

8086/8088 CPU 工作在最大模式系统（多个处理器模式）时，当要求其他协处理器帮它完成某个任务时，CPU 可用这类指令用来向协处理器发出请求，使 8086 处于暂停、等待或空操作等状态。

（1）交权指令 ESC（Escape）

格式：`ESC  MEM`

该指令把 CPU 的控制权交给协处理器，使协处理器可从存储器取得指令或操作数。

（2）等待指令 WAIT

格式：`WAIT`

功能：该指令在 8086 的测试输入引脚为高电平时，使 CPU 进入等待状态，这时，CPU 并不做任何操作；测试为低电平有效时，CPU 脱离等待状态，继续执行 WAIT 指令后面的指令。

（3）封锁前缀指令 LOCK

格式：`LOCK 某指令`

功能：这是一个指令前缀，可放在任何指令前。该前缀使得在这个指令执行时间内，8086 处理器的封锁输出引脚有效，即把总线封锁，使其他控制器不能控制总线；直到该指令执行完成后，总线封锁解除。当 CPU 与其他处理机协同工作时，该指令可以避免破坏有用信息。

（4）暂停指令 HLT（Halt）

格式：`HLT`

功能：暂停指令使 CPU 进入暂停状态，当 CPU 发生复位或发生来自外部的中断时，CPU 脱离暂停状态。HLT 指令可用于程序中等待中断，中断使 CPU 脱离暂停状态，返回执行 HLT 的下一条指令。注意，该指令在 PC 中将引起所谓的"死机"，一般的应用程序不要使用。

（5）空操作指令 NOP（No operation）

格式：`NOP`

功能：该指令不执行任何操作，但占用一个字节存储单元，空耗一个指令周期。

*3.3 80x86 与 Pentium 扩充和增加的指令

80286 和 80386 的指令系统包括了 8086/8088 的全部指令，并分别将其中某几类若干指令的功能进行了扩充，另外又增加了几种 8086/8088 没有的指令。

本节将在 8086 指令系统基础上，扼要介绍 80286、80386、80486 和 Pentium 对指令系统的扩充及其增加的指令。

3.3.1 80286 扩充和增加的指令

1. 80286 扩充功能的指令

① 堆栈操作指令: PUSH SRC

② 有符号数乘法指令:

```
IMUL  DEST,SRC
IMUL  DEST,SRC1,SRC2
```

【例 3.54】有符号数乘法。

```
IMUL  CX,205        ; (CX) ← (CX)×205
IMUL  DX,[BP],68H   ; (DX) ← [BP]×68H
```

③ 移位指令:

【例 3.55】下列移位指令都是正确的。

```
SAL   AX,9
ROL   [BP],29
RCR   [BX][SI],31
SAR   DX,6           ;算术右移 6 次
```

2. 80286 增加的指令

① 栈操作指令: PUSHA、POPA

② 字符串输入指令: INS   ES:DI,DX(INSB、INSW)

③ 字符串输出指令: OUTS   DX,DS:SI(OUTB、OUTW)

④ 数组界限检查指令: BOUND DEST,SRC

⑤ 建立堆栈空间指令: ENTER DEST,SRC

⑥ 取消建立的栈空间指令: LEAVE

⑦ 控制保护指令:

```
LAR        ;装入访问权限
LSL        ;装入段界限
LGDT       ;装入全局描述符表
SGDT       ;存储全局描述符表
LIDT       ;装入 8 字节中断描述符表
SIDT       ;存储 8 字节中断描述符表
LIDT       ;装入局部描述符表
SLDT       ;存储局部描述符表
LTR        ;装入任务寄存器
STR        ;存储任务寄存器
LMSW       ;装入机器状态字
SMSW       ;存储机器状态字
ARPL       ;调整已请求特权级别
CLTS       ;清除任务转移状态
VERR       ;对存储器或寄存器读检验
VERW       ;对存储器或寄存器写检验
```

3.3.2 80386 扩充和增加的指令

1. 80386 扩充功能的指令

① 栈操作指令: PUSHAD、POPAD、PUSHFD、POPFD

② 有符号数乘法指令: IMUL DEST,SRC、IMUL DEST、SRC1、SRC2

③ 串操作指令：MOVSD、LODSD、STOSD、CMPSD、SCASD、INSD、OUTSD

④ 符号扩展指令：CWDE、CDQ

⑤ 地址指针传送指令：LFS DEST,SRC、LGS DEST,SRC

⑥ 中断返回指令：IRETD

2. 80386 新增加的指令

① 数据传送与扩展指令：MOVSX DEST,SRC、MOVZX DEST,SRC

② 位测试指令：BT DEST,SRC、BTC DEST,SRC

③ 位设置指令：BTR DEST,SRC、BTS DEST,SRC

④ 位扫描指令：BSF DEST,SRC、BSR DEST,SRC

⑤ 双精度数移位指令：SHLD DEST,SRC1,SRC2、SHRD DEST,SRC1,SRC2

⑥ 条件设置指令：SET 条件 DEST

【例 3.56】80386 新增加的指令示例

```
SETS    AL          ;若 SF=1,则 AL←1
SETNS   BL          ;若 SF=0,则 BL←0
```

3.3.3 80486 新增加的指令

1. 通用指令

① 交换加指令：XADD   DEST,SRC

【例 3.57】交换加指令示例。

```
XADD  EAX,EBX    ;(EAX)←(EAX)+(EBX),(EBX)←(EAX)
```

② 比较传送指令：CMPXCHG   DEST, SRC

【例 3.58】比较传送指令示例。

```
CMPXCHG EDX,  EBX    ;若(EDX)=(EAX),则 EDX←EBX,并将 ZF 置 1;
                     ;否则,EAX←(EDX),并将 ZF 置 0
```

③ 字节顺序交换指令：BSWAP DEST

2. Cache 操作指令

① 高速缓存无效指令：INVD。

② 回写及高速缓存无效指令：WBINVD。

③ TLB（快表）无效指令：INVLPG。

3.3.4 Pentium 新增加的指令

1. Pentium 专用指令

① 字节比较交换指令：CMPXCHG8B DEST, SRC

【例 3.59】字节比较交换指令示例。

```
CMPXCHG8B  QMEM,ECX:EBX ;
```

若 EDX:EAX=[QMEM], [QMEM]←CX:EBX, ZF=1; 否则 EDX:EAX←[QMEM], ZF=0。

② 处理器特征识别指令：CPUID

③ 读时间标记计数器指令：RDTSC

2. Pentium 控制指令

① 读实模式描述寄存器指令：RDMSR

② 写实模式描述寄存器指令：WRMSR

③ 恢复系统管理模式指令：RSM

详细内容请参考有关资料。

小　　结

本章围绕 8086 指令系统和寻址方式介绍了基本概念和各类指令的使用方法。指令通常不直接给出操作数，而是给出操作数存放的地址，寻找操作数地址的方式称为寻址方式。8086 有立即数寻址、寄存器寻址、直接寻址、寄存器间接寻址、相对寻址和基址变址寻址等基本寻址方式。熟悉各种寻址方式的区别和特点，掌握有效地址和物理地址的计算方法。

指令系统是程序设计的基础，8086 CPU 的指令系统按功能分为数据传送指令、算术运算指令、逻辑运算（位操作）指令、串操作指令、控制转移指令和处理器控制指令等 6 类指令。要正确使用指令，掌握各类指令的功能、对标志位的影响和使用上的一些特殊限制。

习　　题

1. 简要分析 8086 的指令格式由哪些部分组成，什么是操作码，什么是操作数，寻址和寻址方式的含义是什么，8086 指令系统有哪些寻址方式。

2. 设(DS)=2000H，(ES)= 2100H，(SS)= 1500H，(SI)= 00A0H，(BX)= 0100H，(BP)= 0010H，数据变量 VAL 的偏移地址为 0050H，请指出下列指令的源操作数字段是什么寻址方式，它的物理地址是多少。

（1）MOV　AX,21H　　　　　　　　（2）MOV　　　AX,BX
（3）MOV　AX,[1000H]　　　　　　　（4）MOV　　　AX,VAL
（5）MOV　AX,[BX]　　　　　　　　（6）MOV　　　AX,ES:[BX]
（7）MOV　AX,[BP]　　　　　　　　（8）MOV　　　AX,[SI]
（9）MOV　AX,[BX+10H]　　　　　　（10）MOV　　　AX,VAL[BX]
（11）MOV AX,[BX][SI]　　　　　　　（12）MOV　　　AX,VAL[BX][SI]

3. 给定寄存器及存储单元的内容为：(DS) = 2000H，(BX) = 0100H，(SI) = 0002H，(20100) = 32H，(20101) = 51H，(20102) = 26H，(20103) = 83H，(21200) = 1AH，(21201) = B6H，(21202) = D1H，(21203) = 29H。试说明下列各条指令执行完成后，AX 寄存器中保存的内容是什么。

（1）MOV　AX,1200H　　　　　　　（2）MOV　　　AX,BX
（3）MOV　AX,[1200H]　　　　　　　（4）MOV　　　AX,[BX]
（5）MOV　AX,1100H[BX]　　　　　　（6）MOV　　　AX,[BX][SI]

4. 分析下列指令的正误，对于错误的指令要说明原因并加以改正。

（1）MOV　AH,BX　　　　　　　　（2）MOV　　　[BX],[SI]
（3）MOV　AX,[SI][DI]　　　　　　　（4）MOV　　　MYDAT[BX][SI],ES:AX
（5）MOV　BYTE PTR[BX],1000　　　（6）MOV　　　BX,OFFSET MYDAT[SI]
（7）MOV　CS,AX　　　　　　　　（8）MOV　　　DS,BP

5. 设 VAR1、VAR2 为字变量，LAB 为标号，分析下列指令的错误之处并加以改正。

（1）ADD　　　VAR1,VAR2　　　　　（2）MOV　　　AL,VAR2
（3）SUB　　　AL,VAR1　　　　　　（4）JMP　　　LAB[SI]

    （5）JNZ   VAR1   （6）JMP   NEAR LAB

6. 写出能够完成下列操作的 8086 CPU 指令。

    （1）把 4629H 传送给 AX 寄存器。

    （2）从 AX 寄存器中的内容减去 3218H。

    （3）把 BUF 的偏移地址送入 BX 中。

    （4）把 BX 和 DX 寄存器的内容相加，结果存入 DX 寄存器中。

    （5）用 BX 和 SI 的基址变址寻址方式，把存储器中的一个字节与 AL 内容相加，并保存在 AL 寄存器中。

    （6）用寄存器 BX 和位移量 21B5H 的变址寻址方式把存储器中的一个字和（CX）相加，并把结果送回存储器单元中。

    （7）用位移量 2158H 的直接寻址方式把存储器中的一个字与数 3160H 相加，并把结果送回该存储器中。

    （8）把数 25H 与(AL)相加，结果送回寄存器 AL 中。

7. 用其他指令完成和下列指令一样的功能

    （1）REP MOVSB   （2）REP LODSB   （3）REP STOSB   （4）REP SCASB

8. 写出将首地址为 BLOCK 的字数组的第 6 个字送到 CX 寄存器的指令序列，要求分别使用以下几种寻址方式：

    （1）以 BX 的寄存器间接寻址。

    （2）以 BX 的寄存器相对寻址。

    （3）以 BX、SI 的基址变址寻址。

9. 假定 AX 和 BX 中的内容为带符号数，CX 和 DX 中的内容为无符号数，请用比较指令和条件转移指令实现以下判断：

    （1）若 DX 的值超过 CX 的值，则转去执行 EXCEED。

    （2）若 BX 的值大于 AX 的值，则转去执行 EXCEED。

    （3）CX 中的值为 0 吗？如果是，则转去执行 ZERO。

    （4）BX 的值与 AX 的值相减，会产生溢出吗？如果溢出，则转去执行 OVERFLOW。

    （5）如果 BX 的值小于 AX 的值，则转去执行 EQ_SMA。

    （6）如果 DX 的值小于 CX 的值，则转去执行 EQ_SMA。

10. 已知用寄存器 BX 作地址指针，自 BUF 所指的内存单元开始连续存放着 3 个无符号数字数据，编写程序求它们的和，并将结果存放在这 3 个数之后。

第 **4** 章

汇编语言程序设计

程序是根据问题的要求，选择相应的指令，并把这些指令按一定的顺序排列起来，这样的指令序列就称为程序。编制程序的过程称为程序设计。用汇编语言编写的程序称为汇编语言源程序，编制这种程序的过程即为汇编语言程序设计。汇编语言是面向微处理编程的一种高效的程序设计语言，通常用于编写对时间和空间要求较高的程序。

本章要点

- 汇编语言语句和组成；
- 常用的伪指令语句的定义和用途；
- 汇编语言程序设计方法；
- 用汇编语言编写简单的应用程序；
- 最基本的 DOS、BIOS 功能调用方法。

4.1   汇编语言程序设计概述

程序设计语言是实现人机交换信息（对话）的最基本工具，可分为机器语言、汇编语言和高级语言。

1. 机器语言（Machine Language）

机器语言用二进制（可缩写为十六进制）代码来表示指令和数据，也称为机器代码、指令代码。机器语言是计算机唯一能识别和执行的语言，用其编写的程序执行效率最高，速度最快，但由于指令的二进制代码很难记忆和辨认，给程序的编写、阅读和修改带来很多困难。所以，现在几乎没有人使用机器语言来编写程序。

2. 汇编语言（Assembly Language）

用助记符（Mnemonic）代替操作码，用地址符号（Symbol）或标号（Label）代替地址码。这样用符号代替机器语言的二进制码，就把机器语言变成了汇编语言，因此汇编语言亦称为符号语言。使用汇编语言编写的程序，机器不能直接识别，要由一种程序将汇编语言翻译成机器语言，这种起翻译作用的程序称为汇编程序，汇编程序是系统软件中的语言处理系统软件。汇编程序把汇编语言翻译成机器语言的过程称为汇编。

汇编语言指令与机器语言指令一一对应。用汇编语言编写程序，每条指令的意义一目了然，给程序的编写、阅读和修改带来很大方便。汇编语言是能利用计算机所有硬件特性并能直接控制硬件的语言；而且用汇编语言编写的程序占用内存少，执行速度快，尤其适用于实时应用场合的程序设计。

汇编语言也有它的缺点：缺乏通用性，程序不易移植，是一种面向机器的低级语言。即使用汇编语言编写程序时，仍必须熟悉机器的指令系统、寻址方式、寄存器的设置和使用方法。每个计算机系统都有其自己的汇编语言，不同计算机的汇编语言之间不能通用。

3. 高级语言（High-level Language）

高级语言是一种面向算法、过程和对象的程序设计语言，它采用接近人们自然语言和习惯的数学表达式及直接命令的方法来描述算法、过程和对象，如 BASIC、C 语言等。高级语言的语句直观、易学、通用性强、便于推广、交流，但用高级语言编写的程序经编译后所产生的目标程序大，占用内存多，运行速度较慢，这在实时应用中是一个突出的问题。

4.1.1 汇编语言源程序的结构

一个汇编语言源程序至少有一个代码段，可能有一个或多个数据段、附加段、堆栈段。下面就汇编语言的"Hello World!"程序来介绍汇编语言源程序的基本结构。

【例 4.1】汇编语言源程序的结构示例。

```
01  DATA    SEGMENT
02          MSG   DB 'Hello World!',13,10,'$'
03  DATA    ENDS
04  CODE    SEGMENT
05          ASSUME CS:CODE, DS:DATA
06  BEGIN:  MOV AX, DATA
07          MOV DS, AX
08          MOV AH, 9
09          LEA DX, MSG
10          INT 21H
11  .       MOV AH, 4cH
12          INT 21H
13  CODE    ENDS
14          END BEGIN
```

源程序以 SEGMENT 和 ENDS 把整个程序分成若干段。每个段在程序中的顺序没有先后，段的数目也不受限制，但每个段必须有段名。任何一个源程序至少必须有一个代码段和一条指示源程序结束的伪指令 END（第 14 行）。

① 本例程序中有一个数据段，段名为 DATA，段内存放原始数据和运算结果。此处定义了一个名为 MSG 的字符串变量。

注意：根据程序本身要求，数据段可有，也可没有。

② 本例程序中有一个代码段，段名为 CODE，包含实现基本操作的指令。

第 06、07 行：初始化代码，此处初始化数据段，使 DS 指向程序的数据段。

第 08 行～第 10 行：程序的主体部分，调用 DOS 功能在屏幕显示"Hello World!"。

第 11、12 行：结束代码，作用是调用 DOS 功能，结束程序运行返回操作系统。如果无结束代码，通常的结果是死机。

第 14 行：告诉汇编程序源程序已经结束（汇编程序将不汇编 END 之后的内容），END 后面的标号 BEGIN 表示程序执行的启动地址（即程序从标号 BEGIN 所指明的指令（第 06 行指令）开始运行）。

③ 如果需要堆栈段，可如下定义：

```
STACK    SEGMENT STACK
         DB 200 DUP(0)
STACK    ENDS
```

堆栈段段名为 STACK，此处定义了 200B 的内存空间，作为程序的堆栈使用。

注意：程序可不设置堆栈段，若没有，连接时将产生一个警告错误：Warning: No STACK Segment 。这不影响程序的正常运行，因为用户可使用系统设定的堆栈段。

程序中还可以根据需要定义附加段。

4.1.2　汇编语言语句类型及格式

1．汇编语言语句类型及格式

汇编语言源程序由许多语句组成。这些语句可分为两类：指令语句和伪指令语句。

指令语句是指令系统所提供的指令，对应计算机的基本操作，汇编后生成目标代码（二进制代码）。

（1）指令语句格式

[标号:]　指令助记符　[操作数]　[;注释]

注：语句格式中带 "[ ]" 的项可有可无。

【例 4.2】指令格式示例。

```
BEGIN:  MOV  AX, DATA
        MOV  DS, AX        ; 把数据段的段地址送入 DS 寄存器
```

（2）伪指令语句格式

伪指令语句告诉汇编程序如何进行汇编工作，汇编后无目标代码。

[名字]　伪指令助记符　[操作数]　[;注释]

【例 4.3】伪指令格式示例。

```
DATA    SEGMENT
        MSG    DB    'Hello World!' ,13,10,'$'
DATA    ENDS                        ;定义数据段
```

2．汇编语言语句中的基本元素

（1）标识符

语句中的标号和名字又称标识符，是给指令存放地址或某一存储单元地址所起的名字。

标识符可由下列字符组成：

字母 A~Z，a~z；数字 0~9；特殊字符?、、@、_、$。

注意：标识符不能以数字打头，不允许与指令或伪指令助记符同名，字符个数不超过 31 个。

【例 4.4】标识符特点示例说明：标号后跟冒号，用在指令语句中。

```
BEGIN: MOV AX,DATA      ;BEGIN 是标号
```

指令中的 BEGIN 标号代表该行指令的起始地址，它表明指令在内存中的位置，可作为转移类指令的操作数，以确定程序转移的目标地址。

【例 4.5】标识符特点示例说明：名字后不带冒号，用在伪指令语句中。

```
DATA    SEGMENT
        MSG    DB    'Hello World!', 13,10,'$'    ; MSG 为变量名
DATA    ENDS      ;DATA 是段名
```

DATA 是段名，MSG 是变量名。名字还可以是过程名等，代表某一存储单元地址。

（2）助记符

表示不同的操作功能，可以是指令、伪指令的助记符。

（3）操作数

操作数是指令和伪指令语句中重要的组成部分，指令语句可能有一个、两个或没有操作数，而伪指令是否需要操作数，需要何种操作数，则随伪指令不同而不同。

（4）注释

以分号"；"开头的语句序列，对程序或者语句功能做说明，提高程序的可读性。

4.1.3　汇编语言的数据与表达式

1. 汇编语言的数据

数据是汇编语言中操作数的基本组成成分，汇编语言能识别的数据有常量、变量和标号。

（1）常量

常量是指在汇编过程中已经有确定数值的量，程序运行过程中不改变。常量可以分为数值常量、字符串常量和符号常量。

① 数值常量：以各种进位制数值形式表示，以后缀字符区分各种进位制。

② 字符串常量：用单引号括起来的一串 ASCII 码字符，如字符串'Hello12'、'C'。

③ 符号常量：用名字来标识的常量，可增加程序的可读性及通用性。

（2）变量

变量是存储单元的符号地址，其中的数据在程序运行过程中可随时修改。变量是通过变量名在程序中引用的。变量一般在数据段或附加段中使用数据定义伪指令 DB、DW 等来定义。经过定义的变量具有以下 3 个属性：

① 段属性（SEGMENT）：变量所在段的段地址。

② 偏移属性（OFFSET）：变量所在段中的偏移地址。

③ 类型属性（TYPE）：变量所代表的数据区内每个数据所占存储单元的字节数。

（3）标号

标号是某条指令所在存储单元的符号地址，通常用标号来作为转移的目标地址。

标号一般在代码段定义。标号和变量相似，也有 3 个属性：

① 段属性：标号所在段的段地址。

② 偏移属性：标号所在段中的偏移地址。

③ 类型属性：也称距离，可以是 NEAR（近距离）和 FAR（远距离）。

NEAR 类型：标号所在指令与转移指令在同一代码段内。

FAR 类型：标号所在指令与转移指令不在同一代码段内。

变量与标号的区别在于变量是数据存放地址的符号表示，而标号是指令存放地址的符号表示。

2. 表达式与运算符

常量、变量和标号是汇编语言中操作数的基本形式，将这 3 种形式的操作数用运算符组合起来的式子叫做表达式，表达式有数字表达式和地址表达式。表达式的运算由汇编程序在汇编时完成，在程序执行时，表达式已是一个具有确定值的操作数。

8086/8088 汇编语言中的操作运算符分为：算术运算符、逻辑运算符、关系运算符、数值返回运算符、属性修改运算符。

（1）算术运算符

算术运算符包括加（ + ）、减（ − ）、乘（ * ）、除（ / ）和模除（MOD，求两数相除的余数）。除 + 、 − 运算符可应用于变量和标号外，其他算术运算符只适用于常量的数值运算。

（2）逻辑运算符

逻辑运算符包括：NOT（非）、AND（与）、OR（或）、XOR（异或）。逻辑运算符的对象必须是数值型的操作数，并且按位运算。应当注意逻辑运算符与逻辑运算指令助记符的符号完全相同，但两者在语句中的位置不同：前者只能出现在操作数部分，并在汇编时完成运算；而后者出现在操作码部分，其运算在执行指令时进行。

【例 4.6】逻辑运算符的应用。

```
MOV     AL,55H XOR 0F0H
AND     AL,55H AND 0F0H    ;第一个 AND 是逻辑指令助记符，由 CPU 执行；第二个 AND 是
                           ;逻辑运算符，由汇编程序在汇编时完成表达式的计算
```

汇编的结果如下：

```
MOV     AL,0A5H
AND     AL,50H
```

（3）关系运算符

关系运算符包括 EQ（等于）、NE（不等）、LT（小于）、GT（大于）、LE（小于等于）、GE（大于等于）。关系运算符用于对常量或同一段内的存储器地址进行比较，若符合比较条件（即关系式成立），所得结果为全 1；否则所得结果为全 0。

【例 4.7】关系运算符的应用。

```
MOV  AX,1234H LT 0         ;汇编结果是 MOV  AX,0000H
MOV  AX,1234H GT 0         ;汇编结果是 MOV  AX,0FFFFH
```

（4）数值返回运算符

这种运算符的运算对象必须是存储器操作数，即变量和标号。运算符总是放在运算对象之前，返回的结果是一个数值。其功能如表 4-1 所示。

表 4-1　数值返回运算符功能

运　算　符	功　　　　　　　能
SEG	返回变量或标号的段地址
OFFSET	返回变量或标号的偏移地址
TYPE	返回变量的字节数（DB 为 1，DW 为 2）或标号的距离属性（NEAR 为 −1，FAR 为 −2）
LENGTH	返回变量中所定义的元素个数（返回 DUP 前的数值或返回 1）
SIZE	返回变量所占的总字节数（此值是 LENGTH 和 TYPE 的乘积）

（5）属性运算符

属性运算符包括：类型修改指针（PTR）、短转移（SHORT）、类型指定（THIS）、取高位字节和取低位字节运算（HIGH/LOW）和段超越运算符（ : ）。这种运算符用来对变量、标号或某存储器操作数的类型属性进行修改。

① 类型修改 PTR 运算符：

格式：<类型> PTR <表达式>

功能：用于指明某个变量、标号或地址表达式的类型属性或者使变量、标号或地址表达式临时兼有与原定义不同的类型属性，但修改的新类型只在所在的指令内有效。

【例 4.8】 PTR 运算符的应用。

```
MOV     BYTE PTR [SI],38H       ;指明目的操作数为字节类型
VAR     DW 1234H                ;定义 VAR 为字类型变量
MOV     AL,VAR                  ;非法指令,源、目的操作数类型不一致
MOV     AL,BYTE PTR VAR         ;合法指令,修改 VAR 为字节类型,(AL)=34H
DEC     WORD PTR [BX]           ;指明目的操作数为字类型
```

② 短转移（SHORT）运算符:

短转移（SHORT）运算符决定 JMP 指令中转移地址的属性,指定转移地址在下一条指令中的-128～+127B 范围之内。

【例 4.9】 SHORT 运算符的应用。

```
JMP     SHORT NEXT       ;NEXT 与 JMP 间相对位移量在-128～+127 之内
```

③ 类型指定（THIS）运算符:

格式: THIS 类型

其中,类型可以是 BYTE、WORD、DWORD、NEAR 或 FAR。该操作符用来指定或补充说明变量或标号类型。

【例 4.10】 THIS 运算符的应用。

```
ABC EQU THIS BYTE ;从本语句开始,变量 ABC 类型属性指定为字节,不管原来的类型是什么
```

④ 取高位字节和取低位字节运算（HIGH/LOW）

HIGH 和 LOW 运算符分别用来从运算对象中分离出高位字节和低位字节。

【例 4.11】 HIGH/LOW 运算符的应用。

```
NUM     EQU 1234H
MOV AL,HIGH NUM                  ;等效于 MOV AL,12H
MOV AL,LOW  NUM                  ;等效于 MOV AL,34H
```

⑤ 段超越运算符（:）

该运算符用来临时给变量、标号或地址表达式指定一个段属性,自动生成段跨越前缀字节。

【例 4.12】 段跨越前缀运算符的应用。

```
MOV AX,ES:[BX]                  ;用附加段 ES 取代默认的数据段 DS
MOV AX,ES:[BP]                  ;用附加段 ES 取代默认的堆栈段 SS
```

注意: CS 和 ES 不能被跨越,堆栈操作时 SS 也不能被跨越。

4.2 伪 指 令

汇编语言中,有两种基本语句:指令语句、伪指令语句。指令语句是指经过汇编之后产生可供计算机硬件执行的机器目标代码,所以又称为执行语句,是在程序运行期间由 CPU 来执行的。伪指令,又称伪操作,是一种说明性语句,是在源程序汇编期间由汇编程序处理的操作。其功能是为汇编程序提供一些信息,诸如源程序的分段情况、数据类型、源程序在何处结束等,以便汇编程序能正确地把指令性语句翻译成相应的机器指令代码。伪指令除部分语句可申请存储空间外,不产生任何目标代码。

4.2.1 符号定义伪指令

1. 赋值伪指令

格式: 名字 EQU 表达式

表达式可以是一个常数、已定义的符号、数值表达式或者地址表达式。

功能：给表达式一个名字。程序中可用名字代替表达式。

【例 4.13】赋值伪指令

```
THREE   EQU   3                ;为常量定义名字
NUM     EQU   THREE*2-4        ;为数值表达式定义名字
ADD     EQU   [BP+8]           ;为地址表达式定义名字
COUNT   EQU   CX               ;为寄存器定义名字
GOTO    EQU   JMP              ;为指令助记符定义名字
```

注意：EQU 定义的名字不得与本程序中其他名字同名；同一源程序中，名字用 EQU 定义后，不能再重新定义；EQU 伪指令只对名字进行定义，不申请分配存储单元。

2．等号伪指令

格式：名字 = 表达式

功能：与 EQU 相似，区别在于等号语句可以重复定义。

【例 4.14】等号伪指令。

```
NUM = 16                       ;变量 NUM 赋值 16
NUM = 18                       ;变量 NUM 重新赋值 18
EMP = EMP+1                    ;变量 EMP 加 1
```

4.2.2　数据定义伪指令

数据定义伪指令用来定义变量的类型，并为变量中的数据项分配存储空间。

格式：[变量名]　数据定义伪指令助记符　操作数[,操作数,…]

功能：DB 定义字节变量，DW 定义字变量，DD 定义双字变量、DQ 定义 4 字变量、DT 定义 10 字节类型变量。

变量名是数据区的符号地址，操作数从变量名开始连续存放，直到操作数结束（地址递增方向）。多个操作数之间用逗号分隔，多字节数据的低字节存储在低地址单元中，高字节存储在高地址单元中。

操作数说明：

① 操作数可以是常数或者能求得常数的表达式。

② 操作数可以是字符（串），字符（串）必须放在引号中，两个以上字符的字符串只能用 DB 伪指令定义。存储的是字符的 ASCII 码。

③ 操作数可以是"？"，用以预留若干无初始值的存储单元。

④ 当同样的操作数重复多次时，可用重复操作符 DUP 表示。

格式：n　DUP　(初值[,初值…])

圆括号中为重复的内容，n 为重复的次数。

【例 4.15】数据定义伪指令。

```
VARB   DB  ?,50H,'A',20        ;定义 4 个元素的字节变量 VARB
VARW   DW  10*6 ,12H,VARW-VARB ;定义 3 个字类型变量 VARW
STR1   DB  'HELLO'             ;定义字符串
TAB1   DB  2 DUP(?)            ;为变量 TAB1 分配 2 个字节空间
TAB2   DB  2 DUP(1,2)          ;为变量 TAB2 分配 4 个字节空间
TAB3   DB  30 DUP (20H);为变量 TAB3 分配 30 个字节空间，初值为 20H
```

以上定义的数据在内存中的存储示意图如图 4-1 所示。

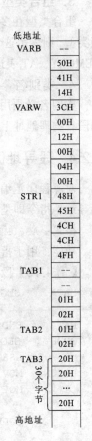

图 4-1　存储示意图

4.2.3 段定义伪指令

段定义伪指令可将源程序划分成若干个段。汇编程序按段来组织程序与数据。

格式：段名　SEGMENT　[定位类型] [组合类型] [类别名]

　　　　　　　　…

　　　　段名　ENDS

功能：定义一个逻辑段。

1. 段名

每一个段必须设置段名。如选用 DATA1 为第一数据段、DATA2 为第二数据段、STACK1 为堆栈段、CODE 为代码段等。一个段的开始和结尾的段名字必须一致，并且不得用系统保留字。

2. 定位类型

定位类型表示某段装入内存时，对该段起始边界的要求。有以下 4 种定位类型可供选择：

① BYTE（字节）：表示本段起始地址可以从任一地址开始。

② WORD（字）：表示本段起始地址从一个偶地址开始。

③ PARA（节）：表示本段起始地址从一个节的边界开始。一个节为 16 个字节，类型默认为 PARA。

④ PAGE（页）：表示本段起始地址从一个页的边界开始，一页为 256 个字节。

3. 组合类型

组合类型在多模块程序设计中表示该段和其他同名段间的组合连接方法。如果没有指明连接类型，则表示这个段不与别的段连接。有 5 种组合类型可供选择：PUBLIC、COMMON、STACK、MEMORY、AT 表达式。

4. 类别名

类别名必须用单引号括起来，由用户任选字符串组成。连接时，不同模块中相同类别名的各段在物理地址上相邻地连接在一起，其顺序与 LINK 提供的各模块顺序一致。

4.2.4 段寻址伪指令

对源程序汇编时，汇编程序必须知道存储器每个逻辑段的段地址存放在哪个段寄存器中。段寻址伪指令即是用来告诉汇编程序这种段和段寄存器的对应关系的。

格式：ASSUME　段寄存器:段名,段寄存器:段名,…

功能：用于指定段和段寄存器（CS、DS、ES 或 SS）的对应关系。

【例 4.16】段寻址伪指令应用。

```
DATA    SEGMENT
        …
DATA    ENDS
CODE    SEGMENT
        ASSUME  CS:CODE,DS:DATA    ;代码段地址由系统自动装入 CS 中
BEGIN:  MOV     AX,DATA            ;数据段地址在代码段中用传送指令实现
        MOV     DS,AX
        …
        CODE    ENDS
                END     BEGIN
```

ASSUME 伪指令只是建立段名与段寄存器之间的联系，并不能把各个段的段地址装入相应的

段寄存器中。需要在代码段中用数据传送指令把段地址（除代码段之外的段）传送到相应的段寄存器中，CS 由系统负责设置。

4.2.5 过程定义伪指令

在程序设计中，常把具有一定功能的程序设计成一个过程。过程可以是主程序，也可以是被调用的子程序（类似高级语言中的函数）。过程的定义可使用过程定义伪指令 PROC、ENDP 来实现。

```
格式：过程名    PROC    [FAR/NEAR ]
                        …
                RET        ;返回指令
过程名        ENDP
```

功能：定义一个过程（子程序）。

过程名就是过程入口的符号地址，供调用时使用，PROC 和 ENDP 前的过程名必须相同。

过程的类型：NEAR，表示段内调用；FAR，表示段间调用。默认为 NEAR 类型。

4.2.6 模块定义与连接伪指令

模块是一个独立的汇编单位，编写规模较大的程序通常需要若干个模块来编写，需要定义模块，模块连接伪指令则解决了多模块的连接问题。

1. 模块定义伪指令

格式：NAME   标识符

功能：为源程序的目标程序指定一个模块名。

2. 模块连接伪指令

（1）全局符号伪指令

格式：PUBLIC   符号名 1,符号名 2,…

功能：定义符号名为全局符号名，允许程序中其他模块直接引用。

PUBLIC 伪指令中定义的符号名可以是变量名、标号及过程名等。在同一模块中一个符号只被定义一次。PUBLIC 伪指令可以出现在模块中的任何位置，一般放在模块的开头。

（2）引用伪指令

格式：EXTRN   符号名 1:类型,符号名 2:类型,…

功能：指明本模块中所使用的符号名在程序的其他模块中已经定义，且出现在其他模块的 PUBLIC 伪指令中。

4.2.7 其他伪指令

1. 定位伪指令

格式：ORG   表达式

功能：指定其后的程序段或数据块所存放的起始地址的偏移量。

2. 汇编结束伪指令

汇编语言源程序的最后，要加汇编结束伪指令 END，以使汇编程序结束汇编。

格式：END   [标号]

功能：表示源程序的结束，END 之后的语句将不被汇编。

标号指示程序的启动地址（要执行的第一条指令的地址），系统由此可为 CS:IP 赋起始值。如果多个程序模块相连接，则只有主程序要使用标号，其他子模块则只用 END 而不指定标号。

3．地址计数器

在汇编程序对源程序汇编的过程中，使用地址计数器来保存当前正在汇编的指令或者数据的地址。地址计数器的值在汇编语言中可用 $ 来表示。

① 当 $ 用在指令中时，表示本条指令第一个字节的地址。

② 当 $ 用在伪指令的参数字段时，表示地址计数器的当前值。

【例 4.17】地址计数器 $ 示例。

```
JNE    $+6  ;转向 JNE 指令的首地址加上 6($+6 必须是另一条指令的首地址)
ARRAY  DW  1,2,$+4,3,4,$+4       ;两处$+4 的值不同，这是由于$的值是不断变化的
```

4.3　汇编语言程序设计基本方法

把预定任务用程序表达出来的全过程称为程序设计。相同任务不同设计者设计出来的程序质量是不一样的。为了保证程序的有效性和正确性，必须依据一定标准，按照规定的步骤来进行程序设计。因此，程序设计是对指令系统、程序格式、伪指令等知识的综合运用。

4.3.1　程序设计概述

1．汇编程序设计的一般步骤

使用汇编语言设计程序大致上可分为以下几个步骤：

① 分析题意，明确要求。首先要明确所要解决的问题和要达到的目的、技术指标等。

② 确定算法。算法是进行程序设计的依据，它决定了程序的正确性和程序的指令。

③ 画程序流程图，用图解来描述和说明解题步骤。

④ 分配内存工作单元，确定程序与数据的存放地址。

⑤ 根据流程图，编写源程序。

⑥ 程序优化。如恰当地使用循环程序和子程序结构，通过改进算法和正确使用指令来节省工作单元及减少程序执行时间。

⑦ 上机调试、修改、最后确定源程序。汇编语言源程序需要翻译成机器语言程序，计算机才能执行，这个翻译过程称为汇编。完成汇编任务的程序称为汇编程序。常见的汇编程序有基本汇编 ASM（Assembler）和宏汇编 MASM（Macro Assembler）。上机调试过程包括编辑、汇编、连接、调试、运行。具体包括以下步骤：

a．用编辑程序（例如记事本）建立扩展名为.ASM 的汇编语言源程序文件。

b．用汇编程序 MASM.EXE 将汇编语言源程序文件汇编成用机器码表示的目标程序文件，其扩展名为.OBJ。

c．如果在汇编过程中出现语法错误，根据错误信息提示（如位置、类型、说明），用编辑软件重新修改源程序。无错误时采用连接程序 LINK.EXE 把目标文件转化成可执行文件，其扩展名为.EXE。

d．生成可执行文件后，在 DOS 命令状态下直接输入文件名即可执行该文件。

e. 用调试程序 DEBUG.EXE 可以对可执行文件进行调试。

2. 几个关键点

（1）数据（原始数据）输入方式

① 用数据定义伪指令提供数据。原始数据为一批数据时，可用 DB、DW 等伪指令提供数据，如 BUF DB 12，56，78。

② 用立即数的形式提供数据。原始数据只有几个时，可用立即数的形式提供数据，如 MOV AX,100。

③ 用键盘提供数据。当原始数据是任意数据时，一般用键盘输入方法，调用 DOS, 21H 中断。

（2）数据（运算结果）输出方式

① 用数据定义伪指令预留存储单元，如 RESULT DW ?。

② 在显示器上显示输出，调用 DOS, 21H 中断。

（3）返回 DOS 的方式

一个实际可运行的用户程序执行完毕后，应该返回到 DOS 提示符状态，可使用 DOS 系统功能调用的 4CH 号功能。即：

```
MOV   AH,4CH
INT   21H
```

3. 程序的基本结构

任何一个复杂的程序都是由简单的基本程序构成的，与高级语言一样，汇编语言程序的基本结构有 4 种，即顺序结构、分支结构、循环结构和子程序结构。

4.3.2 顺序结构程序设计

顺序结构是一种最简单最基本的程序结构。程序执行时，以直线方式一条接着一条指令顺序执行。在汇编语言中，顺序程序主要由数据传送、算术运算或逻辑运算指令组合而成。

【例 4.18】两个 16 位无符号数 1234H 与 5678H 相加的程序。

参考程序：

```
DATA    SEGMENT                 ;数据段定义
        NUM1 DW 1234H
        NUM2 DW 5678H
        SUM  DW ?
DATA    ENDS
CODE    SEGMENT                 ;代码段定义
        ASSUME  CS:CODE, DS:DATA
BEGIN:  MOV   AX,DATA
        MOV   DS,AX             ;数据段段地址送入 DS
        MOV   AX,NUM1           ;取 NUM1 送 AX
        ADD   AX,NUM2           ;与 NUM2 相加,结果放在 AX 中
        MOV   SUM,AX            ;和送至 SUM 字单元
        MOV   AH,4CH
        INT   21H               ;程序结束,返回 DOS 系统
CODE    ENDS
        END   BEGIN             ;结束汇编
```

4.3.3　分支结构程序设计

实际应用中大部分程序常常需要根据不同的情况和条件做出不同的处理，此时可事先把各种可能出现的情况和处理方法写在程序中，利用条件转移指令或跳转表，并根据运行结果选择某个程序段去执行。由于程序中形成分支，故称之为分支程序。在分支结构的程序中，指令执行顺序与指令存储顺序不一致。

分支程序的结构有两种：两路分支（图 4-2）和多路分支（图 4-3）。

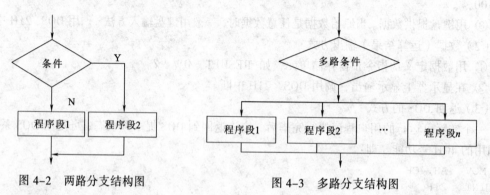

图 4-2　两路分支结构图　　　　图 4-3　多路分支结构图

1．两路分支程序设计

实现这种分支结构一般要具备产生条件、测试、转移等要素。

① 产生条件：通常通过算术运算指令和移位指令的运算来影响标志寄存器的状态标志（如 CF、PF、OF、ZF、SF）。

② 测试：根据运算结果的状态标志，结合逻辑运算指令（AND，TEST 等）进行测试。

③ 转移：根据测试结果，由条件转移指令实现到指定位置（一般由标识符标识）的转移。

【例 4.19】判断 NUM 字单元的数据，将奇数存入 ODD 单元，将偶数存入 EVEN 单元。

参考程序：

```
DATA    SEGMENT
NUM     DW    12
ODD     DW    ?
EVEN    DW    ?
DATA    ENDS
CODE    SEGMENT
        ASSUME  CS:CODE,DS:DATA
START:  MOV    AX,DATA
        MOV    DS,AX
        MOV    AX,NUM
        TEST   AX,1
        JNZ    NEXT
        MOV    EVEN,AX
        JMP    DONE
NEXT:   MOV    ODD,AX
DONE:   MOV    AH,4CH
        INT    21H
CODE    ENDS
        END    START
```

【例 4.20】 已知 X 是单字节带符号数，请编写计算下列表达式的程序。

参考程序：

$$Y = \begin{cases} 1, & X>0 \\ 0, & X=0 \\ -1, & X<0 \end{cases}$$

```
DATA      SEGMENT
          X   DB   -58
          Y   DB   ?
DATA      ENDS
CODE      SEGMENT
          ASSUME  CS:CODE,DS:DATA
BEGIN:    MOV  AX,DATA
          MOV  DS,AX
          MOV  AL,X
          CMP  AL,0
          JGE  PLUS        ;X≥0? 若满足,转到 PLUS 继续比较
          MOV  Y,-1        ;否则 X<0,Y←-1
          JMP  EXIT        ;转到程序出口 EXIT
PLUS:     JE   ZERO        ;X=0? 若满足,转到 ZERO
          MOV  Y,1         ;否则 X>0,Y←1
          JMP  EXIT        ;转到程序出口 EXIT
ZERO:     MOV  Y,0         ;X=0,Y←0
EXIT:     MOV  AH,4CH
          INT  21H
CODE      ENDS
          END  BEGIN
```

2．多路分支程序设计

在多路分支程序设计中经常会用到跳转表。利用跳转表实现多路分支程序设计的基本思想是：在内存中开辟一片连续存储单元作为跳转表，表中顺序存放着进入各个分支处理程序的入口地址或转移指令，分别作为地址跳转表或指令跳转表，如图 4-4、图 4-5 所示。

采用地址跳转表时，表中存放的是各个分支程序的入口地址，跳转表可以用 DW 来定义，分支条件值是一种线性规律的场合，第 n 个分支入口地址在地址跳转表中的存放位置为：

地址跳转表首地址+（n-1）×2

采用指令跳转表时，表中存放的是各个分支程序的无条件转移指令。一条 JMP 指令在跳转表中占 3 个字节，第 n 个分支转移在表中的存放位置为：

地址跳转表首地址+（n-1）×3

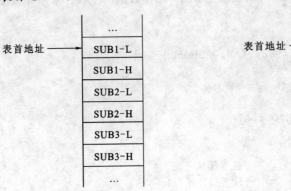

图 4-4　地址跳转表　　　　　图 4-5　指令跳转表

3．分支程序设计应注意的问题

① 选择合适的转移指令，否则不能转移到预定的程序分支。

② 要为每个分支安排出口，否则会导致程序运行混乱。

③ 分支较多时，编制各个分支程序的先后次序应与流程图一致，防止出错。

④ 调试分支程序时，要对每个分支进行调试。

4.3.4　循环结构程序设计

通常需要重复执行多次相同或类似的操作时，程序可采用循环结构，这样有助于缩短程序，提高程序质量。循环结构程序由三部分组成：

① 循环初始化部分用于建立循环初始值，如初始化地址指针、循环计数器、及其他循环参数。

② 循环工作部分即循环程序的主体，即要求重复执行的程序段。同时，循环体中必须有改变循环条件的指令。

③ 循环控制部分用于控制重复执行的次数，或判断循环结束条件，以决定是继续循环还是终止循环。

循环结构形式上有两种：一是先执行循环体后判断条件结构（DO...UNTIL 结构），如图 4-6 所示；二是先判断条件后执行循环体结构（DO...WHILE 结构），如图 4-7 所示。

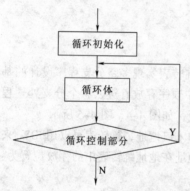

图 4-6　先执行后判断循环结构图

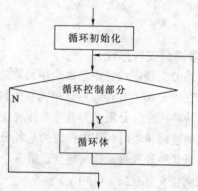

图 4-7　先判断后执行循环结构图

【例 4.21】编程统计 BUFF 缓冲区数据中负数的个数。（图 4-6 结构）

分析：程序应是循环程序，循环次数就是 BUFF 区中数据的个数，采用计数法控制循环。

参考程序：

```
DATA    SEGMENT
        BUFF   DB    67H,9EH,-6AH,0ABH,6DH
        MEM    DB    ?
DATA    ENDS
CODE    SEGMENT
        ASSUME  CS:CODE,DS:DATA
START:  MOV    AX,DATA
        MOV    DS,AX
        MOV    CX,5            ;设置循环次数
        LEA    BX,BUFF         ;设置缓冲区指针
        XOR    DL,DL           ;统计计数器清零
NEXT:   MOV    AL,[BX]         ;取数据
```

```
        TEST    AL,80H      ;做运算，影响标志位
        JZ      AA1         ;非负数，转移
        INC     DL          ;是负数，统计加 1
AA1:    INC     BX          ;移动指针，指向下一个数据
        LOOP    NEXT        ;循环控制
        MOV     MEM,DL      ;保存统计结果
        MOV     AH,4CH
        INT     21H
CODE    ENDS
        END     START
```

【例 4.22】 编程统计 AX 寄存器中 "1" 的个数。（图 4-8 结构）

分析：这是一个做循环统计工作的程序。程序可采用计数法控制循环，此时无论 AX 中为何值，均需做 16 次循环，效率不高。此时可使用条件控制循环：在每次循环工作之前先判断上一次移位后的数据是否为 0，如为 0 意味着 AX 的剩余位不再含有 "1"，可结束循环。

参考程序：

```
CODE    SEGMENT
        ASSUME  CS:CODE
BEGIN:  MOV     CX,16       ;设置循环次数
        XOR     DL,DL       ;统计计数器清零
AGAIN:  CMP     AX,0        ;AX 的内容为 0 吗？
        JZ      DONE        ;是 0，结束循环
        SHL     AX,1        ;否则，AX 左移一次
        ADC     DL,0        ;统计 "1" 的个数
        LOOP    AGAIN
DONE:   MOV     AH,4CH
        INT     21H
CODE    ENDS
        END     BEGIN
```

以上两例程序为单重循环程序，但实际应用中也经常会遇到循环体中又包含有循环结构的情况，这类程序则称为多重循环程序。

对于循环程序的设计，归纳起来需要注意以下几点：

① 循环方式的选择，选用计数循环还是选用条件循环，采用哪种循环结构。

② 循环条件的设计，可用循环次数、计数器、标志位、循环值等进行控制，要从循环执行的条件与退出循环的条件两方面加以考虑。

③ 循环体的设计，不要将循环体外的语句放到循环体中，循环体中要有改变循环条件的语句。

4.3.5 子程序设计

在程序设计中，常常把多次引用的相同程序段编写成一个独立的程序段，当需要执行这个程序段时，可以用 CALL 指令调用它。具有这种独立功能的程序段称为"过程"或"子程序"。调用子程序的程序通常称为"主程序"或"调用程序"。主程序调用子程序的执行流程如图 4-8 所示。

设计子程序时，应该注意以下几点：

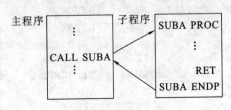

图 4-8 主程序调用子程序示意图

（1）主程序与子程序之间的参数传递

① 寄存器传递参数方式。

② 堆栈传递参数方式。

③ 指定存储单元传递参数方式。

（2）保护现场和恢复现场

子程序运行时，对可能破坏的主程序用到的寄存器、堆栈、标志位、内存数据值等进行保护称为"保护现场"。子程序运行结束返回主程序时，对被保护的寄存器、堆栈、标志位、内存数据值等进行恢复称为"恢复现场"。

（3）子程序的嵌套和递归调用

子程序调用子程序的过程称为子程序嵌套调用，子程序嵌套层次与堆栈空间有关。子程序调用自身的过程称为子程序递归调用。

（4）编写子程序调用方法说明

编写子程序调用方法说明一般应包括以下内容：子程序功能、入口参数、出口参数、使用的寄存器或存储器及调用实例。

【例 4.23】典型的现场保护和现场恢复程序。

```
SUBA    PROC
        PUSH    AX          ;保护现场
        PUSH    BX
        PUSH    CX
        …                   ;子程序工作部分
        …
        POP     CX          ;现场恢复(注意出栈的顺序,遵循堆栈的先进后出特点)
        POP     BX
        POP     AX
        RET
SUBA    ENDP
```

注意：如果寄存器是用于在主程序和子程序之间传递参数，一般不需要保护和恢复。

【例 4.24】利用子程序调用形式，编程求某数组各元素的绝对值，结果存入另一数组。

参考程序：

```
DATA    SEGMENT
        BUFF1   DB      0,67H,9EH,-6AH,0ABH,6DH
        BUFF2   DB      6 DUP(?)
DATA    ENDS
CODE    SEGMENT
        ASSUME  CS:CODE,DS:DATA
START:  MOV     AX,DATA
        MOV     DS,AX
        MOV     CX,6            ;设置循环次数
        LEA     SI,BUFF1        ;设置缓冲区 BUFF1 指针
        LEA     DI,BUFF2        ;设置缓冲区 BUFF2 指针
NEXT:   MOV     AL,[SI]         ;取 BUFF1 中的数据
        CALL    MYABS           ;调用子程序，求出绝对值
        MOV     [DI],AL         ;绝对值存入 BUFF2 中
        INC     SI              ;移动指针，指向 BUFF1 中的下一个数据
```

```
            INC    DI              ;移动指针，指向 BUFF2 中的下一个数据
            LOOP   NEXT            ;循环控制
            MOV    AH,4CH
            INT    21H
MYABS       PROC                   ;定义子程序
            CMP    AL,0            ;AL 中的数与 0 比较
            JGE    EXIT            ;AL 中的数大于等于 0，则绝对值等于自身，跳到 EXIT
            NEG    AL              ;AL 中的数小于 0，求补可得到其绝对值
EXIT:       RET                    ;返回主程序中的调用处
MYABS       ENDP
CODE        ENDS
            END    START
```

4.4　中 断 调 用

4.4.1　DOS 系统功能调用

1. DOS 系统功能调用的概念

系统功能调用是 DOS 为用户提供的常用子程序（80 多个），可在汇编语言程序中直接调用。这些子程序的主要功能包括：

① 设备管理（如键盘、显示器、打印机、磁盘等的管理）。

② 文件管理和目录操作。

③ 其他管理（如内存、时间、日期等管理）。

这些子程序给用户编程带来很大方便，用户不必了解有关的设备、电路、接口等方面的问题，只需直接调用即可。

2. 调用方法

DOS 功能调用的子程序已按顺序编号——功能号（00H～68H），其调用方法如下：

① 功能号→AH。

② 入口参数→指定寄存器。

③ INT　21H。

用户只须给出以上三方面信息，DOS 即可根据所给信息自动转到相关子程序执行。

3. 常用的系统功能调用

（1）键盘输入

① 1 号调用——从键盘输入单个字符。

调用格式：MOV　　AH,1

　　　　　　INT　　21H

功能：等待从键盘输入一个字符并送入 AL。

执行时系统将扫描键盘，等待有键按下，一旦有键按下，即将其字符的 ASCII 码读入。首先检查是否为 Ctrl+Break，如果是，退出命令执行；否则将 ASCII 码送 AL，同时将该字符送显示器显示。

② 10 号调用——从键盘输入字符串。

调用格式：LEA　　DX, MAXLEN（缓冲区首偏移地址）

　　　　　　MOV　　AH, 10

```
                INT    21H
```

功能：从键盘接收字符串送入内存的输入缓冲区，同时送显示器显示。

调用前要求：首先定义一个输入缓冲区。

```
MAXLEN  DB  100                ;第1个字节指出缓冲区长度,不能为0
ACLEN   DB  ?                   ;第2个字节保留,以存放实际输入的字符个数
STRING  DB  100 DUP(?)         ;第3个字节开始存放从键盘输入的字符串
```

注意：调用时，要求 DS:DX 指向输入缓冲区。

【例 4.25】从键盘输入字符串。

参考程序：

```
DATA    SEGMENT
        MAXLEN  DB  100
        ACLEN   DB  ?
        STRING  DB  100 DUP(?)
DATA    ENDS
CODE    SEGMENT
        ASSUME  CS:CODE,DS:DATA
START:  MOV     AX,DATA
        MOV     DS,AX
        LEA     DX,MAXLEN
        MOV     AH,10
        INT     21H
        MOV     AH,4CH
        INT     21H
CODE    ENDS
END     START
```

运行程序时，从键盘输入字符串，则输入到缓冲区 MAXLEN 各单元中。

（2）显示输出

① 2 号调用——在显示器上显示输出单个字符。

调用格式：
```
MOV    DL,待显示字符的 ASCII 码
MOV    AH,2
INT    21H
```

功能：将 DL 中的字符送显示器显示。

【例 4.26】显示输出大写字母 A。

```
MOV  DL,41H                ;或写为 MOV  DL,'A'
MOV  AH,2
INT  21H
```

② 9 号调用——在显示器上显示输出字符串。

调用格式：
```
LEA    DX,字符串首偏移地址
MOV    AH,9
INT    21H
```

功能：将当前数据区中 DS:DX 所指向的以$结尾的字符串送显示器显示。

【例 4.27】在显示器上显示字符串"YOU ARE SUCCESSFUL!"。

参考程序：

```
DATA    SEGMENT
        STRING    DB    'YOU  ARE  SUCESSFUL! $ '
```

```
DATA      ENDS
CODE      SEGMENT
          ASSUME  CS:CODE,DS:DATA
START:    MOV     AX,DATA
          MOV     DS,AX
          LEA     DX,STRING
          MOV     AH,9
          INT     21H
          MOV     AH,4CH
          INT     21H
CODE      ENDS
          END     START
```

说明：如果希望显示字符串后，光标可自动回车换行，可在定义字符串时做如下更改。

```
STRING  DB  'YOU  ARE  SUCCESSFUL! ',0AH,0DH,'$';在字符串结束前加回车换行的
                                                ASCII 码 0AH,0DH
```

4.4.2　BIOS 中断调用

1. BIOS 的概念

BIOS 的全称是 Basic Input Output System（基本输入/输出系统）。它是一组固化在微机主板上 ROM 芯片上的一个子程序，主要功能包括：

① 驱动系统中所配置的常用外围设备，如显示器、键盘、打印机、磁盘驱动器、通信接口等。

② 开机自检，引导装入。

③ 提供时间、内存容量及设备配置情况等参数。

使用 BIOS 中断调用与 DOS 系统功能调用类似，用户也无须了解相关设备的结构与组成细节，直接调用即可。两者比较，BIOS 可更加直接地控制外设，故能完成更加复杂的输入/输出操作；而 DOS 操作对硬件依赖性少，比相应的 BIOS 操作简单，因此在二者能完成同样的功能时，应尽量使用 DOS 功能调用。

2. 调用方法

用户在汇编语言程序中可使用软中断指令（INT　n）调用 BIOS 程序，其中 n 是中断类型码。常用 BIOS 程序的功能与其中断类型码的对应关系如下：

中断类型码　　　BIOS 中断调用功能

10H　　　　显示器 I/O 中断调用（即显示器驱动程序）

16H　　　　键盘驱动程序

17H　　　　打印机驱动程序

13H　　　　磁盘驱动程序

14H　　　　通信驱动程序

当某个 BIOS 程序中具有多种不同功能时，用不同的编号——功能号加以区分，并约定功能号存放在寄存器 AH 中。其调用方法与 DOS 功能调用类似：

① 功能号→AH。

② 入口参数→指定寄存器。

③ 指令"INT　n"实现对 BIOS 子程序的调用。

下面以键盘 I/O 中断调用为例介绍 BIOS 中断调用的方法。

3. 键盘 I/O 中断调用示例

键盘 I/O 中断调用（INT 16H）有 3 个功能，功能号为 0～2。

（1）AH=0

调用格式：MOV   AH,0

　　　　　INT   16H

功能：从键盘读入字符送 AL。

出口参数：（AL）=输入字符的 ASCII 码；（AH）=输入字符的扫描码。

调用结果：将键盘输入字符的 ASCII 码送 AL，扫描码送 AH。

（2）AH=1

功能：从键盘读入字符送 AL，并设置 ZF 标志。如果按过任一键，则设置 ZF=0，否则 ZF=1。

出口参数：ZF=0，键盘有输入，（AL）=输入字符的 ASCII 码；ZF=1，键盘无输入。

（3）AH=2

功能：读取特殊功能键的状态。

出口参数：AL 中是各特殊功能键的状态。

AL 中某位为 1，表示对应键按下；为 0 则表示未按下。

小　结

汇编语言是面向机器的程序设计语言，它使用指令助记符、符号地址及标号编写程序。本章介绍了汇编语言程序设计的基本步骤和编程规范，说明了顺序、分支和循环以及子程序等基本结构的程序设计方法和 DOS 所提供的常用功能调用子程序，包括键盘输入、显示输出等的功能调用。要熟悉汇编语言源程序的基本格式，正确运用语句格式来书写程序段，掌握伪指令的功能和应用，并通过上机操作，熟悉汇编程序、连接程序和调试程序等软件工具的使用，掌握源程序的建立、汇编、连接、运行和调试等技能。

习　题

1. 分析汇编语言源程序应该由哪些逻辑段组成？各段的作用是什么？语句标号和变量应具备哪 3 种属性？

2. 假设程序中的数据定义如下：

```
LNAME       DB  30 DUP(?)
ADDRESS     DB  30 DUP(?)
CITY        DB  15 DUP(?)
CODE_LIST   DB  1,7,8,3,2
```

（1）用一条 MOV 指令将 LNAME 的偏移地址放入 AX。

（2）用一条指令将 CODE_LIST 头两个字节的内容放入 SI。

（3）写一条伪指令使 CODE_LENGTH 的值等于 CODE_LIST 域的实际长度。

3. 对于下面的数据定义，各条 MOV 指令单独执行后，有关寄存器的内容是什么？

```
FLDB        DB  ?
TABLEA      DW  20 DUP(?)
TABLEB      DB  'ABCD'
```

（1）MOV　AX, TYPE　FLDB

（2）MOV　AX, TYPE　TABLEA

（3）MOV　CX, LENGTH　TABLEA

（4）MOV　DX, SIZE　TABLEA

（5）MOV　CX, LENGTH　TABLEB

4. 试说明下述指令中哪些需要加上 PTR 伪指令：

```
BVAL DB  10H,20H
WVAL DW  1000H
```

（1）MOV　AL,　BVAL

（2）MOV　DL,　[BX]

（3）SUB　　　[BX],　2

（4）MOV　CL,　WVAL

（5）ADD　AL,　BVAL+1

5. 从键盘输入一系列字符，以回车符结束，编程统计其中非数字字符的个数。

6. 已知在内存中从 BLOCK 单元起存放有 20 个带符号的字节数据，统计其中负数的个数并放入 COUNT 单元。

7. 从键盘输入一个大写英文字母，将其转换为小写字母并显示出来，要求输入其他字符时，有出错提示信息。

第5章

总线技术

总线是微型计算机的重要组成部分，微型计算机自诞生以来，就采用了总线，使计算机内部各部件之间、插板之间、系统之间，以及微机系统与各种设备之间通过总线建立联系，进行数据传送和通信。采用总线结构方便了系统的模块化设计，便于建立统一标准。

本章要点

- 总线的组成与性能参数；
- ISA 总线、PCI 总线、RS-232C 总线特性及使用。

微型计算机的总线主要用于 CPU 与磁盘驱动器、显示器、打印机等众多外设之间传送数据。从 Intel 8086 到 Pentium 4 微型计算机，不论是 CPU 还是系统主板和接口电路，其技术和性能都得到了巨大提高，结构和功能也发生了巨大变化。但是，Intel 体系的计算机一直坚持向下兼容的原则，而兼容的界面是系统总线。即不论计算机系统如何改变，其系统总线的标准是不变的，即接口规范和协议基本上是不变的。因此，微机接口技术的基础是系统总线，掌握了系统总线，就掌握了微机接口技术的精髓。

5.1 总 线 概 述

微型计算机由若干个功能部件组成，各功能部件之间通过总线来互连和进行通信。所谓总线是指连接计算机各部件或计算机之间的一组公共信息线，它是计算机中传送信息代码的公共途径。从这个意义上讲，微型计算机系统所使用的芯片内部、主板元器件之间、系统各插件板之间、系统与系统之间的连接，通常是通过总线来实现的。

5.1.1 总线的分类

总线的分类方法很多，并且名称也略有不同。根据总线在微机系统中所处的位置不同，可将总线分为以下几类：

1. CPU 总线

CPU 总线又称为片间总线，是 CPU 与支持其工作的各接口芯片之间相互连接的一组公共信息线，通常由 CPU 引脚所定义的地址总线、数据总线和控制总线组成。这类总线的性能在很大程度上依赖于 CPU 的特性。

2. 局部总线

局部总线是介于 CPU 总线和系统总线之间的一级总线。它有两侧，一侧直接面向 CPU 总线，另一侧面向系统总线，分别由桥路连接。局部总线具有高速数据处理和 I/O 吞吐能力，特别适用于两个高速模块之间的信息传输。

3．系统总线

系统总线是微机系统内部各部件（插件板）之间相互连接的一组公共信息线，是微机系统所特有的一种总线。由于其用于插件板之间的连接，又称为板级总线。原始设计的系统总线由 CPU 引脚定义经过重新驱动和扩展而成，其性能往往与 CPU 类型有关。后来设计的系统总线一般不依赖于某种型号的 CPU，可为多种型号的 CPU 及其配套芯片所使用。

通常，微机系统总线都做成多个总线插槽的形式，各插槽相同的信号线连在一起。

4．通信总线

通信总线又称为设备总线，是微机系统之间或微机系统与智能仪器设备之间进行通信的一组公共信号线。一般来说，外部系统或设备距微机系统要远一些，数据传送方式通常采用串行方式，数据传输速率要比并行方式的系统总线低得多。

5.1.2 总线的组成

微机总线主要由地址总线、数据总线、控制总线、电源线和地线 4 部分组成。

1．地址总线

地址总线用于传送地址信息，采用单向三态逻辑。地址总线中的地址线位数称为地址宽度，决定了该总线所构成的微机系统可以具有的寻址范围。例如，ISA 总线有 24 位地址线，可寻址 16 MB；EISA 总线有 32 位地址线，可寻址 4 GB。即地址线的位数决定了系统的寻址能力，标志着所构成计算机系统的规模。

2．数据总线

数据总线用于传输数据信息，采用双向三态逻辑。数据总线中的数据总线宽度表示总线数据传输的能力，反映了总线的性能。数据总线的宽度通常为 8 的整数倍，例如，STD 总线是 8 位数据线，ISA 总线是 16 位数据线，EISA 总线是 32 位数据线，等等。一般来说，数据总线的宽度标志着所构成计算机系统的处理能力。

3．控制总线

控制总线用于传送控制和状态信息，根据不同的使用条件，控制总线有的是单向，有的是双向，有的是三态逻辑，有的是非三态逻辑。控制总线是最能体现总线特色的信号线，它决定了总线功能的强弱和适应性。因此，控制总线反映了微机系统的特色，标志着总线的控制能力。

4．电源线和地线

电源线和地线决定总线使用的电源种类及地线分布和用法，通常采用 ±12 V、±5 V、+3 V 等电压电源。目前，计算机系统正向低电压电源方向发展，电源种类已向 3.3 V、2.5 V 和 1.7 V 方向发展。

5.1.3 总线的性能参数

总线的主要功能就是建立各模块之间的通信，能否保证模块间优秀的通信质量是衡量总线性能的关键指标。虽然总线的标准是多种多样的，但评价一种总线的性能一般有如下几个方面：

1．总线时钟频率

总线时钟频率即总线的工作频率，用 MHz 表示。它是决定总线传输速率的重要因素之一。

2．总线宽度

总线宽度即数据总线的位数，用位（bit）表示，如总线宽度为 8 位、16 位、32 位和 64 位等。

3．总线传输速率

总线上每秒钟传输的最大字节数，用 MB/s 表示，即每秒多少兆字节。如果总线时钟频率为 8 MHz，总线宽度为 8 位，则总线传输速率为 8 MB/s；如果总线时钟频率为 33.3 MHz，总线宽度为 32 位，则总线传输速率为 133 MB/s。

4．总线定时协议

在总线上进行信息传送，必须遵守定时规则，以使源与目的同步。定时协议一般有下列几种方法：

① 同步总线定时：信息传送由公共时钟控制，公共时钟连接到所有模块，所有操作都在公共时钟的固定时间内发生，不依赖于源或目的。

② 异步总线定时：信息传送时每一操作都由源（或目的）的特定跳变所确定。

③ 半同步总线定时：操作之间的时间间隔可以变化，但仅能是公共时钟周期的整数倍。

5．多路复用

多路复用指数据线和地址线是否共用。如果数据线和地址线共用一条物理线，即某一时刻在该线上传送的是地址信号，而另一时刻在该线上传输的是数据信号。这种把一条线做多种用途的技术称为多路复用。采用多路复用技术，可以大大减少总线的数目。

6．信号线数

信号线数表明总线拥有多少条信号线，一般是数据线、地址线、控制线和电源线的总和。注意，信号线的多少与总线的性能并不成正比，但却与复杂程度成正比。

7．总线控制方式

总线控制方式一般指传输方式（猝发方式），包括并发工作、设备自动配置、中断分配以及仲裁方式等。

5.1.4 总线标准

总线标准是指芯片之间、插板之间以及系统之间通过总线进行连接和传输信息时，应遵守的一些协议与规范。为使不同供应商的产品间能够互换，给用户更多的选择，总线的技术规范要标准化。总线标准（技术规范）主要包括以下几部分：

① 机械结构规范：模块尺寸、总线插头、总线接插件以及安装尺寸均有统一规定。

② 功能结构规范：确定引脚名称与功能，以及其相互作用的协议，是总线的核心。通常包括如下内容：数据线、地址线、读/写控制逻辑线、时钟线和电源线、地线等；中断控制机制；总线主控仲裁；应用逻辑，如握手联络线、复位、自启动、休眠维护等。

③ 电气规范：总线每条信号线的有效电平、动态转换时间、负载能力等。

5.1.5 采用总线结构的优点

采用总线结构在系统设计、生产、使用和维护上有很多优越性。概括如下：

① 简化了硬件的设计：便于采用模块化结构设计方法，面向总线的微型计算机设计只要按照这些规范制作 CPU 插件、存储器插件以及 I/O 插件等，将它们连入总线就可工作。

② 标准总线可以得到多个厂商的广泛支持，便于生产与之兼容的硬件板卡和软件。

③ 系统扩充性好：一是规模扩充，规模扩充仅需要多插一些同类型的插件；二是功能扩充，功能扩充仅需要按照总线标准设计新插件，插件插入机器的位置往往没有严格的限制。

④ 系统更新性能好：因为 CPU、存储器、I/O 接口等都是按总线规范挂到总线上的，因而只要总线设计恰当，可以随时随着处理器芯片以及其他有关芯片的进展设计新的插件，新的插件插到底板上对系统进行更新，其他插件和底板连线一般不需要更改。

⑤ 便于故障诊断和维修，同时也降低了成本：用主板测试卡可以很方便找到出现故障的部位以及总线类型。

采用总线结构的缺点是利用总线传送具有分时性。当有多个主设备同时申请总线的使用时必须进行总线的仲裁。

5.2　系 统 总 线

5.2.1　ISA 总线

ISA（Industry Standard Architecture，工业标准体系结构）总线，是以 80286 为 CPU 的 PC/AT 机及其兼容机所采用的系统总线，又称为 AT 总线。ISA 总线具有 16 位数据宽度，总线时钟频率最高为 8 MHz，数据传输速率达到 16 MB/s，地址总线宽度为 24 位，可寻址空间达到 16 MB，中断源扩展到 15 个，DMA 通道扩展到 8 个。ISA 总线是在 PC/XT 总线的基础上再扩展 36 个信号而形成的 16 位系统总线。为了和 PC/XT 总线兼容，使许多原来在 PC/XT 总线上使用的具有 8 位数据宽度的扩展卡仍能继续使用，ISA 总线的插座结构在原 PC/XT 总线 62 线插座的基础上又增加了一个 36 线插座，即在同一轴线上的总线插槽分为 62 线和 36 线两段，共有 98 线。ISA 总线结构示意图如图 5-1 所示。62+36 线的插槽既可支持 8 位的插卡，也可支持 16 位插卡。

下面对引脚信号做一些简要说明，首先是 62 线部分（8 位 ISA 总线）。

（1）$D_7 \sim D_0$：8 位数据线，双向，三态。

（2）$A_{19} \sim A_0$：20 位地址线，输出。

（3）$\overline{SMEMR}$、$\overline{SMEMW}$：存储器读、写命令，输出，低电平有效。

（4）$\overline{IOR}$、$\overline{IOW}$：I/O 读、写命令，输出，低电平有效。

（5）AEN：地址允许信号，输出，高电平有效。该信号由 DMAC 发出，为高表示 DMAC 正在控制系统总线进行 DMA 传送，所以它可用于指示 DMA 总线周期。

（6）BALE：总线地址锁存允许，输出。该信号在 CPU 总线周期的 T_1 期间有效，可作为 CPU 总线周期的指示。

（7）I/O CHRDY：I/O 通道准备好，输入，高电平有效。该引脚信号与 8086 的 READY 功能相同，用于插入等待时钟周期。

图 5-1　ISA 总线结构

（8）$\overline{\text{I/O CHCK}}$：I/O 通道检验，输入，低电平有效。其有效表示板卡上出现奇偶检验错。

（9）IRQ_9、$\text{IRQ}_7\sim\text{IRQ}_3$：I/O 端口的中断请求线，当 IRQ 线从低电平上升到高电平时，就产生一个中断请求。在微处理器响应中断请求之前，该线必须保持高电平。

（10）$\text{DRQ}_3\sim\text{DRQ}_1$：3 个 DMA 请求信号，输入，高电平有效。它们分别接到 DMA 控制器 8237A 的 DMA 请求输入端 $\text{DREQ}_3\sim\text{DREQ}_1$。因此，优先级别与它们相对应（$\text{DRQ}_1$ 的级别最高，DRQ_3 的级别最低）。

（11）$\overline{\text{DACK3}}\sim\overline{\text{DACK1}}$：3 个 DMA 响应信号，输出，低电平有效。

（12）T/C：计数结束信号，输出，高电平有效。它由 DMAC 发出，用于表示进行 DMA 传送的通道编程时规定传送字节数已经传送完。但它没有说明是哪个通道，这要结合 DMA 响应信号 $\overline{\text{DACK}}$ 来判断。

（13）OSC：振荡器的输出脉冲。

（14）CLK：系统时钟信号，输出。系统时钟的频率通常在 4.77～8 MHz 内选择，最高频率为 8.3 MHz。CLK 是由 OSC 的输出 3 分频产生的。

（15）RESET DRV：系统复位信号，输出，高电平有效。该信号有效时表示系统正处于复位状态，可利用该信号复位总线板卡上的有关电路。

（16）$\overline{\text{0 WAIT}}$：零等待状态，输入，低电平有效。当它有效时，不再插入等待时钟。

（17）$\overline{\text{Refresh}}$：刷新信号，双向，低电平有效，由总线主控器的刷新逻辑产生。该信号有效表示存储器正处于刷新周期，

以下是对 36 线部分 16 位 ISA 总线的高 8 位的简要说明：

（18）$\text{D}_{15}\sim\text{D}_8$：数据总线的高 8 位，双向，三态。

（19）SBHE：总线高字节传送允许，三态信号。该信号用来表示 $\text{D}_{15}\sim\text{D}_8$ 上正进行数据传送。

（20）$\text{A}_{23}\sim\text{A}_{17}$：非锁存的地址线，在 BALE 为高电平时有效。将它们锁存起来，并和已锁存的低位地址线（$\text{A}_{19}\sim\text{A}_0$）组合在一起，可形成 24 位地址线。

（21）$\overline{\text{MEMR}}$、$\overline{\text{MEMW}}$：存储器读、写信号，低电平有效。这两个信号在所有的存储器读或写周期有效。$\overline{\text{SMEMR}}$ 和 $\overline{\text{SMEMW}}$ 仅当访问存储器的低 1 MB 时才有效。

（22）$\overline{\text{MEM CS16}}$：存储器的 16 位片选信号，输入，低电平有效。该信号用来表示当前的数据传输是具有一个等待时钟的 16 位存储器总线周期。

（23）$\overline{\text{I/O CS16}}$：外设端口的 16 位片选信号，输入，低电平有效。该信号为集电极开路，为低表示当前的数据传输是具有一个等待时钟的 16 位 I/O 总线周期。

（24）$\overline{\text{Master}}$：总线主控信号，输入，在 ISA 总线的主控器初始化总线周期时产生，低电平有效。该信号与 I/O 通道上的 I/O 处理器的 DRQ 线一起用于获取对系统总线的控制权。

（25）IRQ_{15}、IRQ_{14}、$\text{IRQ}_{12}\sim\text{IRQ}_{10}$：中断请求信号，输入。当 IRQ 线从低电平上升到高电平时，就产生一个中断请求。在微处理器响应中断请求之前，该线必须保持高电平。

（26）$\text{DRQ}_7\sim\text{DRQ}_5$、$\text{DRQ}_0$、$\overline{\text{DACK7}}\sim\overline{\text{DACK5}}$、$\overline{\text{DACK0}}$：通道 7～5、0 的 DMA 请求和相应的 DMA 响应信号。

*5.2.2　EISA 总线

随着高性能微处理器的推出，低性能的系统总线与高性能微处理器之间产生的瓶颈问题越

来越突出，特别是当 80486 微处理器推出以后，此问题变得尤为突出。另外，由于 IBM 实施了 MCA 总线，兼容机厂家面临较大的威胁。为了与 MCA 总线技术抗衡，1988 年 9 月，由 Compaq、HP、AST、Epson 等 9 家公司联合起来，在 ISA 总线的基础上，推出了一种与 ISA 兼容的总线标准，称为扩充的工业标准体系结构（Extended Industry Standard Architecture，EISA）。EISA 总线既保持了与 PC/XT、ISA 总线 100% 的兼容，又能较好地满足 32 位微处理器的数据传输要求，支持多总线主控部件、猝发式传送（Burst Transfer），是一种高性能的 32 位标准总线。其高性能主要体现在以下几点：

① 与 ISA 总线 100% 兼容，保护了用户投资，使用户不仅能享用 EISA 所提供的高性能，而且可以继续延用原来 ISA 的资源。

② 具有较强的输入/输出性能，具有 32 位的数据总线宽度，工作频率为 8 MHz，数据传输速率可达 32 MB/s。

③ 支持 32 位地址寻址，可寻址 4 GB 的地址空间。

④ 支持新一代智能总线主控技术，支持多个总线主控部件，增加了猝发式传输方式。

⑤ 支持自动配置，扩充卡安装容易。

由于 EISA 总线是在 ISA 总线的基础上发展起来的，为了与 ISA 完全兼容，其总线插槽的结构分为上下两层，上层为 ISA 总线引脚（共有 98 线），下层为 EISA 总线引脚（共有 100 线），两者通过特殊的结构隔离。这样既可以使 ISA 的标准扩展卡方便地用于 EISA 系统中，又可以使用新标准的 32 位 EISA 扩展卡。EISA 总线插槽从外观上与 ISA 总线插槽等长宽高，而内部采用双层引脚结构，两层引脚之间由定位键限位，使上层引脚与 ISA 插板上的"金手指"接触，下层引脚与 EISA 插板上的"金手指"接触。

随着处理器性能的不断提高，EISA 总线限制了先进处理器性能的发挥，因此现在 PC 中这种总线被 PCI 局部总线代替。

5.3　局　部　总　线

随着 Windows 图形用户界面的迅速发展，以及多媒体技术的广泛应用，要求微机系统具有高速图形处理和 I/O 吞吐能力。解决总线传输问题的一个理想办法就是分散系统总线的传输任务，将那些高速外设（如磁盘机、图形加速卡、网卡等）通过局部总线直接挂到 CPU 总线上，并以 CPU 速度运行，变单总线为多总线结构，从而分散总线传输任务，使很多输入/输出问题由局部总线来完成。

PCI 总线是一种先进的局部总线，已成为局部总线的新标准，目前广泛应用在高档微机、工作站、便携式微机。

5.3.1　PCI 总线

1991 年下半年，Intel 公司首先提出了 PCI（Peripheral Component Interconnection）概念，即外围部件互连的概念，并联合 IBM、Compaq、AST、HP、Apple、DEC 等 100 多家公司共同商讨研制，成立了 PCI 集团（Peripheral Component Interconnect Special Interest Group），简称为 PCISIG。该集团于 1993 年正式推出 PCI 局部总线标准，它定义了 32 位数据宽度，可扩充到 64 位，使用

33 MHz 工作频率，传输速率为 132 MB/s，支持并发工作等。PCI 总线结构示意图如图 5-2 所示。

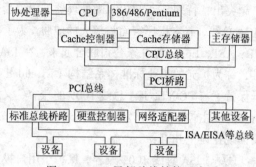

PCI 总线的主要特点如下：

① 传输速率高：当工作频率为 33 MHz、数据宽度为 32 位时，数据传输速率为 132 MB/s；当数据宽度升级到 64 位时，数据传输速率可达到 264 MB/s；1995 年，新标准定义工作频率可为 66 MHz，则传输速率可达到 264 MB/s（32 位）和 528 MB/s（64 位）。

图 5-2　PCI 局部总线结构示意图

② 兼容性好：其良好的兼容性体现在它与 ISA、EISA、VL 等总线兼容，由于 PCI 总线工作频率与 CPU 时钟频率无关，所以可以适用于不同型号的 CPU。换句话说，PCI 总线支持多种微处理器以及将来发展的新微处理器，在更改微处理器品种时，只要更换相应的桥接组件即可。

③ 自动配置：PCI 总线使用了即插即用（Plug and Play）技术，当把扩展卡插入 PCI 系统后，系统的 BIOS 就能根据读到的关于扩展卡的信息，自动为扩展卡分配存储地址、端口地址、中断入口等，无须用户干预。

④ 多总线共存：PCI 总线在体系结构上，通过 PCI 桥路（PCI 桥接组件）实现 CPU 总线与 PCI 总线的桥接；通过标准总线转换桥路实现 PCI 到 ISA、EISA 等标准总线的桥接，从而构成一个层次分明的多总线系统。因此，高速设备就可以从标准总线（如 ISA、EISA、MCA 等）上卸下来，转移到 PCI 总线上，而低速设备仍可挂在原来的标准总线上，继承原有资源。

在 PCI 总线体系结构中，关键技术是 PCI 桥（即 PCI 总线控制器）。PCI 桥实际上就是结构独特的先进先出缓冲器。它的引入，使 CPU 与 PCI 总线上的部件可以并发工作。当 CPU 要访问 PCI 总线上的设备时，可以将一批数据快速写入到 PCI 缓冲器，在缓冲器中的数据写入到 PCI 总线上的外设过程中，CPU 可以去执行其他操作，使 PCI 总线上的设备与 CPU 并发工作，从而提高了整体性能。

另外，PCI 总线定义了 32 位总线引脚信号线为 128 条、64 位总线引脚信号线为 188 条，其具体含义涉及 Pentium 微处理器知识，在此不再详述。

5.3.2　AGP 总线

AGP（Accelerated Graphic Ports）是 Intel 公司于 1997 年 8 月提出的一种视频图形加速接口标准。AGP 接口在主内存与显示卡之间提供了一条直接通道，可以把主存和显存直接连接起来，使得 3D 图形数据不通过 PCI 总线直接送入显示子系统，从而实现高性能 3D 图形的描绘功能。采用 AGP 总线的系统结构如图 5-3 所示。

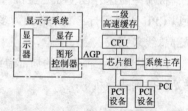

图 5-3　图形系统 AGP 连接方式

AGP 总线是在 66.6 MHz PCI 总线版本 2.1 的基础上，采用了一些其他技术进行扩充而形成的，其主要功能特点如下：

① 采用流水线技术进行内存读/写。这种技术把存储请求放入队列中，使延迟减到最小，有效地减少了等待时间，使数据传输速率有了很大提高。

② 采用双泵技术。利用 66.6 MHz 的时钟信号上升沿和下降沿传送数据，相当于使工作时钟

频率提高了两倍，达到 133 MHz。如果数据宽度为 32 位，则有效传输速率可达 532 MB/s。当 PCI 的工作频率真正提高到 133 MHz 时，采用双泵技术，就可使有效带宽达到 1 GB/s 以上。

③ 采用 DIME 技术。DIME（Direct Memory Execute）称为直接操作内存技术，将显示数据中的纹理数据置于显示卡显存之外的系统内存，从而让出帧缓冲区和带宽供其他功能使用，以便获得更高的显示分辨率。

④ 采用多路信号分离技术（与多路复用相反）。AGP 把总线上的地址信号与数据信号分离，并通过使用边带寻址（Sideband Address，SBA）总线来提高随机内存访问速度。

⑤ 并行工作机制。允许在 CPU 访问系统 RAM 的同时，AGP 显示卡访问 AGP RAM，显示带宽不与其他设备共享，进一步提高了系统的并行工作性能。

⑥ AGP 可以延长 PCI 总线的寿命。由于把图形数据转移到专用通道上去，从而去掉了占用 PCI 带宽最多的因素。光是描述 3D 的纹理数据就要用掉 40～50 MB/s 的带宽，这相当于 PCI 可用带宽的 1/3 以上。因为 AGP 承担了 PCI 的这一负担，所以把 PCI 解放出来并把这一能力服务于其他作业。

AGP 总线有 4 种工作模式：×1、×2、×4、×8。×1 模式的工作频率为 66 MHz，数据传输速率为 266 MB/s，传输触发方式为上升沿；×2 模式的工作频率为 133 MHz，数据传输速率为 532 MB/s，传输触发方式为上升沿和下降沿；×4 模式的工作频率为 266 MHz，数据传输速率为 1 064 MB/s，传输触发方式为上升沿和下降沿；×8 模式工作频率为 266 MHz，数据传输速率为 2 128 MB/s。目前，常用的 AGP 接口为 4X、AGP PRO、AGP 通用及 8X 接口。

AGP 总线与 PCI 总线有着密切关系。首先 AGP 是在 PCI 的基础上经过扩充而产生的，因此它既具有 PCI 的一些特性，同时又有一些特性超过了 PCI。其次，采用 AGP 的目的是为了使 3D 图形数据越过 PCI 总线，直接进入显示子系统，从而突破了 PCI 总线形成的系统瓶颈，而不是要用 AGP 去取代 PCI，也不可能取代，因为 AGP 并不是系统总线，它只是一个图形加速接口标准。

5.4　设 备 总 线

设备总线通常称为外总线，是指用于微机系统之间、微机与其他电子设备（如仪器仪表等）之间互连和通信的总线，因此也称为通信总线。

设备总线与上述的微机系统总线相比，最大区别在于总线的表现形式，它不像系统总线那样以主机板扩展槽形式出现，而是通过某种特殊形状的连接器来互连两个系统，需要通过接口电路来组合总线信号。

设备总线的种类很多，通常可以分为两类：一类是并行设备总线，另一类是串行设备总线。下面就常见的设备总线作简单介绍。

*5.4.1　IEEE-488 总线

IEEE-488 总线属于并行设备总线，是由 HP 公司开发，由 IEEE 批准并公布，1977 年国际电工委员会（IEC）给予认可和推荐，称为 IEC 仪器总线，后来通常称它为通用接口总线或 GPIB 总线。IEEE-488 总线的特点如下：

① 该总线是双向异步总线，采用呼叫应答方式传输数据。

② 总线传输速率一般为 500 KB/s，最大不得超过 1 MB/s。

③ 总线上最多可以连接 15 台仪器设备。

④ 任何两个仪器间的连接电缆不得超过 4 m，总线最长不得超过 20 m。

⑤ 总线定义了 16 条信号线、8 条地线，采用标准 24 引脚插头座。

5.4.2 RS-232C 总线

当通信对象远离主机时，应采用串行通信方式。该方式不仅通信距离远，硬件开销少，还可以利用现有的通信设备（如市话网）。RS-232C 总线属于串行总线，实际上是一个串行接口标准，是美国电子工业协会（Electronic Industry Association，EIA）开发并于 1969 年公布的标准，目前仍被广泛应用于 PC 串行通信中。RS-232C 中的 RS 是英文 Recommend Standard（推荐标准）的缩写，232 是标识符，C 表示最后一次修改。

RS-232C 总线采用 25 芯 D 型插头座引出，信号的定义如表 5-1 所示。不过，在实际应用中并非 25 条线全用到，如果只有一个终端，删去未定义的和专用于同步传输的信号线，那么 RS-232C 中常用的信号线只有 9 条，即 TXD、RXD、RTS、CTS、DSR、SGND、CD、DTR 和 RI，因此又常用 9 芯 D 型插头座把这些信号引出，信号的定义如表 5-2 所示。最简单的连接方法就是只使用 TXD、RXD 和 SGND 三条信号线，组成一个最简单的串行接口。

表 5-1 RS-232C 总线信号定义（25 芯 D 型）

引　　脚	信　号　定　义	引　　脚	信　号　定　义
1	保护地（PGND）	14	辅信道发送数据
2	发送数据（TXD）	15	发送信号元定时
3	接收数据（RXD）	16	辅信道接收数据
4	请求发送（RTS）	17	接收信号元定时
5	允许发送（CTS）	18	未定义
6	数据装置就绪（DSR）	19	辅信道请求发送
7	信号地（SGND）	20	数据终端就绪（DTR）
8	载波检测（CD）	21	信号质量检测（SD）
9	未定义	22	振铃指示（RI）
10	未定义	23	数据信号速率选择
11	未定义	24	外部发送时钟
12	辅信道载波检测	25	未定义
13	辅信道允许发送		

表 5-2 RS-232C 总线信号定义（9 芯 D 型）

引　　脚	信　号　定　义	引　　脚	信　号　定　义
1	载波检测（CD）	6	数据装置就绪（DSR）
2	接收数据（RXD）	7	请求发送（RTS）
3	发送数据（TXD）	8	允许发送（CTS）
4	数据终端就绪（DTR）	9	振铃指示（RI）
5	信号地（SGND）		

RS-232C 的一些主要信号含义如下：

① TXD：发送数据线，串行数据由计算机到 Modem 或通信设备。

② RTS：请求发送线，高电平有效，由计算机到 Modem。RTS 有效时，表示计算机向 Modem 发出请求，要求 Modem 切换成接收方式。

③ CTS：允许发送，高电平有效，由 Modem 到计算机。有效时，表示 Modem 认为可以接收数据，是对计算机发出的 RTS 信号的回答，允许计算机发送数据。

RTS 和 CTS 是一对握手信号，一问一答，在单双工通信方式时不可缺少。而在全双工方式时，这两个信号没有用，都接到高电平或 CD 即可。

④ RXD：接收数据线，串行数据由 Modem 或通信设备到计算机。

⑤ CD：载波检测线，由 Modem 到计算机。当 CD 为高电平时，表示通信线路已连接好。在通信线接好期间 CD 一直有效（高电平）。

⑥ DSR：数据装置就绪信号，高电平有效。当 DSR 有效时，表示 Modem 已可使用，即允许通信线路传输数据。

⑦ RI：振铃指示，高电平有效，来自 Modem。有效时，表示 Modem 接收到交换台在线路上的振铃信号，并以此信号通知计算机。

⑧ DTR：数据终端就绪信号，高电平有效，由计算机到 Modem。有效时，表示计算机已接收到 RI 信号，作为对 RI 信号的回答，于是就建立了通信联系。

⑨ SGND：信号地，作为公共信号的参考电平。

由于 RS-232C 接口标准的接收器与发送器之间有公共信号地，不可能使用双端信号（差分信号），只能传送单端信号，这样共模噪声就会耦合到系统中。传输距离越长，干扰就越严重。为了可靠地传送信号，就不得不增大信号幅度。因此，RS-232C 标准规定，采用负逻辑，低电平在-5～-15 V 之间为逻辑"1"，高电平在 5～15 V 之间为逻辑"0"。上述电平称为 EIA 电平，与 TTL 电平不同。当 TTL 电路与 RS-232C 电路相连接时，必须经过信号电平转换。传统的转换器件有 MC1488（完成 TTL 电平到 EIA 电平的转换）和 MC1489（完成 EIA 电平到 TTL 电平的转换）等芯片。目前，已有更为方便的电平转换芯片，如 MAX232、UN232 等。

按照 RS-232C 标准规定，在没有调制解调器的情况下，数据传送的最大距离为 15 m，数据传输速率在 20 KB/s 以下，通常用波特率来表示，波特率可设置为 50、75、110、150、300、600、1 200、2 400、4 800、9 600 和 19 200 bit/s。在实际应用中，由于使用的波特率较低，而且允许码元畸变在 10%～20%范围内，致使实际传输距离要比 15 m 大得多。

5.4.3　USB 总线

USB（ Universal Serial Bus ）的中文含意是通用串行总线。USB 是以 Intel 公司为主，联合 IBM、Microsoft、Compaq、DEC 和 NEC 等公司共同开发，并于 1994 年 11 月制定了第一个草案，1996 年 2 月公布了 USB1.0 版本，目前已经发展到了 USB 2.0 版本。1998 年之后，微软在 Windows 98 中内置了对 USB 接口的支持模块，从而使得 USB 日益流行起来。

1．USB 接口的电器特性

USB 接口是通过 4 芯电缆分别与集线器和外设进行连接。USB 系统使用两种电缆：用于全速通信的包有防护物的双绞线和用于低速通信的不带防护物的同轴电缆。USB 总线电缆包含有 4 根信号线，用来传送信号和提供电源。其中 D + 和 D – 是一对双绞线，用来传送信号；Vbus 和

GND 是电源线，用来提供 +5 V 电源。USB 接口的插头（座）也比较简单，只有 4 芯，上游插头是 4 芯长方形插头，下游插头是 4 芯方形插头，两者不会弄错。

USB 总线采用集线器（Hub）对外设进行级联。主机提供的 USB 接口或根 Hub 对外设提供 +5 V 电源，最大电流为 500 mA。因此，USB 接口能为低功耗外设直接提供电源。

2．USB 设备

USB 设备分为 Hub 设备和功能设备两种。Hub 设备就是集线器，是 USB 即插即用技术中的核心部分，其功能是完成 USB 设备的添加、拔插检测和电源管理等。Hub 设备不仅能向下层设备提供电源和设置速度类型，而且能为其他 USB 设备提供扩展接口。功能设备是指能在 USB 总线上发送和接收数据或控制信息的外围设备，例如 USB 鼠标、数码照相机、调制解调器、打印机、扫描仪等。

3．USB 系统的硬件拓扑结构

USB 系统的硬件构成包括 USB 主机、USB 设备（Hub 设备和功能设备）和连接电缆。系统的连接方式是采用集线器树形连接。连接于 USB 上的设备都不是终点，而是能够利用集线器连接其他设备的分叉点。所连接的设备之间不是平等关系而是上下游关系。从根 Hub 设备开始，可以经由 5 层集线器进行树形连接，每个 Hub 有 7 个连接头，整个 USB 系统中最多可连接 127 台设备。

4．USB 总线的特点

① 一个 USB 接口可以连接大量外设。由于 USB 采用树形层式结构和 Hub 技术，允许一个 USB 主机可以连接多达 127 个外设，而且两个外设之间的距离（电缆长度）可达 5 m，扩展灵活。

② 连接外设的类型多样化。USB 对连接的设备没有任何种类的限制，使用统一的 4 芯插头，实现了将计算机常规 I/O 设备、多媒体设备、通信设备等统一为一种接口的愿望。

③ 即插即用，连接简便。USB 能自动识别 USB 系统中设备的接入或移走，真正做到即插即用。另外，USB 支持机箱外的热插拔连接，将设备连接到 USB 时，不必关闭主机电源，也不必打开机箱。

④ 两种通信速度。USB 有两种通信传输方式：传输速率最高可达 12 MB/s 的高速方式和 1.5 MB/s 的低速方式。这就意味着 USB 的最高传输速率比普通的串口快了近 100 倍，比普通并口也快了近 10 倍。两种速度配置，有利于适应不同速度的外设，从而降低了系统造价。

⑤ 总线能提供电源。对于一般的串口/并口设备都需要自配专用的供电电源，而 USB 能提供 +5 V、500 mA 的电源，可以供给低功耗 USB 设备作电源使用，避免了这些设备必须自带电源的麻烦。

由于 USB 的诸多特点，自推出后即受到世界各大公司的重视，目前已经出现了大量的 USB 外设，大有取代现有的各种串口和并口之势。

小　结

总线是把计算机系统各个部件连接起来，实现数据传送的公共信息线。它分为 CPU 总线、局部总线、系统总线、通信总线。评价总线的性能参数主要有总线时钟频率、总线宽度、总线传输速率等，每个总线标准的内容包括机械结构规范、功能结构规范、电气规范。

系统总线有 PC/XT 总线、ISA 总线、MCA 总线、ESIA 总线、PC-104 等总线。ISA 总线是在 8 位 PC 总线基础上扩展而成的 16 位总线，EISA 总线是 32 位总线，是 ISA 总线的扩展。局部总线有 VESA 总线、PCI 总线、AGP 总线。其中，PCI 总线被广泛应用，其特点是性能高、兼容性好、支持即插即用、多主能力、适度地保证了数据的完整性、具有优良的软件兼容性、定义了 5 V 和 3.3 V 两种信号环境。设备总线有 IEEE-488 总线、RS-232C 总线、USB 总线。USB 是通用串行总线，其数据传输速率有 12 MB/s 和 1.5 MB/s 两种，最多可连接 127 个设备，连接结点的距离是 5 m、连接电缆有两种规格。

习　　题

1. 什么是总线？微机中总线层次化结构是怎样分类的？
2. 简述各类微机总线的特点和使用场合。
3. 评价一种总线的性能有哪几个方面。
4. 为什么要使用局部总线？PCI 局部总线的特点有哪些？
5. 系统总线与外总线有何区别？
6. 什么是 USB？它有哪些特点？USB 可作为哪些设备的接口？
7. 一个 USB 的硬件系统包括哪几部分？
8. 简述 RS-232C 总线的特点。
9. 根据总线功能，总线的信号一般分为哪几类？各有什么功能？

第6章

存储器系统

存储器是计算机的重要组成部件，用来存储程序和数据。存储器的性能——存储容量和存取速度对整个计算机系统的性能有重要影响。存储器基本上可分为两大类：主存与辅存。主存的功能是存储当前正在使用的程序和数据，并且 CPU 可以直接对其中的信息进行访问。辅存也是用来存储各种信息，但 CPU 不能直接访问，当 CPU 要使用这些信息时，必须通过专门设备将信息成批调入主存中。

本章要点

- 存储器的体系结构及分类；
- 存储器的地址译码及存储器与 CPU 的连接。

6.1　存储器概述

存储器是微型计算机系统的核心部件之一，其主要作用是存储数据和程序，在计算机内部，通常使用半导体存储器，称为内存储器（简称内存或主存）。内存储器的工作速度较高，但容量有限，断电后，信息将全部丢失，因此引入了外部存储器（简称外存或辅存）。辅存是通过 I/O接口电路与总线相连接的存储器，如磁盘、磁带、光盘等，具有非易失性，即断电后仍能保持原存数据。

一般内存用来存放当前运行所需的程序和数据，以便直接与 CPU 交换信息。辅存用于存放当前不参与运行的程序和数据，辅存与主存之间经过 DMA 控制进行数据的成批交换。

6.1.1　存储器体系结构

随着 CPU 速度的不断提高和软件规模的不断扩大，当然希望存储器能同时满足速度快、容量大、价格低的要求。但实际上这一点很难办到，解决这一问题的较好方法是，设计一个快慢搭配、具有层次结构的存储系统。图 6-1 所示为新型微机系统中的存储器组织。它呈现金字塔形结构，越往上存储器件的速度越快，CPU 的访问速度越高，同时，每位存储容量的价格也越高，系统的拥有量越小。

从图 6-1 中可以看到，CPU 中的寄存器位于该塔的顶端，它有最快的存取速度，但容量极为有限；向下依次是 CPU 内的 Cache（高速缓冲存储器）、主板上的 Cache（由 SRAM 组成）、主存储器（由 DRAM 组成）、辅助存储器（半导体盘、磁盘）和大容量辅助存储器（光盘、磁带）；位于塔底的存储设备，其容量最大，每位存储容量的价格最低，但速度是较慢或最慢的。Intel从 80486 CPU 开始采用 Cache。

实际上，存储系统层次结构主要体现在缓存—主存和主存—辅存这两个存储层次上，如图 6-2 所示。显然，CPU 和缓存、主存都能直接交换信息，但是不能和辅存直接交换信息；缓存能直接和 CPU、主存交换信息；主存可以和 CPU、缓存、辅存交换信息。

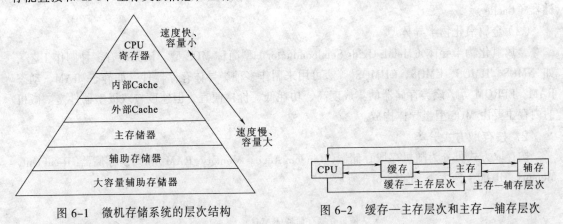

图 6-1　微机存储系统的层次结构　　　　图 6-2　缓存—主存层次和主存—辅存层次

缓存—主存层次主要解决 CPU 和主存速度不匹配的问题。根据程序访问的局部性原理，在主存和 CPU 之间设置 Cache，把正在执行的指令地址附近的一部分指令或数据从主存装入 Cache 中，供 CPU 在一段时间内使用。只有当前访问的程序和数据不在 Cache 中时，CPU 才访问主存，并将包含该存储单元的一块信息（包括该块数据的地址信息）装入 Cache。若 Cache 已被装满，则需在替换控制部件的控制下，根据某种替换算法，用此块信息替换掉 Cache 中原来的某块信息（这种数据调动是由硬件自动完成的）。CPU 的读/写操作主要在 CPU 和 Cache 之间进行，由于 Cache 的速度比主存的速度高，因此提高了访存速度。

主存—辅存层次主要解决存储系统的容量问题。辅存的速度比主存低，容量比主存大，可以存放大量暂时未用到的信息。当 CPU 需要用到这些信息时，再将辅存的内容调入主存，供 CPU 直接访问。在主存—辅存这一层次的不断发展中，逐渐形成了虚拟存储系统（目前使用的 Windows 操作系统突破了 DOS 内存 1 MB 的限制，支持多任务、多用户操作，采用动态内存分配管理方式，具有虚拟存储器管理功能）。它是由附加硬件装置及操作系统内的存储管理软件组成的一种存储体系，它将主存和辅存的地址空间统一编址，提供比实际物理内存大得多的存储空间。在程序运行时，存储器管理软件只是把虚拟地址空间的一小部分映射到主存，其余部分则仍存储在辅存上。当用户访问存储器的范围发生变化时，处于后台的存储器管理软件再把用户所需要的内容从辅存调入主存，用户感觉起来就好像在访问一个非常大的线性地址空间（主存—辅存之间的数据调动是由硬件和操作系统共同完成的）。虚拟存储器解决了用较小容量的主存运行大容量软件的问题。

现代计算机存储系统的层次结构很好地解决了对存储器的存取速度、存储容量和单位成本的要求，取得了三者间的平衡。

6.1.2　半导体存储器的分类

1. 按制造工艺分类

可以分为双极型和金属氧化物半导体型两类。

（1）双极型

双极型由 TTL（Transistor-Transistor Logic）晶体管逻辑电路构成。该类存储器件的工作速度快，与 CPU 处在同一量级，但集成度低、功耗大、价格偏高，在微机系统中常用做高速缓冲存储器（Cache）。

（2）金属氧化物半导体型

金属氧化物半导体（Metal-Oxide Semiconductor）型简称 MOS 型。该类型有多种制作工艺，如 NMOS、HMOS、CMOS、CHMOS 等。可用来制作多种半导体存储器件，如静态 RAM、动态 RAM、EPROM 等。该类存储器的集成度高、功耗低、价格便宜，但速度较双极型器件慢。微机的内存主要由 MOS 型半导体构成。

2．按存取方式分类

按存取方式可分为随机存取存储器（Random Access Memory，RAM）和只读存储器（Read Only Memory，ROM）两大类，如图 6-3 所示。

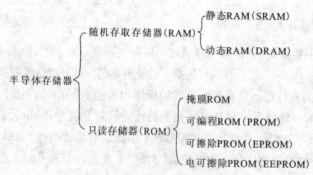

图 6-3　半导体存储器的分类

（1）随机存取存储器

RAM 也称读/写存储器，即 CPU 在运行过程中能随时进行数据的读出和写入。RAM 中存放的信息在关闭电源时会全部丢失，所以，RAM 是易失性存储器，只能用来存放暂时性的输入/输出数据、中间运算结果和用户程序，也常用它来与外存交换信息或用做堆栈。通常人们所说的微机内存容量就是指 RAM 存储器的容量。

按照 RAM 存储信息电路原理的不同，RAM 可分为静态 RAM 和动态 RAM 两种。

① 静态 RAM（Static RAM）简称 SRAM，其特点是：基本存储电路一般由 MOS 晶体管触发器组成，每个触发器可存放一位二进制的 0 或 1。只要不断电，所存信息就不会丢失。因此，SRAM 工作速度快、稳定可靠，不需要外加刷新电路，使用方便。但它的基本存储电路所需的晶体管多（最多的需要 6 个），因而集成度不易做得很高，功耗也较大。一般 SRAM 常用做微型系统的高速缓冲存储器（Cache）。

② 动态 RAM（Dynamic RAM）简称 DRAM。DRAM 的基本存储电路以 MOS 晶体管的栅极和衬底间的电容来存储二进制信息。由于电容总会存在泄漏现象，时间长了 DRAM 内存储的信息会自动消失。为维持 DRAM 所存的信息不变，需要定时地对 DRAM 进行刷新，即对电容补充电荷。因此，集成度可以做得很高，且成本低、功耗少，但它需外加刷新电路。DRAM 的工作速度比 SRAM 慢得多，一般微型机系统中的内存储器多采用 DRAM。

（2）只读存储器

ROM 是一种在程序运行中只能读出而不能写入的固定存储器。断电后，ROM 中存储的信息仍保留不变，所以，ROM 是非易失性存储器。因此，微型系统中常用 ROM 存放固定的程序和数据，如监控程序、操作系统中的 BIOS（基本输入/输出系统）、BASIC 解释程序或用户需要固化的程序。

按照构成 ROM 的集成电路内部结构的不同，ROM 可分为以下几种：

① 掩膜 ROM：利用掩膜工艺制造，由存储器生产厂家根据用户要求进行编程，一经制作完成就不能更改其内容。因此，只适合于存储成熟的固定程序和数据，大批量生产时成本较低。

② PROM：可编程 ROM（Programable ROM）。该存储器在出厂时器件中没有任何信息，是空白存储器，可由用户根据需要，利用特殊的方法写入程序和数据。但只能写入一次，写入后不能更改。它类似于掩膜 ROM，适合于小批量生产。

③ EPROM：可擦除可编程 ROM（Erasable PROM），如 Intel 2732（4K×8）、2764（8K×8）。该存储器允许用户按照规定的方法和设备进行多次编程，如果编程之后需要修改，可用紫外线灯制作的抹除器照射约 20 min，即可使存储器全部复原，用户可以再次写入新的内容。这对于工程研制和开发特别方便，应用得比较广泛。

④ EEPROM（E^2PROM）：电可擦除可编程 ROM（Electrically Erasable PROM）。E^2PROM 的特点是：能以字节（B）为单位进行擦除和改写，而不像 EPROM 那样整体地擦除；也不需要把芯片从用户系统中取下来用编程器编程，在用户系统中即可进行改写。随着技术的发展，E^2PROM 的擦写速度不断加快，容量也将不断提高，将可作为非易失性的 RAM 使用。

3．新型存储器

目前，还有新型的可编程的只读存储器——闪速存储器（Flash Memory），以及在 RAM 基础上发展起来的按内容寻址的存储器 CAM 及专用于显示器的 Video RAM 和一种用铁电薄膜及金属—氧化物—半导体器件结合起来的新型铁电随机存取存储器（FRAM）等。

6.1.3　半导体存储器的主要性能指标

衡量半导体存储器性能的指标很多，诸如功耗、可靠性、容量、价格、电源种类、存取速度等，但从功能和接口电路的角度来看，最重要的指标是存储器芯片的容量和存取速度。

1．存储容量

存储容量是指存储器（或存储器芯片）存放二进制信息的总位数，即：

$$存储容量=存储单元数×每个单元的位数（或数据线位数）$$

存储容量常以字节（B）或字为单位，微型机中均以字节为单位，如存储容量为 64 KB、512 KB、1 MB 等。外存用 MB、GB、TB 为单位，其中 1 KB=2^{10} B，1 MB=1 024 KB=2^{20} B，1 GB=1 024 MB=2^{30} B，1 TB=1 024 GB=2^{40} B。由于一个字节（1B）定义为 8 位二进制信息，所以，计算机中一个字的长度通常是 8 的倍数。

2．存取时间

存取时间是反映存储器工作速度的一项重要指标。它是指从 CPU 给出有效的存储器地址启动一次存储器读/写操作，到该操作完成所经历的时间，称为存取时间。具体来说，对一次读操作的存取时间就是读出时间，即从地址有效到数据输出有效之间的时间，通常在 101～102 ns 之间。而对一次写操作的存取时间就是写入时间。

3．存取周期

指连续启动两次独立的存储器读/写操作所需的最小间隔时间。对于读操作，就是读周期时间；对于写操作，就是写周期时间。通常，存取周期应大于存取时间，因为存储器在读出数据之后还要用一定的时间来完成内部操作，这一时间称为恢复时间。读出时间加上恢复时间才是读周期。由此可见，存取时间和存取周期是两个不同的概念。

4．可靠性

可靠性指存储器对环境温度与电磁场等变化的抗干扰能力。

5．其他指标

其他技术指标还有功耗、体积、重量、价格等，其中功耗包含维持功耗和操作功耗。

6.2 读/写存储器与只读存储器

1．典型的静态 RAM 芯片

Intel 2114 是一种 $1K \times 4$ 的静态 RAM 存储器芯片，其最基本的存储单元是六管存储电路，其他的典型芯片有 Intel 6116/6264/62256 等。Intel 2114 为双列直插式封装，共有 18 个引脚，其引脚如图 6-4 所示。各引脚的功能如下：

① $A_9 \sim A_0$：10 根地址信号输入引脚。

② $\overline{WE}$：读/写控制信号输入引脚，当 $\overline{WE}$ 为低电平时，使输入三态门导通，信息由数据总线通过输入数据控制电路写入被选中的存储单元；反之从所选中的存储单元读出信息送到数据总线。

③ $I/O_4 \sim I/O_1$：4 根数据输入/输出信号引脚。

④ $\overline{CS}$：为芯片片选信号，输入，低电平有效，通常接地址译码器的输出端。

⑤ GND：地。

2．典型的动态 RAM 芯片

Intel 2164A 芯片的存储容量为 $64 K \times 1$ 位，采用单管动态基本存储电路，每个单元只有一位数据，其他的典型芯片有 Intel 21256/2164 等。Intel 2164A 芯片的地址线只有 8 位，16 位的地址信息分为行地址和列地址，分两次送入芯片。其引脚与逻辑符号如图 6-5 所示。

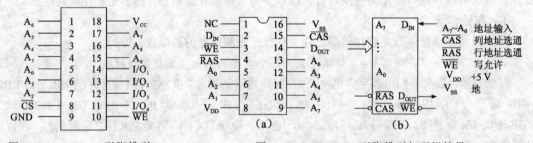

图 6-4 Intel 2114 引脚排列 　　　图 6-5 Intel 2164A 引脚排列与逻辑符号

Intel 2164A 的读/写操作由 $\overline{WE}$ 信号来控制，读操作时，$\overline{WE}$ 为高电平，选中单元的内容经三态输出缓冲器从 D_{OUT} 引脚输出；写操作时，$\overline{WE}$ 为低电平，D_{IN} 引脚上的信息经数据输入缓冲器写入选中单元，Intel 2164A 没有片选信号，实际上用行地址和列地址选通信号 $\overline{RAS}$ 和 $\overline{CAS}$ 作为片选信号。可见，片选信号已分解为行选信号与列选信号两部分。

3．EPROM 芯片

Intel 2716 是一种 $2K \times 8$ 位的 EPROM 存储器芯片，双列直插式封装，24 个引脚，其最基本的存储单元，就是带有浮动栅的 MOS 管。其引脚分配如图 6-6 所示，各引脚的功能如下：

① $A_{10} \sim A_0$：地址信号输入线，可寻址芯片的 2K 个存储单元；

② $O_7 \sim O_0$：双向数据信号输入/输出引脚；

③ $\overline{CE}$：片选信号输入引脚，低电平有效；

④ $\overline{OE}$：数据输出允许控制信号引脚，输入，低电平有效；

⑤ V_{cc}：+5 V 电源，用于在线的读操作；

⑥ V_{PP}：+25 V 电源，用于在专用装置上进行写操作；

⑦ GND：地。

图 6-6　Intel 2716 引脚排列

6.3　半导体存储器接口技术

CPU 通过地址总线、数据总线及控制总线实现与存储器的连接。存储器与 CPU 连接时应注意的问题：

① CPU 总线的负载能力。

② CPU 时序与存储器芯片存取速度的配合问题。

③ 存储器的地址分配和片选问题：首先确定整机存储容量，再确定选用存储芯片的类型和数量，之后划分 RAM、ROM 区，画出地址分配图。存储器空间的划分和地址编码是靠地址线来实现的。对于多片存储芯片构成的存储器，其地址编码原则是：低位地址线作为片内寻址，高位地址线将用来产生存储芯片的片选信号。

6.3.1　存储器地址译码

存储芯片的地址线通常与系统的低位地址线相连。寻址时，这部分地址的译码是在存储芯片内部完成的，称为片内译码。设某存储器有 N 条地址线，该芯片被选中时，其地址线得到 N 位地址信号，芯片内部进行 $N \rightarrow 2^N$ 的译码，译码后的地址范围是：$000 \cdots 000$（N 位全为 0）到 $111 \cdots 111$（N 位全为 1）。

由一个存储芯片或芯片组构成的存储器，其容量是有限的，使用时不一定能够满足要求。因此，常要在地址方向上加以扩充，以满足对多个存储器芯片或芯片组进行寻址。这一寻址过程，主要通过将系统高位地址线经外部地址译码器产生的输出信号与存储器的片选端相连接的方法来实现。通过地址译码实现片选的方法有 3 种：线选法、全译码法和部分译码法。

1．线选法

线选法是指利用地址总线的高位地址线中的某一位直接作为存储器芯片的片选信号（$\overline{CS}$），用地址线的低位实现片内寻址。线选法的优点是结构简单，缺点是地址空间浪费大。由于部分地址线未参与译码，必然会出现地址重叠。此外，当通过线选的芯片增多时，还有可能出现可用地址空间不连续的情况。图 6-7 所示为线选法的例子，图中有 2 个 2764 芯片（8K×8 位，EPROM），采用线选法对它们进行寻址，用 A_{13} 和 A_{14} 分别接芯片甲和芯片乙的片选端。

考虑到 2 个芯片不能同时被选中，所以地址中不允许出现 $A_{14}A_{13}=00$ 的情况，可能的选择只有 10（选中芯片甲）和 01（选中芯片乙）。

图 6-7 中，$A_{19} \sim A_{15}$ 因未参与对两个 2764 芯片的片选控制，故其值可以是 0 或 1（用 × 表示任取），

这里，假定取为全 0，则得到两片 2764 的地址范围，显然 2 片 2764 芯片的重叠区各有 $2^5=32$ 个。

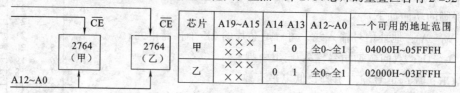

芯片	A19~A15	A14 A13	A12~A0	一个可用的地址范围
甲	××× ××	1 0	全0~全1	04000H~05FFFH
乙	××× ××	0 1	全0~全1	02000H~03FFFH

图 6-7　线选法

2．全译码法

全译码法是指将地址总线中除片内地址以外的全部高位地址接到译码器的输入端参与译码。采用全译码法，每个存储单元的地址都是唯一的，不存在地址重叠，但译码电路较复杂，连线也较多。

图 6-8 为全译码的 2 个例子。前一例采用门电路译码，后例采用 3-8 译码器译码。3-8 译码器有 3 个控制端：G_1、$\overline{G2A}$、$\overline{G2B}$，只有当 $G_1=1$、$\overline{G2A}=0$、$\overline{G2B}=0$ 同时满足时，译码输出才有效。究竟输出（$\overline{Y_0}\sim\overline{Y_7}$）中哪个有效，则由选择输入 C、B、A 决定。CBA=000 时，$\overline{Y_0}$ 有效，CBA=001 时，$\overline{Y_1}$ 有效，依次类推。单片 2764（8K × 8 位，EPROM）在高位地址 $A_{19}\sim A_{13}=0000110$ 时被选中，其地址范围为 0C000H～0DFFFH。

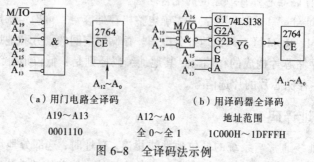

（a）用门电路全译码　　　　　（b）用译码器全译码

A19～A13	A12～A0	地址范围
0001110	全 0～全 1	1C000H～1DFFFH

图 6-8　全译码法示例

3．部分译码法

部分译码法是将高位地址线中某几位（而不是全部高位）地址经译码器译码，作为存储器的片选信号。对被选中的芯片而言，未参与译码的高位地址线可以为 0，也可以为 1，即每个存储单元将对应多个地址。使用时一般将未用地址线设为 0。采用部分译码法，可简化译码电路，但由于地址重叠，会造成系统地址空间资源的部分浪费。图 6-9 为部分译码的例子，该例中 A_{13} 未用，因此每个存储单元有两个重叠的地址。

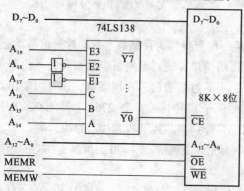

A19~A14	A13	A12~A0	存储器地址
111000	0	0000000000000	E0000H
111000	0	1111111111111	E1FFFH
111000	1	0000000000000	E2000H
111000	1	1111111111111	E3FFFH

图 6-9　部分译码法

6.3.2　存储器与 CPU 的连接

任何存储芯片的存储容量都是有限的，通常需要将多个存储芯片进行组合，以满足对存储容量的需求，这种组合就称为存储器的扩展。存储器的扩展要解决的问题包括位扩展、字扩展和字位扩展。扩展的步骤是选用适合的芯片，将多片芯片进行位扩展，设计出满足字长要求的存储模块，然后对存储模块进行字扩展，构成符合要求的存储器。

1．存储器的位扩展

位扩展保持总存储单元数不变，只增加每个单元的存储位数，位扩展构成的存储模块的单元内容存储于不同的存储器芯片上。如使用 2 片 1K × 4 的 2114 芯片构成 1K × 8 即 1 KB 的存储模块，则存储模块每个单元的高、低 4 位数据分别存储在两个芯片上。

位扩展的电路连接方法是将每个存储芯片的地址线和控制线（包括片选信号线、读/写信号线等）全部并联在一起，而将它们的数据线分别引出连接至数据总线的不同数据位上。其连接方法如图 6-10 所示。

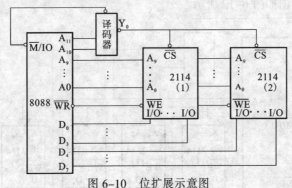

图 6-10　位扩展示意图

2．存储器的字扩展

字扩展是在存储芯片存储单元的字长满足要求，而存储单元数目不够，需要增加存储单元数量的扩展方法。如果使用 2K × 8 位的存储芯片组成 8K × 8 位的存储模块，需用 4 片 2K × 8 位存储芯片实现。

字扩展的电路连接方法是将每个芯片的地址信号、数据信号和读/写信号等控制信号线按信号名称全部并联在一起，只将片选端分别引出到地址译码器的不同输出端，即用片选信号来区别各个芯片的地址。其连接示意图如图 6-11 所示。

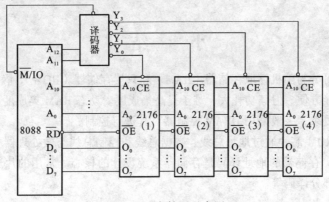

图 6-11　字扩展示意图

3．存储器的字位扩展

在构成实际的存储模块时，往往需要同时进行位扩展和字扩展才能满足存储容量的需求。进行字位扩展时，一般先进行位扩展，构成字长满足要求的存储模块，然后用若干此模块进行字扩展，使总存储容量满足要求。

扩展时需要的芯片数量可以这样计算：要构成一个容量为 $M \times N$ 位的存储器，若使用 $l \times k$ 位的芯片（$k{\le}M$，$k{<}N$），则构成这个存储器需要（M/l）×（N/k）个这样的存储器芯片。微型机中内存的构成即是典型的字位扩展实例。

如使用 $1K \times 4$ 位的 Intel 2114 芯片构成容量为 $2K \times 8$ 位的存储模块，可以首先进行位扩展，用 2 片 2114 组成 $1K \times 8$ 位的存储模块，然后用 2 组这样的模块进行字扩展，所需的芯片数为 4 片。每个芯片的 10 根地址信号引脚直接接至系统地址总线的低 10 位，每组两个芯片的 4 位数据线分别接至系统数据总线的高/低 4 位。地址码的 A_{10}、A_{11} 经译码后的输出，分别作为两组芯片的片选信号，每个芯片的 $\overline{\text{WE}}$ 控制端直接接到 CPU 的读/写控制端上，以实现对存储器的读/写控制。线路连接示意图如图 6-12 所示。

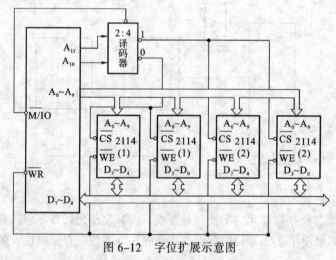

图 6-12　字位扩展示意图

当存储器工作时，根据高位地址的不同，系统通过译码器分别选中不同的芯片组，低位地址码则同时到达每一个芯片组，选中它们的相应单元。在读/写信号的作用下，选中芯片组的数据被读出，送上系统数据总线，产生一个字节的输出，或者将来自数据总线上的字节数据写入芯片组。

小　结

半导体存储器可分为随机存取存储器（RAM）和只读存储器（ROM）。静态 RAM 存储速度快、与微处理器连接方便，但其功耗大，难于提高集成度。动态 RAM 集成度高、功耗小，但需要定时刷新，接口复杂，一般采用 DRAM 控制器对其进行控制。

典型 RAM 和 ROM 芯片通过地址总线、数据总线和控制总线与微处理器相连，实现存储器容量的字、位扩展。存储器的地址译码是存储器系统设计的核心，常用的片选控制译码方法有线选法、全译码、部分译码等。

习　题

1. 微型计算机系统中的存储体系结构是什么？
2. 存储器的性能指标有哪些？
3. 简述 ROM、PROM、EPROM、E^2PROM 在功能上各有何特点。
4. 存储器的地址译码有几种方式？各自的特点是什么？
5. DRAM 为什么要刷新？
6. 画出用 1 K×4 位的存储芯片组成一个容量为 64 K×8 位的存储器逻辑框图，指出共需多少片存储芯片。
7. 设有一个 64 K×8 位的 RAM 芯片，试问该芯片共有多少个基本单元电路（简称存储单元）？欲设计一种具有上述同样多存储单元的芯片，要求对芯片字长的选择应满足地址线和数据线总和最少，试确定地址线和数据线，并说明有几种解法。

第 7 章

输入/输出接口技术

输入/输出接口是计算机的重要组成部分。通过输入/输出接口可实现计算机与外围设备的信息交换，即通信。接口涉及两个基本问题，一是中央处理器如何寻址外围设备，实现多个设备的识别；二是中央处理器如何与外设连接，进行数据、状态和控制信号的交换。

本章要点

- I/O 接口的基本概念、功能和一般结构；
- 微处理器与 I/O 设备之间数据传输的控制方式。

外围设备是构成微型计算机的重要组成部分，微型机通过它们与外界进行数据交换。为了解决微型计算机与种类繁多的外设之间的信息交换问题，各种外设都通过相应的接口电路与主机系统相连。

接口电路按功能可分为两大类：一类是使微处理器工作所需要的辅助/控制电路，通过这些辅助/控制电路，使处理器得到所需要的时钟信号或者接收外部多个中断请求等，常见的辅助/控制电路有总线控制器、中断控制器、DMA 控制器、可编程定时/计数器、高速缓存控制器等；另一类是 I/O 接口电路，利用这些接口电路，微处理器可以接收外围设备送来的信息或将信息发送给外围设备，常见的有磁盘控制器、CRT 显示控制器、键盘及打印控制器、可编程并行接口、可编程串行接口、模/数和数/模转换接口等。

7.1 接口的基本概念

7.1.1 接口电路

接口电路是 CPU 与外界进行信息交换的中转站。计算机工作过程中，CPU 要不断地和存储器、外部的 I/O 设备等进行信息交换。其中，CPU 与存储器可以直接进行信息交换，而 CPU 与 I/O 设备是不能直接进行信息交换的。即 CPU 并不是与外围设备直接相连，而是经过一个中间电路进行连接，这一电路就称为接口电路，简称接口。由此可见，接口就是连接 CPU 与外设的部件，它在 CPU 与外设之间起信息中转作用。

7.1.2 用接口的原因

从 CPU 的角度来看，对外围设备的 I/O 操作和对存储器的读/写操作很类似，是什么原因决定了存储器不需要接口电路，可以直接连接在总线上，而 I/O 设备却一定要通过接口电路与总线相连，而不能直接与 CPU 的总线相连呢？

为了回答上述问题，需要了解存储器和外围设备各自的特点，需要知道外围设备的输入/输出操作和存储器读/写操作的不同之处。

存储器的主要功能是保存数据信息。其功能单一，传送方式简单，只要求很简单的控制信号；存储器的品种较少，只有只读型和可读可写型；存储器的存取速度基本上可以和 CPU 的工作速度相匹配。因此，CPU 和存储器之间的定时和协调就比较容易，这些决定了存储器可以通过总线和 CPU 相连，即通常所说的直接将存储器挂在系统总线上。

对于外围设备来说，其功能是多种多样的，而且种类繁多，信号类型十分复杂，总体来看具有以下特点：

① 品种繁多。有些外设作为输入设备，有些外设作为输出设备，也有些外设既作为输入设备又作为输出设备，还有一些外设作为检测设备或控制设备。这些设备既可以是机械式的、电动式的、电子式的，也可以是其他形式的。

② 信息处理速度差别大。不同的外围设备工作速度有很大区别，可以是慢速的手动键盘输入，也可以是快速的读卡输入；有可能长达几分钟才改变一个数据的温度变送器，也有高达 5 Mbit/s 的磁盘机等。与 CPU 的处理速度相比差别很大，需要接口对数据进行缓冲、变换等处理。

③ 信号类型与电平种类不同。外设所用的信号可以是数字量、模拟量（模拟式的电压、电流），也可以是开关量（两个状态的信息）。既有 TTL 电平信号，也有其他变化范围广、离散性大的电平信号。因此，需要接口将其变换为符合计算机内部电平要求的数字信号。

④ 信息结构格式复杂。有些外设是串行信息格式，也有一些外设是并行信息格式，需要接口在 CPU 与外设之间起到数据格式变换、协调作用。

因此，在微型计算机和外设之间必须有 I/O 接口，以使 CPU 与外设达到最佳匹配，实现高效、可靠的信息交换。

7.1.3　接口的功能

简单地讲，一个接口的基本功能是在系统总线和 I/O 设备之间传输信号，提供缓冲作用，以满足 CPU 与外设的时序要求。由于外设的多样性和复杂性，对于不同的外设，接口的功能也不尽相同。一般来说，接口应具备下述功能：

① 数据缓冲功能：接口中一般都设置数据缓冲器或锁存器，以解决高速主机与低速外设之间的矛盾，避免因速度不同而丢失信息，从而消除计算机与外设在定时或处理速度上的差异。

② 寻址功能：接口电路应当有 I/O 接口地址译码器，以便产生片选信号或产生接口寄存器的选中信号。即对选择存储器和 I/O 信号做出解释，并且对 CPU 送来的片选信号进行识别，以便判断当前接口是否被访问，若被访问，还要决定接口中的哪个寄存器受到访问。

③ 联络功能：接口电路应能提供外设的状态，即有关数据传送的协调状态。例如，设备"准备好"、数据缓冲器"空"或"满"等。

④ 数据转换功能：由于 CPU 所处理的是并行数据，而有些外设只能处理串行数据，在此情况下，接口就应具有数据"串→并"和"并→串"的转换功能。即当信息格式不同时，要由接口进行有关信息格式的相容性转换。

⑤ 输入/输出功能：接口要根据送来的读/写信号决定当前进行的是输入还是输出操作，并且能随之从总线上接收从 CPU 送来的数据和控制信息，或者将数据或状态信息送到总线上。

⑥ 中断管理功能：为了便于 CPU 使用中断方式与端口寄存器交换信息，接口电路应当设置中断控制电路，允许或禁止接口电路提出中断请求。接口电路应能接收外设的中断请求，并暂存中断请求，进行中断排队，向 CPU 发出中断请求信号。

⑦ 提供时序控制功能：接口可以具有自己的时序控制电路，对外设提供不同的控制时序，以满足计算机和外设在时序控制方面的各种要求。

⑧ 可编程功能：在高性能的接口电路中一般设置有控制寄存器，可以由软件来设置其内容，从而决定该接口到底工作于哪种方式。另外，该接口可以对外设发出不同的控制信号，或者使其端口线处于不同的工作状态，这些都可以通过软件设置控制寄存器的内容来完成。

总体来说，一个具体的接口电路，可以具有以上一个或多个功能。

7.1.4 CPU 与外设之间的信号

接口部件在 CPU 与外设之间承担数据传输任务，为了了解接口的组成，应该先了解 CPU 与外设之间的信号分类。通常，CPU 与输入/输出设备之间有以下几类信号：

1. 数据信息

CPU 与外设之间交换的基本信息就是数据，数据通常用 8 位或 16 位二进制数来表示。数据信息大致分为以下 3 种类型：

① 数字量：典型的数字量包括用二进制表示的字母、数据、BCD 码、ASCII 码等。

② 模拟量：在控制领域，对于随时间连续变化的物理量，如温度、湿度、压力、流量等，需要通过相应的传感器将其转化为对应的随时间连续变化的电流或电压，这样的电流或电压就称为模拟量。计算机无法直接接收和处理模拟量，要经过模拟量向数字量的转换（A/D 转换），变成数字量，才能送入计算机。反过来，计算机输出的数字量也要经过数字量向模拟量的转换（D/A 转换），变成模拟量，才能控制某些设备。

③ 开关量：只有两个状态的量，如开关的闭合与断开、电动机的运转与停止、阀门的打开与关闭等，这样的量用 1 位二进制数表示即可。

2. 状态信息

状态信息反映了当前外设所处的工作状态，是外设通过接口向 CPU 传送的信息。对于输入设备来说，通常用准备好（READY）信号来表明输入的数据是否准备就绪；对于输出设备来说，通常用忙（BUSY）信号表示输出设备是否处于空闲状态，若为空闲状态，则可以接收 CPU 送来的数据，否则 CPU 要等待。

3. 控制信息

控制信息是 CPU 通过接口传送给外设的信息，CPU 通过发送控制信息来控制外设的工作。例如，外设的启动信号和停止信号就是常见的控制信息。一般来说，控制信息往往随着外设的具体工作原理不同而含义不同。

以上 3 种信息从含义上说各不相同，应该分别传送。但计算机的 CPU 通过接口和外设交换信息时，往往把状态信息、控制信息看成是一种广义的数据信息，都通过数据总线来传送。因此，在接口中这 3 种信息要进入不同的寄存器。具体地说，CPU 送往外设的数据或者外设送往 CPU 的数据要放在接口的数据缓冲器中，从外设送往 CPU 的状态信息要放在接口的状态寄存器中，而 CPU 送往外设的控制信息要送到接口的控制寄存器中。

7.1.5　接口的基本组成

接口部件通常都包含一组寄存器，用来实现数据信息、状态信息和控制信息的传送。这些能与 CPU 交换信息的寄存器称为 I/O 端口寄存器，简称"端口"。每一个端口都有一个端口地址（又称为端口号）。

在接口电路中，按端口寄存器存放信息的物理意义来分，端口可分为数据端口、状态端口和控制端口 3 类。

① 数据端口：存放数据信息，通常为 8 位或 16 位信息，对来自 CPU 和内存的数据或者送往 CPU 和内存的数据起缓冲作用。

② 状态端口：存放状态信息，即反映外设或接口部件本身当前工作状态的信息。CPU 可读取这些信息，以便查询外设或接口部件当前的工作情况。

③ 控制端口：存放控制信息，即存放 CPU 发出的命令，因此又称为命令端口。对于可编程接口电路，控制信息还要负责选择接口芯片的工作方式等。

图 7-1 说明了一个简单 I/O 接口的构成。可以看出，接口主要由若干个端口组成。I/O 接口一方面与数据总线相连，同时还必须与地址总线和控制总线相连，从而使得端口具有选择机构和读/写控制功能，使 CPU 能有选择地对 I/O 端口进行读或写。当 CPU 要往数据端口或控制端口输出信息时，必须先把地址送到地址总线上，将确定的控制信息送到控制总线上，再把数据信息送到数据总线上，由此端口即可获得来自 CPU 的信息。与此相对应，为了从数据端口或状态端口输入信息，CPU 先把地址信息和控制信息分别送到地址总线和控制总线上，然后等待接口把指定端口的内容送到数据总线上，由此 CPU 即可获得所需要的信息。

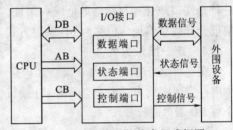

图 7-1　I/O 接口的基本组成框图

另外，作为一个接口仅有这些端口还是不够的，尚不能完成接口的功能，还要有一些相应的控制逻辑。例如，要完成端口的选择，必须有地址译码部件；要完成中断控制，必须有中断控制逻辑；要完成差错检测，必须有差错检测逻辑等。因此，一个完整的接口应由若干个端口再加相应的控制逻辑组成。

一般来说，接口中的一个端口即对应一个端口地址。但在复杂接口中，往往有许多个端口，如果每一个端口都给一个端口地址，将会占用太多的地址空间。系统为了节省地址空间，往往根据端口寄存器的功能可区分性，使若干端口寄存器共用一个端口地址。例如，数据输入端口是"只读"的，而数据输出端口却是"只写"的，因而就把数据输入端口和数据输出端口共用一个端口地址。CPU 用此地址进行读操作时，实际上是从数据输入寄存器读取数据，而当 CPU 用此地址进行写操作时，实际上是向数据输出寄存器写入数据。同理，状态端口是"只读"的，而控制端口却是"只写"的，故它们也可以共用一个端口地址。从该端口读是读状态寄存器；而向该端口写是写入控制寄存器。

可见，有了端口地址，CPU 对外设的输入/输出操作就归结为对接口芯片中各端口的读/写操作。在可编程接口中，一个控制端口往往包括多个控制寄存器。如方式选择寄存器、位控选择寄存器、初始化命令寄存器等。那么向该端口写入时到底是写入了哪个寄存器？常用的解决方法有如下几种：

① 特征位法：在每次写入控制信息中留出若干位用于区分写入的是哪一种命令字，这些位称为特征位。

② 特定顺序法：这种方法要求写入命令字时要按照严格的写入次序。由事先约定好的写入次序来决定哪一个命令字写入哪一个寄存器。

③ 索引法：每次写入控制信息时先写入索引值，然后写入命令字。由索引值来决定命令字写入哪一个寄存器。此方法在命令种类多时特别有用。

7.2　I/O 端口编址方式

设备选择功能是接口电路应具备的基本功能之一，因此，作为进行设备端口选择的 I/O 端口地址译码电路是每个接口电路中不可缺少的部分。

CPU 与内部存储器或 I/O 端口交换信息，是通过地址总线访问内存单元或 I/O 端口来实现的，如何对内存单元或 I/O 端口进行访问取决于这些内存及端口地址的编址方式。通常有两种方式：一种是端口地址和存储器地址统一编址，也称为存储器映射方式；另一种是端口地址和存储器地址分开独立编址，也称为 I/O 映射方式。

1. 统一编址方式

在这种编址方式中，I/O 端口和内存单元统一编址，即把 I/O 端口当做内存单元对待，从整个内存空间中划出一个子空间给 I/O 端口，每一个 I/O 端口分配一个地址码，用访问存储器的指令对 I/O 端口进行操作。

这种编址方式的优点是：I/O 端口的数目几乎不受限制；访问内存指令均适用于 I/O 端口，对 I/O 端口的数据处理能力强；CPU 无须产生区别访问内存操作和 I/O 操作的控制信号，从而可减少引脚。其缺点是：程序中 I/O 操作不清晰，难以区分程序中的 I/O 操作和存储器操作；I/O 端口占用了一部分内存空间；I/O 端口地址译码电路较复杂（因为内存的地址位数较多）。

2. 独立编址方式

I/O 端口编址和存储器的编址相互独立，即 I/O 端口地址空间和存储器地址空间分开设置，互不影响。采用这种编址方式，对 I/O 端口的操作使用输入/输出指令（I/O 指令）。

I/O 独立编址的优点是：不占用内存空间；使用 I/O 指令，程序清晰，很容易看出是 I/O 操作还是存储器操作；译码电路比较简单（因为 I/O 端口的地址空间一般较小，所用地址线也就较少）。其缺点是：只能用专门的 I/O 指令，访问端口的方法不如访问存储器的方法多。

上述两种编址方式各有优点和缺点，究竟采用哪一种编址方式取决于系统的总体设计。在一个系统中也可以同时使用两种方式，前提是首先要支持 I/O 独立编址。Intel 的 80x86 微处理器都支持 I/O 独立编址，因为它们的指令系统中都有 I/O 指令；并设置了可以区分 I/O 访问和存储器访问的控制信号引脚。而一些微处理器或单片机，为了减少引脚，从而减少芯片占用面积，不支持 I/O 独立编址，只能采用存储器统一编址方式。

3. 8086 独立编址方式的端口访问

8086 端口采用独立编址方式，其主要优点是输入/输出指令和访问存储器指令有明显区别，可使程序编写更清晰，更便于理解。当然缺点是输入/输出指令类型少，一般只能对端口进行传送操作。另外，还要求处理器能提供存储器读/写、I/O 读/写两组控制信号，增加了处理器的控制引脚。

8086 允许有 65 536（64K）个 8 位的 I/O 端口，两个编号相邻的 8 位端口可组成一个 16 位端口。8086 访问端口的专用指令只有两个，一个是输入指令 IN，另一个是输出指令 OUT。这两条输入/输出指令既有访问 8 位端口的指令方式，也有访问 16 位端口的指令方式。8086 在执行访问 I/O 端口的指令时，从硬件上会产生有效的读信号 $\overline{RD}$ 或写信号 $\overline{WR}$，同时使 M/$\overline{IO}$ 信号为低电平，通过外部逻辑电路的组合产生对 I/O 端口的读信号或写信号。

所谓对端口的访问就是 CPU 对端口的读/写。如果用单字节地址作为端口地址，则最多可访问 256 个端口。8086 系统主板上的接口芯片的端口都采用单字节地址，可以在指令中直接给出端口地址（直接寻址方式）。其指令格式为如下：

```
IN    AL,PORT              ;从端口 PORT 输入一个字节数据
OUT   PORT,AL              ;向端口 PORT 输出一个字节数据
```

在这里，PORT 是一个 8 位的字节地址。例如：

```
IN    AL,60H               ;60H 是系统主板 8255A 的 PA 端口地址
OUT   61H,AL               ;61H 是系统主板 8255A 的 PB 端口地址
```

如果采用双字节地址作为端口地址，则最多可访问 64 K 个端口。8086 系统 I/O 扩展槽的接口控制卡上，都采用双字节地址，是用寄存器间接给出端口地址（间接寻址方式），并且地址总是放在寄存器 DX 中。其指令格式如下：

```
MOV   DX,××××H            ;端口地址送 DX
IN    AL,DX                ;读取 8 位数据
MOV   DX,××××H            ;端口地址送 DX
OUT   DX,AL                ;送出 8 位数据
```

在这里，××××H 是 16 位的双字节地址。例如：

```
MOV   DX,300H              ;300H 作为实验板上 8255A 的 PA 端口
IN    AL,DX                ;读取 PA 端口的 8 位数据
MOV   DX,301H              ;300H 作为实验板上 8255A 的 PB 端口
OUT   DX,AL                ;发送 8 位数据到 PB 端口
```

另外，如果端口是由两个相邻的 8 位端口组成的 16 位端口，当用 I/O 指令访问该端口时，只要把 AL 替换为 AX，即可进行 16 位数据传送。

7.3　CPU 与 I/O 设备之间的数据传送方式

CPU 为了与各种不同的外设进行数据传送，必须采用多种控制方式。尽管 CPU 对外设的 I/O 操作可归结为对接口电路各端口的读/写操作，如同访问存储器的存储单元一样，但事实上，对 I/O 的访问却要比存储器复杂得多。原因之一：各种外设的工作速度相差很大，信息传输速率悬殊。有些外设工作速度相当高，如软盘输入，在找到磁道以后，磁盘能以大于 25 000 bit/s 的速率输入数据。而有些外设由于机械结构和其他因素所致，速度相当低，如键盘是由人工输入数据的，每个字符输入的间隔可达数秒钟。原因之二：高速的 CPU 与慢速的外设其工作时序本身就不处于同一个数量级。这样，当 CPU 与不同速度的外设进行数据传送时，首先遇到的问题就是如何保证主机与外设在时间上的同步。问题的关键就在于：究竟什么时候数据才有效，可供 CPU 读取？或什么时候外设为空闲状态，CPU 可输出数据？很显然没有唯一的方法，对于不同工作速度的外设，需要不同的同步方式。为了实现 CPU 与 I/O 设备之间的数据传送，通常采用程序控制方式、中断方式和 DMA 方式这样 3 种数据传送方式。

7.3.1　程序传送方式

程序传送方式是指 CPU 与外设之间的数据传送是在程序控制下实现的。程序传送方式又可分为无条件传送和条件传送两种方式。

1．无条件传送方式

无条件传送方式一般用在外设总是处于就绪状态的条件下进行的一种数据传送方式，一般适合于数据传送不太频繁的情况，如对于开关、数码显示器等一些简单外设的操作。所谓无条件，就是假设外设已处于就绪状态，数据传送时，程序不必再去查询外设的状态，而直接就能执行 I/O 指令进行数据传输。

无条件传送方式是最简单的传送方式，程序编写与接口电路设计都最简单。但必须注意：当简单外设作为输入设备时，其输入数据的保持时间相对 CPU 的处理时间长得多，所以可直接使用三态缓冲器与系统数据总线相连。而当简单外设作为输出设备时，由于外设的速度较慢，CPU 送出的数据必须在接口中保持一段时间，以适应外设的动作，因此输出必须采用锁存器。

例如：硬件如图 7-2 所示，已知地址为 300H 时，$\overline{Y}$ 为低电平。编程扫描开关 S_i，要求当开关闭合时，点亮相应的 LED$_i$。

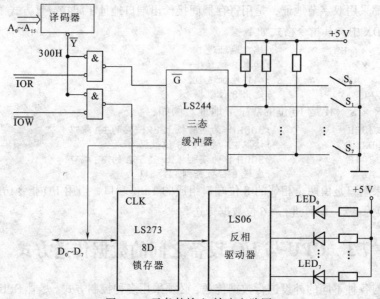

图 7-2　无条件输入/输出电路图

参考程序：

```
CODE    SEGMENT
        ASSUME  CS:CODE
START:  MOV     DX,300H     ;DX 指向数据端口
        IN      AL,DX       ;从输入端口读取开关状态
        NOT     AL          ;取反
        OUT     DX,AL       ;送输出端口显示
        JMP     START
        MOV     AH,4CH      ;返回 DOS
        INT     21H
CODE    ENDS
        END     START
```

2．条件传送方式

条件传送方式也称程序查询方式，即 CPU 与外设之间采用应答方式进行数据交换。这种方式的特点是：在数据传送之前，CPU 要执行一段查询程序，不断读取并测试外设的状态，只有

当外设处于准备就绪（指输入设备）或空闲状态（指输出设备）时，CPU 才执行输入或输出指令进行数据传送，否则，CPU 循环等待，直到外设准备就绪为止。为此，接口电路除了应有传送数据的端口外，还要有传送状态信息的端口。程序查询方式的流程图如图 7-3 所示。

查询方式完成一次数据传送的步骤如下：

① CPU 测试外设当前的状态。

② 如果准备就绪，则循环等待，重复步骤①，否则执行步骤③。

③ CPU 执行 IN 或 OUT 指令，进行一次数据传送。

④ 传送结束。

程序查询方式输入数据的接口电路如图 7-4 所示。当输入设备将数据准备好后，向接口发送一个选通信号 $\overline{STB}$，该信号一方面作为打入脉冲将数据输入锁存器，另一方面置位状态位 READY（使 D 触发器置 1）。此时，数据和状态信号必须从不同的端口输入到数据总线。当 CPU 要从外设输入数据时，首先执行输入指令（$M/\overline{IO}$、$\overline{RD}$ 信号有效且地址选中状态端口），通过三态缓冲器读取状态信息，即查询 READY 信号是否有效。如无效，CPU 只能等待。外设将数据准备好后才能读取，如果准备就绪，表明数据已在数据端口中，CPU 执行输入指令（$M/\overline{IO}$、$\overline{RD}$ 信号有效且地址选中数据端口）读取数据，同时清除 D 触发器，将状态信息 READY 复位，以进入下一个数据传送过程。

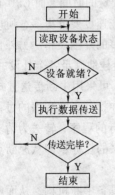

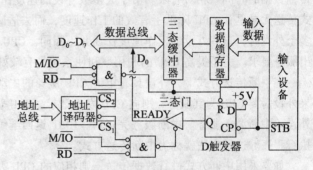

图 7-3 条件传送流程图   图 7-4 查询方式输入数据的接口电路原理图

同样，在程序查询方式输出时，CPU 也必须先了解外设的状态，看外设是否空闲（即外设并非正处于输出状态或数据端口的数据已无效）。若外设的数据寄存器为空，可以接收 CPU 输出的数据，则 CPU 执行 OUT 指令，输出数据，否则就等待。其接口电路原理图如图 7-5 所示。

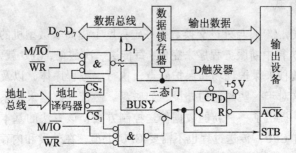

图 7-5 查询方式输出数据的接口电路原理图

输出数据时，CPU 执行输出指令（M/$\overline{\text{IO}}$、$\overline{\text{WR}}$ 信号有效且地址选中数据端口），将 CPU 通过数据总线送来的数据送入接口的数据锁存器，同时将状态信息 BUSY 置位（D 触发器置 1）。D 触发器置 1 的作用有两个：一是表示当前该外设正处于工作状态，即处于"忙"状态，CPU 不能送出新的数据；二是通知外设数据输出锁存器中已有数据可以取走。当输出设备接到数据到来的通知并把 CPU 输出的数据从接口取走后，就会向接口发出一个回答信号 $\overline{\text{ACK}}$，该信号将状态信息 BUSY 复位（D 触发器清零），表明 CPU 又可输出下一个数据。当 CPU 执行输出指令（M/$\overline{\text{IO}}$、$\overline{\text{WR}}$ 信号有效且地址选中状态端口）时，查询 BUSY 信号的状态以确定是否可以进行下一次输出操作。

程序查询方式的优点是硬件结构比较简单，程序控制方便；缺点是 CPU 效率较低，实时性较差，且对外部出现的异常事件无实时响应能力。

虽然程序查询方式要比无条件传送方式可靠，但在程序查询方式中，CPU 处于主动地位。它要不断地读取状态字来检测外设的状态，真正用于数据传送的时间实际很短，大部分时间是在查询等待，CPU 效率很低。特别是当系统中有多个外设时，CPU 必须逐个查询，而外设的工作速度各不相同，很显然 CPU 不能及时满足外设所提出的服务要求，实时性较差。

7.3.2　中断传送方式

采用程序查询传送方式，CPU 需不断地读取和检测状态信息。如果状态信息表明外设未准备好，则 CPU 必须等待。这样一来，查询检测工作就占用了 CPU 大量的时间，而 CPU 真正用于传输数据的时间就相对有限。由于大多数外设的速度比 CPU 的工作速度要低得多，所以，查询式传送无异是让 CPU 降低了有效的工作速度，而去适应速度低得多的外围设备。另外，当查询多个外设时，这些外设的工作速度往往并不相同。CPU 显然不能最佳地满足各个外设的输入/输出服务要求。为了提高 CPU 的利用率和使系统具有较好的实时性，可采用中断传送方式。

在中断传送方式下，外设具有申请 CPU 服务的主动权，CPU 在执行正常程序的过程中，如果外设需要 CPU 为其服务，则向 CPU 发出请求。CPU 暂停正在执行的程序，转去为请求中断的外设（中断源）服务。中断服务完毕后，CPU 返回继续执行它原来的任务，即从原断点处继续执行程序。这种方法就称为中断传送方式。

如要采用中断方式进行数据传送，则相应的 CPU 及接口就要具备中断机构，从而实现中断请求、中断判优、中断响应、中断处理和中断返回的功能，以完成实时控制和紧急事件的处理。

中断方式同程序查询方式相比，硬件结构相对复杂一些，服务开销时间也较大。但其最大的特点就是 CPU 效率较高，并且具有实时响应能力。

7.3.3　DMA 传送方式

采用中断传送方式，CPU 与外设交换数据一定程度上提高了微型机的效率。但是，中断传送仍是依靠 CPU 通过执行中断服务程序来完成，每传送一次数据，CPU 就要执行一次中断操作，约需几十微秒到几百微秒来保护现场和保护断点，执行服务程序体，以及在中断返回前还要恢复现场和恢复断点。这对于一些高速的外设，如磁盘、磁带、数据采集系统等就不能满足传送速率上的要求。于是，提出了一种新的数据传送控制方法，该方法的基本思想是：外设与内存之间的数据传送不经过 CPU，传送过程也不需要 CPU 干预，在外设和内存之间开设直接通道由一个专门的硬件控制电路来直接控制外设与内存之间的数据交换，从而提高数据传送速度和 CPU 的效率，而且 CPU 仅在传送开始前和传送结束后花费很少的时间做一些初始化处理。这种方法就是直接存储器存取方式，简称 DMA 方式，用来控制 DMA 传送的硬件控制电路称为 DMA 控制器，简称 DMAC。

　　DMA 方式实际上是把输入/输出过程中外设与内存交换数据的那部分操作与控制交给了 DMA 控制器，这大大减轻了 CPU 对数据传送控制的负担，使 CPU 效率有了显著提高，但是它要求设置 DMA 控制器，电路结构复杂，硬件开销大。

　　为了再进一步提高效率，在大型高效的计算机系统中还引入了通道、I/O 处理机等方式来控制数据的输入/输出操作。数据传送时，究竟采用哪一种方式，则要根据数据传送速率、数据量以及经济性能等指标来决定。

小　　结

　　接口在 CPU 与外设之间起连接和信息中转的作用，包括数据端口、状态端口和控制端口 3 种典型端口。每个端口都有唯一的地址，但一个地址可能对应多个端口。对于 I/O 端口编址有存储器地址统一编址和存储器地址分开独立编址方式，8086 CPU 系统采用独立编址方式。

　　当 CPU 对某一个 I/O 端口进行读/写操作时，需要正确地选中这个端口才能与其进行信息交换，即把来自地址总线上的地址代码进行翻译并指向所需要访问的端口，这就是所谓的端口地址译码问题。I/O 地址译码不仅仅与地址信号有关，而且与控制信号有关。因此，I/O 端口地址译码电路的作用是把地址信号和控制信号进行逻辑组合，从而产生对接口芯片的选择信号（又称为片选信号）。

　　CPU 与 I/O 设备之间交换的数据包括数据信息、状态信息、控制信息，由于外设的复杂性，为了实现 CPU 与 I/O 设备之间的数据传送，通常采用程序控制方式、中断方式和 DMA 方式 3 种数据传送方式。

习　　题

1. 什么是接口？其主要组成是什么？
2. 为什么要用 I/O 接口？
3. 接口有哪些功能？
4. CPU 与 I/O 设备之间一般有哪些交换信息？
5. CPU 与 I/O 接口之间有哪几种数据传送方式？各有何特点？
6. I/O 端口编址方式有哪几种？各有什么特点？8086 系统采用什么编址方式？
7. 简述程序查询方式输入/输出的工作步骤。
8. 简述中断传送方式和 DMA 传送方式。
9. 简述接口的分类。

第8章

中断系统

中断是微机最基本和主要的概念。中断技术使整个计算机系统的工作效率大大提高，特别是在高速的 CPU 与慢速的外设接口更加重要，其应用大大简化了计算机应用中的软件编程工作。8086 CPU 的中断功能比较丰富，有硬件中断和软件中断。8086/8088 是通过中断向量表实现控制转移的。8259A 是实现中断的重要接口芯片之一。

本章要点

- PC 中断的分类、中断向量表；
- 8259 芯片的结构、功能、工作方式；
- 8259 初始化及应用等。

中断系统是微型计算机系统的重要组成部分。在微型计算机中，为了提高 CPU 的工作效率，使系统具有实时功能，设置了中断系统。

8.1 中断的基本概念

中断是微机系统重要的功能之一，其主要目的是当系统出现一些紧急情况时，需要暂停正常程序的运行，转入相应的中断处理程序。中断服务完毕后，CPU 又返回继续执行其原来的任务，即从原断点处继续执行程序，这个过程称为中断。

1. 中断源

发出中断请求的外围设备或引起中断的内部原因称为中断源。可分为硬件中断和软件中断两类中断源。常见的中断源如下：

① 外设中断：系统外围设备要求与 CPU 交换信息而产生的中断。

② 指令中断：由指令系统提供的中断指令的执行所引起的中断。例如，调用 I/O 设备的 BIOS 以及 DOS 系统功能的中断指令。

③ 程序性中断：由于程序编写错误而在运行时所产生的中断。例如，溢出中断、非法除数中断、地址越界中断等。

④ 硬件故障中断：机器在运行过程中，硬件出现偶然性或固定性的错误而引起的中断。例如，奇偶检验错中断、电源故障等。

2. 中断识别

当 CPU 响应外部中断时，只知道有外部中断源请求中断服务，并不知道是哪一个中断源。因此，CPU 需要找到是哪一个中断源发出的中断请求，这就是所谓的中断识别。

中断识别的目的是获取该中断源的中断服务程序的入口地址，CPU 将此地址置入 CS：IP 寄存器，从而实现程序的转移。CPU 识别中断的方法有两种：

① 向量中断法：由中断向量来指示中断服务程序的入口地址。例如，CPU 在中断响应周期中由中断控制器通过数据总线所提供的中断类型号来确定中断源。

② 查询中断法：采用软件或硬件（如串行顺序链电路）查询技术来确定发出中断请求的中断源。

3．中断传送方式的特点

① CPU 与外设在大部分时间内并行工作，有效地提高了计算机的效率。CPU 启动外设后，可继续执行主程序，而不必去查询外设的工作状态，从而使两者并行工作。等外设将数据准备好后，再主动申请中断 CPU 的工作，请求服务。

② 具有实时响应能力，可用于实时控制场合。此时，外部中断源始终处于主动地位，随时可请求 CPU 为其服务。可保证实时控制中现场的许多实时信息随时得到响应。

③ 及时处理异常情况，提高计算机的可靠性。计算机在运行过程中，往往出现一些意想不到的情况或发生一些故障，利用中断功能即可及时进行处理。

中断方式同程序查询方式相比，硬件结构相对复杂一些，服务开销时间也较大。但其最大的特点就是 CPU 效率较高，并且具有实时响应能力。

4．中断功能

中断的过程可归结为：中断请求、中断判优、中断响应、中断处理和中断返回。因此，中断系统应具有以下功能：

（1）能响应中断源提出的请求，为其进行中断服务并返回

中断源包括 I/O 设备、实时钟、故障源及软件中断等，这些可引起中断的事件一旦需要 CPU 为其服务时，就向 CPU 发出请求，CPU 一般在当前指令执行完，且状态为允许中断的情况下响应请求。并且硬件会自动关中断（防止在保留断点和程序转移过程中又有新的中断请求发生）、保留断点、转到相应的中断处理程序入口处，然后执行中断处理程序，由软件完成中断服务。中断处理程序结束，执行返回指令返回断点，继续执行原程序。

要自动转到相应的中断处理程序入口处，就有一个中断源识别问题。只有识别出请求中断的中断源，才能正确地转到相应的中断处理程序处。常用的识别方法有软件识别法和硬件识别法。

软件识别法是在中断响应后，首先进入查询中断源的子程序，由指令逐个查询中断源的状态位，判别是哪个设备发出的中断请求。软件判别法响应速度慢，不能满足实时系统的要求，基本上不使用。

硬件判别法是指向量中断。每一个中断源对应一个中断类型码（中断向量），不同的中断源有不同的中断向量。中断源在申请中断的同时，向 CPU 提供各自的中断类型码，CPU 在中断响应期间读取该向量，转到相应的中断处理程序。

（2）能进行中断优先级判别

在有多个中断源的中断系统中，几个中断源可能同时提出中断请求，此时就要有一个优先级别的问题，即 CPU 应该首先响应哪一个中断源及响应的次序。所谓中断优先级就是按中断源的轻重缓急作一个排队，优先级高的先给予响应。

（3）能实现中断嵌套

接口可利用优先级排队电路或优先级编码器支持中断嵌套功能，但 CPU 是否支持该功能还

取决于中断处理程序的编写。对于单级中断，CPU 响应中断后自动关闭中断，在中断处理程序结束，返回前才由指令打开中断。但对于允许中断嵌套的多级中断来说，则必须在中断处理程序保护好现场之后，打开中断，以允许在中断服务期间有更高优先级的中断源请求服务。

由此可见，中断传送技术是一种软硬件相结合的技术，有的功能由硬件来完成，有的功能则由软件编程实现。

5. 中断优先权

在一个计算机系统中，一般都具有多个中断源，这就意味着在某一时刻会发生多个中断源同时向 CPU 发出中断请求的情况。而 CPU 在一个时刻只能响应并处理一个中断请求，因此 CPU 就需要根据各设备的轻重缓急，优先响应紧迫程度较高的中断请求。为达到此目的，要给每个中断源指定 CPU 响应的优先级，按照优先级别的高低进行排队处理。所以，中断优先权是指多个中断源同时提出中断请求时，CPU 响应中断的次序。

6. 中断嵌套

当 CPU 正在处理某个中断类型的中断时，即在执行当前中断的服务程序时，又有级别更高的新的中断源申请中断服务，这时 CPU 就会中断（挂起）当前的中断服务程序，而转去执行新的中断服务程序，待处理完毕之后，再返回被中断了的前一个中断服务程序继续执行。这种中断的处理方式就称为中断嵌套。

7. 中断处理的一般过程

虽然不同的微型计算机的中断系统有所不同，但实现中断时都有一个相同的中断过程，通常包括以下 4 部分：

（1）中断申请

当外设要求 CPU 为其服务时，都要发送一个"中断请求"信号给 CPU 进行中断申请，CPU 在执行完每条指令后都去检查"中断请求"输入线 INTR，看是否有外部发来的"中断请求"。CPU 对外部的可屏蔽中断申请有权决定是否予以响应。若允许申请中断，则用 STI 指令打开中断触发器 IF；若不允许，则用 CLI 指令关闭中断触发器 IF。

（2）中断响应

当外设发出中断请求信号 INTR 时，如果中断已经开放且没有其他外设申请 DMA 传送，则CPU 在当前指令执行结束时响应中断。CPU 通过总线控制器连续发出两个中断回答信号 INTA 完成一个中断响应周期，以便通知外设其中断请求已被响应，并取回外设送出的中断类型号。CPU通过内部硬件进行断点及标志保存，即将当前正在执行的程序的标志位（FR）、段地址（CS）和偏移地址（IP）依次压入堆栈。接着通过中断类型号在中断矢量表中找到中断服务程序的入口地址（段地址和偏移地址），再分别装入 CPU 的 CS 和 IP 寄存器，然后转入中断服务程序。

（3）中断服务

CPU 执行中断服务程序，完成服务外设的特定任务。为了保护现场，中断服务程序的开始处一般要把中断服务程序中可能要用到的寄存器内容一一压入堆栈。在服务程序的返回指令之前，还要把已压入堆栈的寄存器内容弹出，称为恢复现场。

（4）中断返回

中断服务程序结束时，执行其最后一条中断返回指令，就会自动将保存在堆栈中的标志位及被中断的程序的断点弹出（依次弹出的 6 个字节为 IP、CS 和 FR），并装入程序段地址寄存器和偏移地址寄存器，使程序返回到中断前的地址处继续执行。

8.2　PC 系列机的中断结构

8.2.1　8086 系统的中断类型

PC 中各种类型的中断共有 256 个，为便于 CPU 的识别，对它们进行了统一的编号，称为中断类型码（即 0 号中断至 255 号中断）。如果将这些中断进行分类，则可以分成两大类：内部中断和外部中断。

内部中断是由指令的执行或者软件标志寄存器中某个标志的设置产生的中断，所以又称为软件中断。外部中断是由外部硬件请求产生的中断，所以又称为硬件中断。中断分类图如图 8-1 所示。

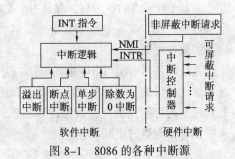

图 8-1　8086 的各种中断源

1. 内部中断

在 PC 中，凡出现主机内硬件发生异常，或 CPU 工作时遇到异常无法进行下去等情况时就会立刻产生内中断。

在内中断中又可以分为专用中断和指令中断两种。

（1）专用中断

① 0 号中断：除数出错中断。当 CPU 执行除法操作时，若除数为 0 或除后所得的商超出机器所表示的范围，则自动引发 0 号中断，并转入相应的除法出错处理程序。由于 0 号中断没有相应的中断指令，也不是由外部硬件引起的，通常称为自陷中断。

② 1 号中断：单步中断。CPU 在执行程序时，每执行一条指令之前，均先检查标志寄存器中的单步执行标志 TF 的状态，若为 1，则在该条指令执行后暂停下一条指令的执行，而自动引发 1 号中断，使程序进入单步中断服务程序。

值得注意的是，引发单步中断后，CPU 将转入单步中断服务程序去执行。该中断服务程序的执行又将由于 TF = 1 而单步执行，显然，这是我们不需要的。为此，1 号中断引发后，在程序转入单步中断服务程序之前，可将标志寄存器以及 CS、IP 的内容保存在堆栈中，然后将 TF 置为 0。这样，单步中断服务程序便可连续执行。待单步中断服务程序执行结束而返回时，曾压入栈中的标志寄存器以及 CS、IP 便会由栈中弹出，CPU 又处于 TF = 1 的单步方式中。当然，上述安排大部分由编程实现，而分别由中断转移和中断返回完成。

③ 3 号中断：断点中断。此中断不是 CPU 处理器内部自动引发的，而是由程序执行中断指令 INT 03H 引起的；它用于设置程序中的断点，是 8086 提供的一种调试手段。

所谓断点处理，是指程序执行过程中，既不从头到尾地自动执行，也不是一条一条指令地单步执行，而是在程序中预先设置的断点地址处暂停执行。显然断点处理（执行）在调试程序的过程中有很重要的价值。相比之下，单步执行适用于规模较小的程序调试，而断点处理适用于较长的程序调试。

④ 4 号中断：溢出中断。溢出中断用 INTO 指令表示。当程序在执行过程中发生溢出（OF=1）时，且又正在执行中断溢出指令（INTO），则引发 4 号中断。PC 系统本身不提供溢出中断服务程序，至于溢出后应做何具体处理，则由用户自己确定，并编写进 4 号中断的中断服务程序之中。再者，如果程序运行中确实产生了溢出（OF = 1），但无 INTO 指令配合时，也不会引发 4 号中断。

因此，在程序中若需要对某些溢出加以监测控制时，才在程序的适当位置插入中断溢出指令（INTO），以便引发溢出中断。为此，可将 INTO 指令看成 INT 04H（4 号软中断），当然应在 OF = 1 的条件配合下才可如此。否则（OF=0），该 INTO 指令无效。

（2）指令中断（INT n 指令）

它和 INT 和 INTO 一样，都是引起 CPU 中断响应的指令中断，所不同的是 INT 和 INTO 是单字节指令，而 INT n 是双字节指令，第二个字节是类型号 n。INT n 主要用于系统定义和用户自定义的软件中断。

系统的基本 I/O：BIOS 中断调用，为用户提供了直接与 I/O 设备打交道的功能，而不必了解设备硬件接口的具体细节。DOS 功能调用（INT 21H）则使用户可以方便地实现对磁盘文件的存取管理、内存空间的申请或修改等操作。用户自己定义的软件中断则是利用保留的中断类型号来扩充自己需要的中断功能。

2. 外部中断

外部中断可以分为非屏蔽中断（NMI）和可屏蔽中断（INTR）。

（1）非屏蔽中断（NMI）

NMI 指用户不能用软件屏蔽的中断，它是通过 8086 的 NMI 引脚进入的。非屏蔽中断不受中断允许标志 IF 的影响，当 NMI 线上一旦有请求时，CPU 便在执行完当前指令后，立即予以响应。所以，这种中断通常用来处理系统的重大故障，如系统的掉电处理、内存或 I/O 总线的奇偶错误等。

（2）可屏蔽中断（INTR）

8086 的 INTR 中断请求信号来自中断控制器 8259A，是电平触发方式，高电平有效。所以，多个外设的中断请求由 8259A 集中管理，按预先的编程设置进行中断优先权排队，向 8086 发出 INTR 中断请求，并产生优先权最高的中断类型号。

8086 中上述中断的优先级别由高到低的顺序为：除数错、INT n、INTO、NMI、INTR、单步中断。

8.2.2　中断向量和中断向量表

1. 中断向量与中断向量表简介

中断向量是中断服务程序的入口地址。它包括中断服务程序的段基址（CS）和偏移地址（IP），共 4 个字节。每一个中断服务程序都有一个确定的中断向量。把系统中所有的中断向量集中起来放到存储器的一个区域内，则这个区域就叫做中断向量表。每一个中断服务程序与该表内的中断向量有着一一对应的关系。中断向量表中每一个中断向量都有一个向量序号，称为中断类型号，是系统分配给每个中断源的代号。8086 把存储器从最低端 0000H 开始到 03FFH 的内存区域作为中断向量表，共有 1 024 个存储单元。由于每个中断向量需占用 4 个字节的地址空间，对应的中断类型号为 0~255，可容纳 256 个中断向量。中断类型号在中断处理过程中起着很重要的作用，CPU 通过它才能找到中断服务程序的入口地址。CPU 对系统中不同类型的中断源，获取其中断类型号的方法也不相同，例如，对于外部可屏蔽中断 INTR 的中断类型号，是在中断响应周期中由中断控制器 8259A 提供的。对于指令中断 INT nH 的中断类型号就是 nH，由中断指令直接给出。对于像不可屏蔽中断 NMI 一类的特殊中断，其中断类型号是由系统预先设置好的（如 NMI 的中断类型号为 02H 等），如图 8-2 所示。

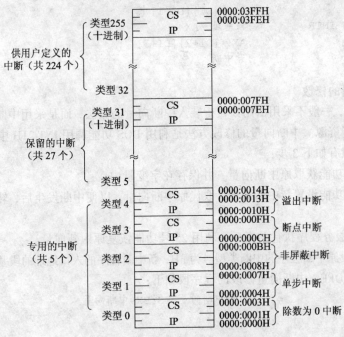

图 8-2　8086 的中断向量表

2．中断向量指针

为了便于在中断向量表中查找中断向量，通常设置一个中断向量指针，由其指出中断向量存放在中断向量表中的最低地址字节的位置。中断类型号与中断向量指针的关系如下：

中断向量最低字节的指针＝中断类型号（n）×4

例如，对于中断类型号为 17H 的中断服务程序存放在 1234（CS）：5678（IP）开始的内存中，由于 17H 对应的中断向量指针为 17H×4=5CH，即中断向量在中断向量表中的 0000:005CH 处开始存放，前两个单元存放入口地址（中断向量）的偏移量 IP，低位在前，高位在后，后两个单元存放入口地址的段地址 CS，也是低位在前，高位在后。所以，中断向量在 0 段 005CH、005DH、005EH、005FH 这 4 个单元中的值分别为 78H、56H、34H、12H。

对于同一个中断类型号，其中断向量的内容是可以改变的。对中断向量进行修改，就表示改变了中断服务程序在内存中的起始地址（入口地址）。

3．中断向量的装入

用户编写的中断服务程序，需要由程序装入内存指定的位置，并把该位置填写在中断向量表中。

【例 8.1】假设中断类型号为 60H，中断服务程序的段基址是 SEG_INTR，偏移地址是 OFFSET_INTR，则填写中断向量表的程序段为：

```
…
CLI                    ;关中断
CLD                    ;地址增量
MOV  AX,0
MOV  ES,AX             ;ES 设置为 0 段
MOV  DI,4*60H          ;中断向量指针→DI
MOV  AX,OFFSET_INTR    ;偏移地址→AX
```

```
STOSW                       ;AX→[DI][DI+1]中
MOV  AX,SEG_INTR            ;段基址→AX
STOSW                       ;AX→[DI+2][DI+3]
STI                         ;开中断
…
```

4. 中断向量的修改

在 PC 系统中，一般不采用由用户自行装入中断向量的做法，而是采用中断向量修改的办法来使用系统的中断资源。中断向量的修改方法是利用 DOS 功能调用 INT 21H 中的 35H 号和 25H 号功能。修改步骤有如下 3 步：

① 用 35H 号功能获取原中断向量，并保存在字变量中。

② 用 25H 号功能设置新中断向量，取代原中断向量，以便中断发生后，转移到新中断服务程序中。

③ 在新中断服务程序执行结束后，利用 25 号功能恢复原中断向量。

【例 8.2】假设原中断程序的中断类型号为 nH，新中断程序的入口地址的段基址为 NEW_SEG，偏移地址为 NEW_OFF。中断向量修改的程序段如下：

```
MOV  AH,35H                ;取原中断向量,ES:BX=中断向量
MOV  AL,nH
INT  21H
MOV  OLD_OFF,BX            ;保存原中断向量
MOV  BX,ES
MOV  OLD_SEG,BX
…
MOV  AH,25H                ;设置新中断向量,DS:DX=中断向量
MOV  AL,nH
MOV  DX,NEW_SEG
MOV  DS,DX
MOV  DX,NEW_OFF
INT  21H
…
MOV  AH,25H                ;恢复原中断向量
MOV  AL,nH
MOV  DX,OLD_SEG
MOV  DS,DX
MOV  DX,OLD_OFF
INT  21H
```

5. 中断程序设计的一般规律

中断程序设计，对于软件中断、NMI 中断以及可屏蔽中断略有差别，可屏蔽中断的程序设计较为复杂。由于可屏蔽中断受中断允许寄存器的控制并使用中断控制器来扩充中断源，因此要设计中断允许状态和编程中断控制器。可屏蔽中断的程序要解决两方面的问题，一是中断的初始化工作，包括设置中断向量、初始化堆栈指针、初始化中断控制器 8259A，还要将微处理器设置成中断允许状态，这些通常在程序中完成。另一方面是中断服务程序，首先保护现场，将中断服务程序要用的工作寄存器内容压入堆栈，接着是中断处理程序主体。处理完中断任务后，恢复现场，弹出压入堆栈的工作寄存器内容，给 8259 送中断结束命令 EOI，最后安排中断返回指令 IRET。

在中断响应周期，处理器自动将标志寄存器的内容压入堆栈，清除 IF 和 TF 的标志，将 CS 和 IP 压入堆栈，并以中断响应周期读取的类型码为索引进入中断处理程序。在进入中断服务程序之前，微处理器把中断前的中断控制寄存器状态（IF、TF）保存起来并自动关闭中断，直至执行 IRET 指令中断返回时才恢复原来的中断允许状态（IF=1）。如果在中断处理过程中允许中断嵌套，就需要在中断处理程序的适当位置安排开中断的指令 STI，将 IF 置 1。类似地，中断响应以后，8259A 的中断服务寄存器 ISR_i 被置 1，它屏蔽 8259 同级和低级中断源的申请直到给 8259 送中断结束命令 EOI。如果在第 i 级的中断处理过程中允许同级和低级中断发生嵌套，也需要在中断处理程序的适当位置给 8259 送 EOI 命令。

8.3　可编程中断控制器 8259A

8.3.1　8259A 的引脚信号和内部结构

8259A 芯片是由美国 Intel 公司研制生产的，其功能强大，可以对中断源进行优先级判别，当被 CPU 响应后，可以向 CPU 提供中断矢量号 n，还可以根据中断源的需要屏蔽中断请求。一片 8259A 可以管理 8 级中断源，并且可以通过级联扩展。

8259A 可编程中断控制器，主要用于管理外部中断请求。因为 8086 CPU 芯片的外部中断请求引脚 INTR 只有一根，但外部中断源可以有多个，所以在 PC 系列微机中用 8259A 可编程中断控制器来协助 CPU 管理外部中断源。

1. 8259A 的引脚及其功能

8259A 为 28 脚双列直插式封装，外部引脚排列如图 8-3 所示。主要引脚功能如下：

① $D_0 \sim D_7$：双向数据总线。CPU 用来传送命令，接收状态和读取中断向量。

② $CAS_0 \sim CAS_2$：级联总线，双向。主控 8259A 与从控 8259A 的连接线。主控时该总线为输出，从控时则为输入。

③ $IR_0 \sim IR_7$：外设中断请求线，输入。从外设送来的中断请求由这些引脚输入到 8259A。在边沿触发方式中 IR 输入应有由低到高的上升沿，此后保持为高电平，直到被响应。在电平触发方式中，IR 输入应保持高电平直到被响应为止。

图 8-3　8259A 的外部引脚

④ $\overline{SP}/\overline{EN}$：主从定义/缓冲器方向引脚，是一个双功能引脚。在非缓冲方式中用做输入线，指定 8259A 为主控制器（$\overline{SP}/\overline{EN}$ =1）或从控制器（$\overline{SP}/\overline{EN}$ =0）。在缓冲方式中用做输出线，控制缓冲器的接收/发送。

⑤ $\overline{INTA}$：中断响应引脚，输入。接收 CPU 发送来的 2 个中断响应脉冲，第一个 $\overline{INTA}$ 用来通知 8259A，其中断请求已被响应；第二个 $\overline{INTA}$ 作为读操作信号，读取 8259A 所提供的中断类型号。

⑥ $\overline{CS}$：片选信号，输入，低电平有效。有效时，CPU 选中 8259A，允许对其进行读/写操作。注意，不论该信号是否有效，都不会影响 $\overline{INTA}$ 读取 8259A 所提供的中断类型号。

⑦ $\overline{WR}$：写信号，输入，低电平有效。

⑧ $\overline{RD}$：读信号，输入，低电平有效。

⑨ A_0：地址线，输入。该引脚与片选、读/写信号联合使用，作为对 8259A 内部端口的寻址信号。

⑩ Vcc 和 GND：8259A 的+5 V 电源和地线。

2. 8259A 的内部结构

8259A 的内部结构如图 8-4 所示。

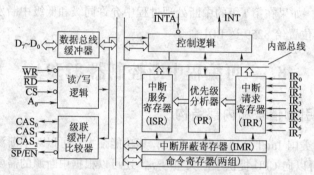

图 8-4 8259A 内部结构框图

（1）中断请求寄存器（IRR）

用于存放来自 IR 线上正在请求服务的中断源，具有锁存功能。IRR 的 8 位（$D_0 \sim D_7$）分别对应连接在 $IR_0 \sim IR_7$ 输入线上的外设所产生的中断请求，哪根输入线上有请求信号，哪位就置"1"。

（2）优先级分析器（PR）

PR 负责检查并确定 IRR 中置"1"位的中断源的优先级。选择优先级最高的中断源，并为其向 CPU 提出申请，在中断响应时将其送入中断服务寄存器 ISR 的对应位中。

（3）中断服务寄存器（ISR）

用来存放正在被服务的中断源。在中断响应后，第一个中断回答 $\overline{INTA}$ 周期将获准中断请求的中断源在相应的 ISR 中置位。例如，如果 IR_2 获准，则 ISR 中相应的 IS_2 位置位，表示 IR_2 正处于被服务之中。因此，ISR 用来存放所有正在被服务的中断源，包括尚未服务结束而中途被更高优先级中断所打断了的中断源。

（4）中断屏蔽寄存器（IMR）

IMR 中的内容置"1"，则表示对 IRR 对应位的中断源实施屏蔽，即禁止该对应位的 IR 提出中断请求。

（5）级联缓冲/比较器

用于多片级联以及数据缓冲方式。在级联方式中，主片和从片之间将 $CAS_0 \sim CAS_2$ 互连成专用总线。主片将中断请求被响应的从片标志号 ID 通过 $CAS_0 \sim CAS_2$ 级联总线传送到从片，通知中断被响应。从片收到标志号后，与自身的标志号比较，如果相符，则在第二个 $\overline{INTA}$ 周期把中断类型号送到数据总线上。

（6）读/写控制逻辑

CPU 对 8259A 的读/写操作除 $\overline{INTA}$ 信号做读取中断类型号的特殊读操作之外，一般的读/写操作都是由 $\overline{CS}$、$\overline{WR}$、$\overline{RD}$、A_0 这几个输入信号控制。该部件的功能是接收 CPU 送来的命令，包括初始化命令字和操作命令字，并把它们保存到有关的寄存器中。该部件还可以将 8259A 的状态信息传送到数据总线上。

（7）命令寄存器

8259A 内部有 7 个 8 位的命令寄存器，被分为两组，第一组命令寄存器共有 4 个，用来存储初始化命令字（Initialization Command Word，ICW），分别称为 $ICW_1 \sim ICW_4$，这 4 个初始化命令字用来对 8259A 工作方式和工作条件进行设置，要在上电时由程序设置好，在以后的工作过程中一般就不再改变；第二组命令寄存器有 3 个，用来存储操作命令字（Operation Command Word，OCW），分别称为 $OCW_1 \sim OCW_3$，这 3 个操作命令字用来动态地控制中断处理过程，比如对中断的屏蔽操作等，并且它们可以被多次设置。

8.3.2 8259A 的工作方式

8259A 具有多种工作方式，可以通过编程进行选择使用。

1．中断触发方式

（1）边沿触发方式

IR 线以上升沿向 8259A 请求中断，在上升沿后可一直维持高电平，不会再产生中断。

（2）电平触发方式

IR 线以高电平向 8259A 请求中断，但在响应中断后必须及时清除该高电平，以免引起第二次误中断。

（3）中断查询方式

外设通过 8259A 申请中断，但 8259A 却不使用 INT 信号向 CPU 申请中断，CPU 只能用软件查询的方法来确定中断源，并为其服务。

2．连接系统总线方式

8259A 连接系统总线的方式有两种：缓冲方式和非缓冲方式。

（1）非缓冲方式

将 8259A 直接与系统数据总线相连接，一般用于小系统中。例如，只有一片 8259A 的系统，就可采用非缓冲方式。

（2）缓冲方式

将 8259A 通过总线驱动器和数据总线相连接，一般用于较大的系统中。例如，采用多片8259A 级联组成的主从式系统，多采用这种方式。

3．优先级排队方式

（1）一般全嵌套方式

一个中断请求响应后，自动屏蔽同级和低级中断请求，只开放高级中断请求。在此种方式下，中断优先级按 $IR_0 \sim IR_7$ 顺序进行排队，其中 IR_0 具有最高优先级。这是 8259A 最常用的一种优先级排队方式。

（2）特殊全嵌套方式

一个中断请求响应后，只屏蔽低级中断请求，开放同级和高级中断请求。它和一般全嵌套方式基本相同，所不同的是在执行某一级中断服务程序时，可以响应同级或更高级的中断请求，从而实现对同级中断请求的特殊嵌套。此种方式多用于多片级联方式，这是因为主片在对一个从片的中断请求处理过程中，还必须能够对同一个从片上另外的 IR 输入端来的中断请求进行服务。

（3）优先级自动循环方式

在这种方式下，优先级排队顺序不是固定不变的，当某一个中断源受到中断服务后，其优先级自动降为最低，其后面的一个中断源优先级则自动轮换为最高。这种方式最初优先级排队顺序规定为 IR_0，IR_1，…，IR_7，优先级依次降低。例如，当 IR_2 受到中断服务后，则 IR_3 优先级自动变为最高，优先级排队顺序变为 IR_3，IR_4，…，IR_2。该方式通常用于要求多个中断源优先级相同的场合。

（4）优先级特殊循环方式

这种方式与优先级自动循环方式基本相同，唯一的区别是，其初始的优先级顺序不是固定的 IR_0 为最高，然后开始轮换循环，而是由程序预先指定 $IR_0 \sim IR_7$ 中任意一个为最低优先级，然后再按照自动循环方式决定优先级。例如，编程时设定 IR_5 为最低优先级后，IR_6 则自动变为最高优先级，优先级排队顺序变为 IR_6，IR_7，…，IR_5。

4. 屏蔽中断源方式

8259A 的每一个中断请求输入都可以由中断屏蔽寄存器 IMR 进行屏蔽。

（1）一般屏蔽方式

利用操作命令字 OCW_1，使 IMR 中的一位或几位置"1"来屏蔽一个或几个中断源的中断请求。

（2）特殊屏蔽方式

在某些应用场合，在执行某一个中断服务程序时，要求允许另一个优先级比它低的中断请求被响应，此时可采用特殊屏蔽方式。它可通过 OCW_3 进行设定和复位。

5. 结束中断处理方式

（1）自动中断结束方式

该方式称为 AEOI 方式，是指系统一旦进入中断处理过程，8259A 即自动将中断服务寄存器 ISR 的对应位清除，不需要在中断程序结束前用中断结束命令清除对应位。这种方式使用简单，但只能用于单片 8259A 并且多个中断不会嵌套的系统中。对于主从式结构一般不采用自动中断结束方式。

（2）中断结束命令方式

该方式是在中断服务程序结束之前，向 8259A 发出中断结束命令（EOI），8259A 才会使 ISR 中的当前服务位清除。在级联方式下，EOI 命令必须发送两次：一次供主片 8259A 使用，另一次供从片 8259A 使用。

8.3.3　8259A 的初始化命令字

由于 8259A 只有一条地址线 A_0，从系统角度看，8259A 可具有两个端口地址，8259A 只是根据 A_0 信号线的高低不同来判断是哪一个端口被访问。当 $A_0=0$ 时，认为是偶地址端口被访问；当 $A_0=1$ 时，认为是奇地址端口被访问，并且偶地址要低，奇地址要高。因此，在下面命令字的说明中，在其旁边同时标出 8259A 的 A_0 信号线的取值，来说明这个命令字究竟被填写到哪一个端口。另外，初始化命令字必须按照一定的顺序写入，不可更改次序。

8259A 的初始化命令字共有 4 个，其中 ICW_1 被写入偶地址端口，$ICW_2 \sim ICW_4$ 被写入奇地址端口。

1. ICW_1 的格式与含义

ICW_1 称为芯片控制初始化命令字，要求写入偶地址端口，各位的具体含义如下：

A$_0$	D$_7$	D$_6$	D$_5$	D$_4$	D$_3$	D$_2$	D$_1$	D$_0$
0	—	—	—	1	LTIM	ADI	SNGL	IC$_4$

① D$_7$～D$_5$：这 3 位在 8086 系统中不使用，可取任意值，一般取 0。

② D$_4$：特征位，必须为 1。因为后面介绍的 OCW$_2$ 和 OCW$_3$ 也是写入 8259A 的偶地址端口，为了区分，OCW$_2$ 和 OCW$_3$ 的 D$_4$ 位总是为 0，这样 8259A 即可识别写入的是哪一个命令字。

③ D$_3$（LTIM）：中断触发方式控制位。D$_3$=1，为电平触发；D$_3$=0，为上升沿触发。

④ D$_2$（ADI）：该位在 8086 系统中不使用，可以取任意值，一般取 0。

⑤ D$_1$（SNGL）：单片/多片指示位。D$_1$=1，表示系统中只有一片 8259A，单独使用；D$_1$=0，表示系统中有多片 8259A，并处于级联状态。

⑥ D$_0$（IC$_4$）：该位用来表明初始化程序是否设置 ICW$_4$ 命令字，如果需要设置则该位必须为 1。对于 16 位以上的微机系统（如 8086），该位必须为 1。对于 8 位微机系统（如 8085）则不需要设置 ICW$_4$，故该位可写 0。

2. ICW$_2$ 的格式与含义

ICW$_2$ 是用来设定中断类型号的命令字，必须写入奇地址端口。

8259A 提供给 CPU 的中断类型号是一个 8 位代码，由初始化命令 ICW$_2$ 提供。但由于 ICW$_2$ 的低 3 位设计给 8 位计算机使用，只有高 5 位能用，因此在初始化编程时，只须填写命令字 ICW$_2$ 的高 5 位，而其低 3 位由中断请求线 IR 的二进制编码决定（例如，如果是 IR$_6$ 引入的中断，则低 3 位编码就是 110），并且是在第一个 $\overline{INTA}$ 信号到来时，8259A 将这个编码写入低 3 位的。可见，对于同一片 8259A 的 8 个中断源的中断类型号的高 5 位都相同。因此，在设置 ICW$_2$ 时，只填写高 5 位即可。

ICW$_2$ 各位的具体含义如下：

A$_0$	D$_7$	D$_6$	D$_5$	D$_4$	D$_3$	D$_2$	D$_1$	D$_0$
1	T$_7$	T$_6$	T$_5$	T$_4$	T$_3$	0	0	0

① D$_2$～D$_0$：这 3 位由 IR$_i$ 输入线的编码确定，取 0。

② D$_7$～D$_3$：中断类型号的高 5 位。

【例 8.3】在 PC 中断系统中，硬盘中断类型号的高 5 位是 08H，其中断请求线连到 8259A 的 IR$_5$ 上，在向 ICW$_2$ 写入中断类型号时，只写高 5 位（08H），低 3 位取 0，程序段为：

```
MOV  AL,08H        ;ICW₂的内容,中断类型号的高5位
OUT  21H,AL        ;写入8259A的端口
```

当 CPU 响应硬盘中断请求后，8259A 就把 IR$_5$ 的编码 101 作为低 3 位与 ICW$_2$ 的高 5 位合并构成一个完整的 8 位中断类型号 0DH，通过数据总线提供给 CPU。

可见，外部中断源的中断类型号（8 位代码）是由两部分构成的，即高 5 位（ICW$_2$）加上低 3 位（IR$_i$ 的编码）。

3. ICW$_3$ 的格式与含义

ICW$_3$ 是用来设定主片/从片的命令字，必须写入奇地址端口。ICW$_3$ 的具体格式与所要设置的 8259A 是主片还是从片有关。显然，只有当系统中含有多片 8259A 时，该命令字才有效。

如果 8259A 为主片，则 ICW$_3$ 各位的具体含义如下：

A_0	D_7	D_6	D_5	D_4	D_3	D_2	D_1	D_0
1	IR_7	IR_6	IR_5	IR_4	IR_3	IR_2	IR_1	IR_0

当主片输入端 IR_i 线上连接有从片的中断请求 INT 时，$D_i=1$；否则 $D_i=0$。

【例 8.4】当主片 8259A 的 IR_3 和 IR_6 两个输入端分别连接有从片的中断请求 INT 时，主片的 $ICW_3=01001000B=48H$，可以用下面的程序段来设置主片：

```
MOV  AL,48H        ;ICW3的内容(主片)
OUT  21H,AL        ;写入主片8259A的端口
```

如果 8259A 为从片，则 ICW_3 各位的具体含义如下：

A_0	D_7	D_6	D_5	D_4	D_3	D_2	D_1	D_0
1	—	—	—	—	—	ID_2	ID_1	ID_0

① $D_7 \sim D_3$：这 5 位不用，一般都取 0。

② $D_2 \sim D_0$：这 3 位是 3 位从片的标志码，其取值与从片的 INT 端究竟连接在主片的哪条 IR 引脚有关，共有 8 种编码。例如，某个从片的 INT 端连接到主片的 IR_3 引脚上，则标志码为 011。在级联方式中，主片的 $CAS_0 \sim CAS_2$ 连接到所有从片的 $CAS_0 \sim CAS_2$ 上，主片通过这 3 条专用总线向从片送出标志识别码 ID，从片接收到这个 ID 后，即判断自身的标志码是否与这个 ID 的取值一致，如果相同，从片就对 $\overline{INTA}$ 信号作出响应，否则不予响应。

【例 8.5】设从片的 INT 端连接到主片的 IR_3 输入端，则从片的 $ICW_3=00000011B=03H$，可以用下面的程序段来设置从片：

```
MOV  AL,03H        ;ICW3的内容(从片)
OUT  0A1H,AL       ;写入从片8259A的端口
```

4. ICW_4 的格式与含义

ICW_4 称为方式控制初始化命令字，必须写入奇地址端口。各位的具体含义如下：

A_0	D_7	D_6	D_5	D_4	D_3	D_2	D_1	D_0
1	—	—	—	SFNM	BUF	M/S	AEOI	μPM

① $D_7 \sim D_5$：这 3 位在 8086 系统中不使用，可取任意值，一般取 0。

② D_4（SFNM）：嵌套方式控制位。$D_4=1$ 为特殊全嵌套方式；$D_4=0$ 为一般全嵌套方式。由于特殊全嵌套方式一般用于主从式结构中，主片采用特殊全嵌套，而从片则工作于其他方式。

③ D_3（BUF）：缓冲方式控制位。$D_3=1$，8259A 工作在缓冲方式，此时 $\overline{SP}/\overline{EN}$ 引脚为输出线，用来控制总线缓冲器的数据传送方向；$D_3=0$，8259A 工作在非缓冲方式，此时 $\overline{SP}/\overline{EN}$ 引脚为输入线，用做主/从控制。

④ D_2（M/S）：当选用缓冲方式时，M/S=1 表示 8259A 为主片；M/S=0 表示 8259A 为从片。当 BUF=0 时，M/S 不起作用，此时主/从分配由 $\overline{SP}/\overline{EN}$ 决定。

⑤ D_1（AEOI）：自动结束中断位。若 AEOI=1，则 8259A 采用自动结束中断方式；若 AEOI=0，则采用正常结束中断方式。

⑥ D_0（μPM）：若 μPM=0，则 8259A 适用于 8080、8085CPU；若 μPM=1，则适用于 8086、8088 CPU。

【**例 8.6**】设 PC 中 CPU 为 80286，一片 8259A，与系统总线之间采用缓冲器连接，工作在非自动中断结束方式，一般全嵌套，则 ICW_4=00001101B=0DH，可以用下面的程序段来设置8259A：

```
MOV  AL,0DH              ;ICW4 的内容
OUT  21H,AL             ;写入 8259A 的端口
```

8.3.4 8259A 的操作命令字

8259A 共有 3 个操作命令字，分别为 OCW_1、OCW_2、OCW_3，其中 OCW_1 必须写入奇地址端口，OCW_2 和 OCW_3 必须写入偶地址端口。与初始化命令字不同的是，在写入时并没有严格的次序要求，可以在任何时候写入。

1. OCW_1 的格式与含义

OCW_1 称为中断屏蔽操作命令字，要求写入奇地址端口，各位的具体含义如下：

A_0	D_7	D_6	D_5	D_4	D_3	D_2	D_1	D_0
1	M_7	M_6	M_5	M_4	M_3	M_2	M_1	M_0

当其中的某一位为 1 时，则对应于该位的中断请求被屏蔽，如果为 0，则被允许。例如，OCW_1=00101001B=29H，则 IR_5，IR_3，IR_0 上的中断被屏蔽，其余的被允许。

【**例 8.7**】中断屏蔽寄存器的内容不但可以设置，还可以读出。编写一段检查 IMR 的程序，要求把写入的内容与读出的内容进行比较，如果不同则出错。程序段如下：

```
MOV     AL,00H      ;OCW1 的内容,置 IMR 为全 0
OUT     21H,AL      ;写入 8259A 的端口
IN      AL,21H      ;读 IMR
OR      AL,00H      ;检查是否全 0
JNZ     DER         ;不全为 0,转出错
MOV     AL,0FFH     ;OCW1 的内容,置 IMR 为全 1
OUT     21H,AL      ;写入 8259A 的端口
IN      AL,21H      ;读 IMR
ADD     AL,01H      ;检查是否全 1
JNZ     DER         ;不全为 1,转出错
```

2. OCW_2 的格式与含义

OCW_2 是用来设置优先级循环方式和中断结束命令方式的操作命令字，要求写入偶地址端口。各位的具体含义如下：

A_0	D_7	D_6	D_5	D_4	D_3	D_2	D_1	D_0
0	R	SL	EOI	0	0	L_2	L_1	L_0

① D_7（R）：该位用来控制 8259A 的中断优先级循环操作。如果 R=1，则采用优先级循环方式；如果 R=0，则为非循环方式。

② D_6（SL）：该位用来设置需要指定的操作。如果 SL=1，表示 $L_2L_1L_0$ 这 3 位有效，否则无效。

③ D_5（EOI）：如果 8259A 不是工作在自动中断结束方式，必须通过该位的设置来结束中断。当 EOI=1 时，则使中断服务寄存器中对应位复位。

④ $D_4 D_3$：特征位，必须为 00。

⑤ $D_2 \sim D_0$：L_2、L_1、L_0 这 3 位编码与 R、SL、EOI 配合使用，可以实现不同的功能，解释如下：

- 当 R=1，SL=0，EOI=0 时，L_2、L_1、L_0 无效，设置 8259A 为自动优先级循环方式。
- 当 R=1，SL=1，EOI=0 时，L_2、L_1、L_0 有效，设置 8259A 为特殊优先级循环方式，L2、L1、L0 的取值将指定一个级别最低的优先级，从而确定初始优先级。例如，L_2、L_1、L_0=101，表示编程时设定 IR5 为最低优先级，则 IR6 自动变为最高优先级，优先级排队顺序变为 IR6，IR7，…，IR5。
- 当 R=1，SL=1，EOI=1 时，L_2、L_1、L_0 有效，8259A 将指定 ISR 中的 IS_n 位清 0，表示对应的中断已经处理完毕。IS_n 位由 L_2、L_1、L_0 的取值来确定。例如，当 $L_2 L_1 L_0$=100 时，则对应于 IS4 位。该命令用于优先级特殊循环方式。执行完毕，当前的最低优先级是 IS_n。
- 当 R=1，SL=0，EOI=1 时，L_2、L_1、L_0 无效，8259A 将把 ISR 中正在处理的最高优先级的服务位清 0，并使 8259A 工作在非循环的工作方式。此命令用于全嵌套方式。
- 当 R=0，SL=1，EOI=1 时，L_2、L_1、L_0 有效，8259A 将指定 ISR 中的 IS_n 位清 0，表示对应的中断已经处理完毕。IS_n 位是由 L_2、L_1、L_0 的取值来确定。8259A 仍然工作在非优先级循环方式。
- 当 R=0，SL=1，EOI=0 时，OCW_2 无意义。
- 当 R=0，SL=0，EOI=0 时，L_2、L_1、L_0 无效，8259A 将结束自动优先级循环方式。

3. OCW_3 的格式与含义

OCW_3 用来设置查询中断方式、屏蔽方式以及读取 IRR、ISR 的操作命令字，要求写入偶地址端口。各位的具体含义如下：

A_0	D_7	D_6	D_5	D_4	D_3	D_2	D_1	D_0
0	0	ESMM	SMM	0	1	P	RR	RIS

① D_7：该位必须为 0。

② D_6（ESMM）：特殊屏蔽方式允许位，置 1 时，D_5（SMM）位有效，若为 0 则 D_5（SMM）位无效。

③ D_5（SMM）：特殊屏蔽方式位。当 D_6（ESMM）位为 1 时，该位有效。如果该位置 1，则设置 8259A 工作于特殊屏蔽方式。如果该位为 0，则恢复原来的优先级工作方式。

④ $D_4 D_3$：特征位，必须为 01。

⑤ D_2（P）：中断查询方式位。当 P=1 时，8259A 工作于中断查询方式，此时的 D_1（RR）和 D_0（RIS）两位无效。当 CPU 发出该查询命令字后，接着执行一条读查询字的输入指令（A_0=0），8259A 即将查询字送到数据总线上。该查询字的格式如下：

D_7	D_6	D_5	D_4	D_3	D_2	D_1	D_0
I	—	—	—	—	W_2	W_1	W_0

- 最高位 D_7=1 表示有外设请求中断，则 $D_2 \sim$ D0 有效；D_7=0 表示没有外设请求中断，则 $D_2 \sim D_0$ 无效。
- $D_6 \sim D_3$：这 4 位无效。
- $D_2 \sim D_0$：当 I=1 时，这 3 位的组合表示外设申请中断的中断源。例如，$D_2 \sim D_0$=110，则表示当前申请中断的中断源为 IR_6。

⑥ D_1（RR）和 D_0（RIS）：这两位配合使用，可以读出 IRR 和 ISR 的内容。当 P=0 时，这两位有效。CPU 发出该命令后，接着执行一条输入指令（偶地址），即可读出指定寄存器的内容。

如果 P=0，RR=1，RIS=0，表示要读出 IRR 寄存器的内容。

如果 P=0，RR=0，RIS=1，表示要读出 ISR 寄存器的内容。

8.3.5　8259A 的初始化流程

在中断系统运行之前，系统中的每一片 8259A 都必须按照一定的顺序接收 CPU 送来的 2～4 个 ICW 初始化命令字，对其进行初始化。8259A 的初始化流程如下：

① 通过 ICW_1 设置 8259A 是否级联、请求信号格式以及后面是否设置 ICW_4。

② 通过 ICW_2 设置中断类型码。

③ 如果 ICW_1 设置了级联方式，则转向④，否则转向⑤。

④ 根据当前的 8259A 是主片还是从片，设置 ICW_3。

⑤ 如果不需设置 ICW_4，则转向⑥；如果需要设置 ICW_4，则通过 ICW_4 设置是否为特殊全嵌套方式、是否为缓冲方式、是否为自动结束中断方式、是否为 8086 系统。

⑥ 结束初始化流程。

初始化命令一定要按规定的顺序写入，其流程图如图 8-5 所示。对于以上初始化流程应注意以下几点：

① 设置初始化命令字时，端口地址是有规定的，即 ICW_1 必须写偶地址端口，ICW_2～ICW_4 必须写奇地址端口。

② ICW_1～ICW_4 的写入次序是固定的，不可颠倒。

③ 对于每一片 8259A，ICW_1 和 ICW_2 都是必须设置的，但 ICW_3 和 ICW_4 并非都需要设置。只有在级联方式下，不管是主片还是从片，都需要设置 ICW_3；只有在 8086 系统或需要设置特殊全嵌套方式、缓冲方式、自动结束中断方式等情况下，才需要设置 ICW_4，并且要在 ICW_1 中预先指明。

图 8-5　初始化流程图

④ 在级联方式下，主片和从片的 ICW3 是不相同的。主片的 ICW3 中，各位对应本片 IR_0～IR_7 引脚的连接情况；从片的 ICW_3 中，高 5 位为 0，低 3 位为本片的标识码。而从片的标识码又与它连接在主片 IR_0～IR_7 中哪条引脚有关。

8.3.6　8259A 在微机系统中的应用

1．8259A 在系统中的连接

IBM PC/XT 的中断管理系统，使用了一片 8259A。

系统将 8259A 的 8 条中断线输入线占用了 7 条，所接外部电路的名称如图 8-6 所示。其中时钟中断的级别最高，键盘次之，而并行打印机的级别最低。IR2 保留未用，并已引至系统总线 B4 端，即 IRQ2 信号，可供用户扩展硬件中断功能使用。

2．微机系统中 8259A 编程命令的使用

8259A 有两类编程命令：初始化命令字（ICW）和操作命令字（OCW）。

8259A 的初始化编程，在 PC 中由系统软件来做，并且在开机上电时就已经做好。不需要也不允许用户自己去做，否则，将对微机的中断系统产生很大干扰，甚至破坏。因此，对 8259A 初始

化,一般只在用户开发的试验板上进行。如果是在 PC 上开发中断程序,则不要使用 $ICW_1 \sim ICW_4$ 进行初始化,因为系统已经做好了。只需使用 8259A 的两个操作命令 OCW_1 和 OCW_2 进行中断屏蔽/开放和发送中断结束命令。在实际应用中,OCW_3 用得较少。

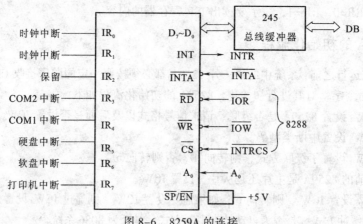

图 8-6 8259A 的连接

在 8259A 完成初始化之后,8259A 即处于准备就绪状态,等待接收外界的中断请求。如果要改变初始化设定的操作方式,可以在任何时候通过向 CPU 发送操作命令 OCW 对中断控制器 8259A 进行动态控制。

3. 单片 8259A 的初始化编程

在早期的 PC 中只使用一片 8259A,主要特点如下:

① 共有 8 级向量中断,$\overline{SP}/\overline{EN}$ 接+5V。

② 端口地址为 020H~03FH,实际使用 020H 和 021H 两个端口。

③ 8 个中断请求输入信号 $IR_0 \sim IR_7$,都设置为上升沿触发。

④ 采用一般全嵌套方式,0 级为最高优先级,7 级为最低优先级。

⑤ 设定 0 级请求对应中断类型号为 8,1 级请求对应中断类型号为 9,依次类推,直到 7 级请求对应中断类型号为 0FH。

在系统上电期间,系统的 BIOS 对 8259A 的初始化程序段如下:

```
…
MOV  AL,13H        ;ICW₁:上升沿触发、单片、要 ICW₄
OUT  20H,AL        ;送 8259A 端口,偶地址
MOV  AL,08H        ;ICW₂:中断类型号的高 5 位
OUT  21H,AL        ;送 8259A 端口,奇地址
MOV  AL,09H        ;ICW₄:一般全嵌套、16 位 CPU、非自动结束
OUT  21H,AL        ;送 8259A 端口,奇地址
…
```

4. 两片 8259A 的初始化编程

在 286 以上的 PC 中都使用 2 片 8259A,主要特点如下:

① 共有 15 级向量中断,采用两片级联,从片的 INT 端连接到主片的 IR_2 上。

② 端口地址分配:主片为 020H~03FH,实际使用 020H 和 021H 两个端口;从片为 0A0H~0BFH,实际使用 0A0H 和 0A1H 两个端口。

③ 主、从片的中断请求输入信号都设置为上升沿触发。

④ 采用一般全嵌套方式，优先级的排队顺序是：0 级为最高，依次为 1 级、8～15 级，然后是 3～7 级。

⑤ 采用非缓冲方式，主片的 $\overline{SP}/\overline{EN}$ 引脚接+5V，从片的 $\overline{SP}/\overline{EN}$ 接地。

⑥ 设定 0 级～7 级中断请求对应主片的中断类型号为 08H～0FH，8 级～15 级中断请求对应从片的中断类型号为 70H～77H。

在系统上电期间，分别对主片和从片 8259A 进行初始化的程序段如下：

```
;初始化主片
    MOV   AL,11H          ;ICW1:上升沿触发、多片、要 ICW4
    OUT   20H,AL          ;送主片 8259A 端口,偶地址
    JMP   SHORT $+2       ;I/O 端口延时等待(下同)
    MOV   AL,08H          ;ICW2:中断类型号的高 5 位
    OUT   21H,AL          ;送主片 8259A 端口,奇地址
    JMP   SHORT $+2
    MOV   AL,04H          ;ICW3:主片的 IR2 上连接从片
    OUT   21H,AL          ;送主片 8259A 端口,奇地址
    JMP   SHORT $+2
    MOV   AL,01H          ;ICW4:非缓冲、一般全嵌套、16 位 CPU、非自动结束
    OUT   21H,AL          ;送主片 8259A 端口,奇地址
    ...
;初始化从片
    MOV   AL,11H          ;ICW1:上升沿触发、多片、要 ICW4
    OUT   0A0H,AL         ;送从片 8259A 端口,偶地址
    JMP   SHORT $+2
    MOV   AL,70H          ;ICW2:中断类型号的高 5 位
    OUT   0A1H,AL         ;送从片 8259A 端口,奇地址
    JMP   SHORT $+2
    MOV   AL,02H          ;ICW3:从片 INT 连接主片的 IR2(ID2～ID0=010)
    OUT   0A1H,AL         ;送从片 8259A 端口,奇地址
    JMP   SHORT $+2
    MOV   AL,01H          ;ICW4:非缓冲、一般全嵌套、16 位 CPU、非自动结束
    OUT   0A1H,AL         ;送从片 8259A 端口,奇地址
    ...
```

小　结

本章详细介绍了计算机系统最重要的组成部分——中断系统。应用中断可以很方便地实现某些例行程序的功能调用，使得程序的编制工作大为简化。

本章首先介绍了 PC 中的中断类型，内中断和外中断。PC 将各种方式引发的中断编制成 0～255 号中断顺序排列的表，将各中断服务程序（总共不超过 256 个）的入口地址（物理地址 CS/IP）顺序地放入内存最低端的 1 KB 单元之中，这就是中断向量表。由中断号 n 即可简单地找到 n 号中断在内存中的地址为：

$$0000:n \times 4$$

其前两个单元存放偏移地址，后两个单元存放段地址。

然后，本章还介绍了对外部中断实现管理的中断控制器 8259A。8259A 的中断请求寄存器（IRR）用于存放外设送来的中断请求；中断服务寄存器（ISR）用于反映外设中断是否得到服务

（即被 CPU 响应）；中断屏蔽寄存器 IMR 用于对外设中断请求权的允许或禁止。这 3 个寄存器和其他一些电路完成了由硬件实现的中断优先级的排队问题。

8259A 用初始化命令字 $ICW_1 \sim ICW_4$ 解决初始化，确定基本工作方式，而在中断处理过程中用操作控制命令字 $OC_1 \sim OCW_3$ 确定其工作方式。要根据系统的需要，正确地选择 8259A 的工作方式，更应使用适合的命令字来实现其工作方式，这就是 8259A 编程的基本内容。

习　题

1. 什么是硬件中断和软件中断？在 PC 中两者的处理过程有什么不同？
2. 中断系统应具有哪些基本功能？
3. 什么是中断向量和中断向量表？中断类型号和中断向量的关系是什么？
4. PC 是如何把中断向量装入中断向量表的？
5. 简述 8259A 的内部结构和主要功能。
6. 8259A 具有哪些工作方式？
7. 8259A 初始化编程过程完成哪些功能？这些功能由哪些初始化命令字设定？
8. 试写出 8259A 的初始化过程。
9. 8259A 在初始化编程时设置为非中断自动结束方式，中断服务程序编写时应注意什么？
10. 若 8086 系统采用单片 8259A 中断控制器控制中断，中断类型码给定为 20H，中断源的请求线与 8259A 的 IR4 相连，试问：对应该中断源的中断向量表入口地址是什么？若中断服务程序入口地址为 4FE24H，则对应该中断源的中断向量表内容是什么，如何定位？
11. 在中断响应周期中，CPU 和 8259A 一般要完成哪些工作？
12. 某中断控制系统由 2 片 8259A 级联组成，从片 8259A 接入主片 8259A 的 IR4 端，试画出系统的硬件连接框图；确定中断源的数量；采用电平触发方式，一般全嵌套，试编写初始化程序段。
13. 某系统中三片 8259A 级连使用，一片为主 8259A，两片为从 8259A，分别接入主 8259A 的 IR_2 和 IR_6 端。若已知当前主 8259A 和从 8259A 的 IR_3 上各接有一个外部中断源，中断类型码分别为 A0H、B0H 和 C0H，所有中断都采用电平触发方式，普通 EOI 结束。地址如下：

　　　　20H: ICW_1; OCW_2; OCW_3
　　　　21H: ICW_2; ICW_3; ICW_4; OCW_1

（1）画出它们的硬件连接图。
（2）编写全部初始化程序。

第9章

DMA 控制接口

DMA 技术提供了直接存取存储器的方法，实现了外设与内存或存储器之间直接进行大量数据传送，其应用使数据在存储器和 I/O 设备之间的传输速率只受到系统中的存储器部件以及 DMA 控制器的限制。8237A 是实现 DMA 技术的重要接口芯片之一。

本章要点

- DMA 传送过程和方式；
- 8237 用做 DMA 传输功能；
- 8237 的编程编程方法，使其完成 DMA 传输。

DMA（Direct Memory Access）技术是一种代替微处理器完成存储器与外围设备或存储器之间大数据量传送的方法，也称直接存储器存取方法。在 DMA 技术中，数据的传送是在 DMA 控制器（简称 DMAC）控制下进行的，DMA 控制器是一种独立于微处理器进行操作的专用芯片或电路。DMA 方式指主要依靠硬件实现主存与 I/O 设备之间进行直接的数据传送，它是一般微机系统中都具备的一种 I/O 设备与主存传送数据的控制方式。

9.1　DMA 控制器概述

9.1.1　DMA 传送特点

1．DMA 传送特点

采用 DMA 传送方式是让存储器与外设，或外设与外设之间直接交换数据，不需要程序控制，不需经过累加器，减少了中间环节，并且内存地址的修改、传送完毕的结束报告等都是由硬件来完成，因此大大提高了传输速率。

DMA 传送主要用于需要高速大批量数据传送的系统中，以提高数据的吞吐量。例如，在磁盘数据存取、图像数据处理、高速数据采集等方面，应用广泛。

DMA 传送是用硬件控制取代了软件控制，从而得到了传输数据的高速性，但同时也增加了系统硬件的复杂性和成本。因此，在一些小系统或数据传输速度要求不高的场合，一般并不采用 DMA 方式。

DMA 传送期间虽然脱离了 CPU 的控制，但并不是说 DMA 传送不需要 CPU 对其进行控制和管理。一般来说，在 DMA 传送开始之前，CPU 要对其进行必要的初始化控制和管理，而在 DMA 传送开始后的全过程中，由 DMA 控制器取代 CPU，负责 DMA 传送。

2．DMA 控制器的基本功能

根据 DMA 方式的基本原理，DMA 控制器应具有以下基本功能：

① 能接收外设的 DMA 请求，并能向 CPU 发出总线保持请求，以便取得总线使用权。

② 能接收 CPU 的总线保持允许信号，并能实行对总线的控制。

③ 在获得总线控制权后，能提供访问存储器和 I/O 端口的地址，并在数据传送过程中能够自动修改地址指针，以便指向下一个要传送的数据单元。

④ 在 DMA 期间向存储器和 I/O 设备发出所需要的控制信号，如读/写控制信号等。

⑤ 能控制数据传送过程的进行和结束。

⑥ 当 DMA 传送结束时，能向 CPU 发出 DMA 结束信号，以便 CPU 恢复对总线的控制。

3．DMA 控制器的基本组成

根据 DMA 控制器应具有的基本功能，DMA 控制器在硬件结构上还应具有以下基本部件：

① 地址寄存器：其作用是接收 CPU 所预置的存储器起始地址，以及在 DMA 过程中自动修改地址，以便指出下一个要访问的存储单元。

② 字节计数器：其作用是接收 CPU 所预置的数据传送的长度（即总字节数），以及在 DMA 过程中自动减 1 计数，以便检测 DMA 过程何时结束。

③ 控制寄存器：其作用是接收 CPU 的命令，以便决定 DMA 传送方向和传送方式。

④ 状态寄存器：其作用是为 CPU 提供 DMA 控制器以及外设的当前工作状态。

⑤ 内部定时与控制逻辑：其作用是产生类似 CPU 的时序控制和总线操作等。

图 9-1 所示为单通道 DMA 控制器的基本组成图。

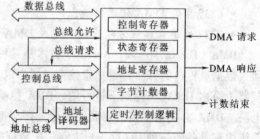

图 9-1　DMA 控制器的基本组成

9.1.2　DMA 传送机制

1．DMA 传送过程

一个完整的 DMA 操作过程一般可分为 3 个阶段，即准备阶段、数据传送阶段和传送结束阶段。

准备阶段主要是 DMA 控制器接收 CPU 对其进行的初始化，初始化的内容包括设置传送数据的内存起始地址、传送数据的长度，确定 DMA 控制器的工作方式和传送数据的方向等控制命令字，以及对一些相关接口电路的初始化设置。

数据传送阶段依据传送方向步骤有所不同。一般来说，在进行 DMA 传送时要向 CPU 申请占用总线，所以当外设数据准备好时，就向 DMA 控制器发出请求。DMA 控制器接收到请求后，即向 CPU 发总线请求（HOLD），申请占用总线。但要等到 CPU 给予响应（HLDA 有效）后，DMA 控制器才能接管总线，然后由其提供存储器地址，并发出存储器读、I/O 写（数据输出）或 I/O 读、存储器写（数据输入）命令，控制存储器与 I/O 设备间的直接数据传送。

传送结束阶段主要是 DMA 控制器在传送完成后向 CPU 发出结束信号，DMA 控制器撤销对系统总线的控制权，以便 CPU 撤销总线保持允许信号，重新恢复对总线的控制权。

其传送机制示意图如图 9-2 所示。

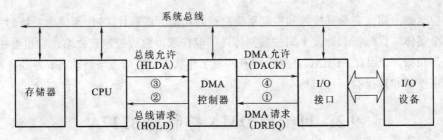

图 9-2　DMA 传送机制示意图

DMA 数据交换的根本是需要获得系统的总线控制权，DMAC 可以通过下列方式获得总线控制权。

（1）周期挪用

在这种方式下，DMAC 在处理器不访问存储器或 I/O 端口时控制总线。这种方式不会影响处理器的工作，但是需要有复杂的机制来判断哪些周期可用，并且数据传送不规则、不连续。

（2）周期扩展

当需要进行 DMA 数据传送时，DMAC 通过一定的方法延长系统标准总线周期的宽度。这样系统可以利用标准总线周期的时间完成自己任务，而 DMAC 利用延长的时间完成 DMA 数据交换。这种方式会影响系统的其他工作。

（3）CPU 停机

CPU 停机是指在 DMA 操作期间，CPU 交出总线控制权，由 DMA 控制器接管总线，完成数据传送。这期间 CPU 不能使用总线，只能进行内部操作。这是 DMA 占用总线最简单的常用方式。

2．DMA 控制器的传送方式

DMA 传送是在硬件控制逻辑的控制下使高速外设与内存之间进行大批量数据传送，它可以控制数据从外设到内存的传送，这一过程称为输入过程；也可以控制数据从内存到外设的传送，这一过程称为输出过程。不论是输入过程还是输出过程，DMA 传送都可以有以下几种工作方式：

① 单字节传送方式：即每进行一次 DMA 传送只传送一个字节的数据，DMAC 就释放总线，交出总线控制权。因此，CPU 至少可以得到一个总线周期来执行其他处理工作。DMAC 如果仍要获得总线控制权以便继续数据的传送，还可再次提出总线请求。

② 块传送方式：又称为成批传送方式。即每进行一次 DMA 传送就会连续地传送一批数据，然后才会释放总线控制权，让出总线控制权给 CPU。

③ 请求传送方式：该方式与块传送方式类似，只不过每传送一个字节的数据后就会测试外设的 DMA 请求信号（如 DRQ）是否有效。当该信号仍然有效时，就继续传送；如果该信号已经无效，则暂停 DMA 传送，等到该信号再次有效后，才会继续接着传送。

④ 级联传送方式：就是用多个 DMA 控制器级联起来，构成多个 DMA 通道，同时处理多个外设的数据传送。

3．DMAC 在系统中的地位

从 DMA 的操作过程可以看出，DMA 控制器是一个特殊的接口部件，在它未取得总线控制权之前，其行为就如同一个普通接口电路，同样要受 CPU 的控制（如初始化等），这时它是一个总线从模块；当它获得总线控制权后，它又能行使 CPU 的某些功能（如产生地址信号，存储器读/写控制等），控制外设与内存之间的数据传送，这时它成为一个总线主模块。因此，DMA 控制器与其他外围接口控制器不同，它具有接管和控制系统总线的功能，即取代 CPU 而成为系统的主控者，以控制两个实体（存储器和外设）间的数据传送。但在取得总线控制权之前，它也要接受 CPU 对它的控制和指挥。因此，DMAC 在系统中有两种工作状态：主动态与被动态；并处在两种不同的地位：主控器和被控器。

9.2　可编程 DMA 控制器 8237A

8237A 是 Intel 系列高性能可编程 DMA 控制器，它使用单一+5 V 电源，工作时钟为 5 MHz 时，最高传送速率可达 1.6 MB/s，它是 40 引脚双列直插式的大规模集成电路芯片。其具有以下功能：

① 有 4 个独立的 DMA 通道，可分别独立编程，完成存储器对存储器或存储器对 I/O 设备的数据交换。每个通道有 64 KB 字节数据块传送能力，但是 8237A DMA 控制器缺少 DMA 完成后的中断功能。因此，若不采用自动预置装入的方式，则需另外产生中断请求信号，以便在一次 DMA 操作完成后立即将数据块搬走，并启动新的 DMA 操作。

② 每个通道的 DMA 请求可以分别允许和禁止，具有不同的优先级，并且每个通道的优先级可以是固定的，也可以是循环的。

③ 8237A 具有 4 种传送方式：单字节传送方式、数据块传送方式、请求传送方式和级联方式。级联后可以扩展 DMA 通道。

9.2.1　8237A 的引脚信号和内部结构

1. 8237A 的外部特性

8237A DMA 控制器是一个 40 个引脚的双列直插式封装的大规模集成电路芯片，其引脚排列如图 9-3 所示。

由于它既是主控者又是受控者，故其外部引脚设置也颇具特色，例如它的 I/O 读/写线（$\overline{IOR}$、$\overline{IOW}$）和部分地址线（$A_0 \sim A_3$）都是双向的。另外，它还有存储器读/写线（$\overline{MEMR}$、$\overline{MEMW}$）和 16 位地址输出线（$DB_0 \sim DB_7$、$A_0 \sim A_7$），这都是其他 I/O 接口所没有的。下面对各引脚的功能加以说明。

图 9-3　8237A 引脚排列图

① $DREQ_0 \sim DREQ_3$：外设对 4 个独立通道 0～3 的 DMA 服务请求输入线。由申请 DMA 服务的设备发出，可以是高电平有效或低电平有效，由编程设定。它们的优先级顺序是 $DREQ_0$ 最高，$DREQ_3$ 最低。

② $DACK_0 \sim DACK_3$：DMA 响应输出端，由 8237A 发给外设的 DMA 应答信号，其有效电平可高可低，由编程设定。在 PC 系列微机中，都把 DACK 编程设置为低电平有效。在系统中允许多个 DREQ 信号同时有效，但 8237A 只按照优先级发回一个有效回答信号 DACK，并为其服务。这有点类似于中断请求/中断服务的情况。

③ HRQ：总线保持请求信号，输出，高电平有效。是 8237A 向 CPU 发出的要求接管系统总线的请求信号，一般与 CPU 的 HOLD 端相连接。

④ HLDA：总线响应接收端，输入，高电平有效，是 CPU 发给 8237A 的总线应答信号，有效时表示 CPU 已让出总线。一般与 CPU 的 HLDA 端相连接。

⑤ $\overline{IOR}/\overline{IOW}$：I/O 读/写信号，双向。当 8237A 为主控器时，它们为输出，在 DMAC 的控制下，对 I/O 设备进行读/写操作；当 8237A 为被控器时，它们为输入，由 CPU 向 DMAC 写命令、初始化参数或读回状态信息。

⑥ $\overline{MEMR}/\overline{MEMW}$：存储器读/写信号，单向输出。只有当 8237A 为主控器时，它们被用做控制对存储器进行读/写数据的信号。

⑦ $\overline{CS}$：片选信号，低电平有效。由地址总线经译码电路产生，有效时，允许 CPU 与 8237A 交换数据。

⑧ $A_0 \sim A_3$：低 4 位地址线，双向三态。当 8237A 为被控器时为输入线，作为 CPU 对 8237A 进行初始化时访问芯片内部寄存器与计数器寻址之用，共可访问 16 个内部端口；当 8237A 为主控器时为输出线，作为 20 位存储器地址的最低 4 位使用。

⑨ $A_4 \sim A_7$：4 位地址线，单向输出。只有当 8237A 为主控器时才为输出，作为访问存储器地址的 20 位中的低 8 位的高 4 位使用。

⑩ $DB_0 \sim DB_7$：双向三态双功能线。当 8237A 为主控器时，作为访问存储器地址的 20 位中的高 8 位地址线，同时也作为数据线，地址和数据分时复用；当 8237A 为被控器时为数据线，作为 CPU 对 8237A 进行初始化时传送命令或传送状态信息。

注意，8237A 最多只能提供 16 位地址线：低 8 位 $A_0 \sim A_7$、高 8 位 $DB_0 \sim DB_7$。

⑪ ADSTB：地址选通信号，输出。当 $DB_0 \sim DB_7$ 作为高 8 位地址线时，ADSTB 是把这 8 位地址信息锁存到地址锁存器的输入选通信号。高电平允许输入，低电平时锁存。

⑫ AEN：地址允许信号，输出，是高 8 位地址锁存器输出允许信号。AEN 还用来在 DMA 传送期间禁止其他主模块占用系统总线。

⑬ READY：准备就绪信号，输入，高电平有效。慢速 I/O 设备或存储器，如果要求在 DMA 传送周期中的 S_3 和 S_4 状态之间插入等待状态 S_w，则迫使 READY 处于低电平，一旦等待周期满足要求，则使 READY 变高，表示准备好。

⑭ $\overline{EOP}$：DMA 过程结束信号，双向。当从外部施加一个低电平负脉冲时，将会强迫 DMA 传送结束。当 $\overline{EOP}$ 作为输出时，它的状态可以表示 DMA 传送结束的标志：4 个通道中任何一个通道在传送字节数达到预置值时，将产生一个负脉冲在 $\overline{EOP}$ 端输出，表示过程结束，通知 I/O 设备。不论采用内部终止还是外部终止，当 $\overline{EOP}$ 信号有效时（低电平），都将停止 DMA 传送。在 PC 系统总线中，这个信号标为 T/C 信号端。

⑮ 其他信号：CLK 是时钟信号输入端。CLK 在 DMAC 内形成需要的各种定时信号。RESET 是复位信号，输入高电平时会迫使 DMAC 内部各寄存器复位。此外，还有电源输入端 Vcc 和接地端 GND。

2．8237A 的内部逻辑结构

8237A 的内部逻辑包括定时和逻辑控制、命令控制逻辑、优先级控制逻辑以及寄存器组等部分。8237A 内部有 4 个独立通道，每个通道都有 5 个寄存器——工作方式寄存器、地址计数寄存器、地址初值寄存器、字节数计数寄存器、字节数初值寄存器，另外还有 4 个通道公用的控制寄存器、状态寄存器和暂存寄存器，以及对 DRQ 信号的屏蔽寄存器和 DMA 服务请求寄存器等，如图 9-4 所示。

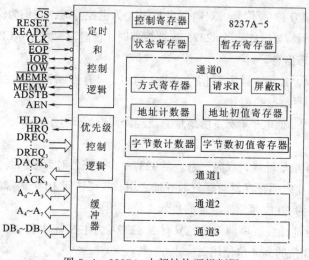

图 9-4 8237A 内部结构逻辑框图

下面对这些寄存器的主要功能加以说明。

（1）控制寄存器

控制寄存器又称为命令寄存器，该寄存器的内容是 8 位的，4 个通道公用，用来接收 CPU 发送来的控制字（或命令字），从而控制整个 DMA 控制器的有关工作方式。该寄存器为只写寄存器，RESET 信号和总清除命令可清除其内容。

（2）状态寄存器

该寄存器的内容是 8 位的，4 个通道公用，用来存放 8237A 的工作状态，提供给 CPU 有关通道是否计数终止、是否有 DMA 请求等状态信息。该寄存器为只读寄存器。

（3）暂存寄存器

该寄存器的内容是 8 位的，4 个通道公用，用于存储器到存储器传送时，暂时保存从源地址存储单元读出的数据。RESET 信号和总清除命令可清除其内容。

（4）地址初值寄存器

地址初值寄存器又称为基地址寄存器，每个通道都有一个，是 16 位的寄存器，用来存放 DMA 传送的内存首址，在初始化时由 CPU 以先低字节后高字节的顺序写入，在传送过程中该寄存器的内容不变化。其作用是在自动预置时，将它的内容重新装入地址计数器。该寄存器只能写，不能读。

（5）地址计数器

地址计数器又称为当前地址寄存器，每个通道都有一个，是 16 位的寄存器，用来存放 DMA 传送过程中的内存地址，在每次传送后地址自动增 1（或减 1），它的初值与地址初值寄存器的内容相同，并且是两者由 CPU 同时写入同一端口的。在自动预置时，EOP 信号使其内容重置为地址初值寄存器的内容。该寄存器可读可写。

（6）字节数初值寄存器

字节数初值寄存器又称为基字节数寄存器，每个通道都有一个，是 16 位的寄存器，用来存放 DMA 传送的总字节数（数据块长度）。在初始化时，由 CPU 以先低字节后高字节的顺序写入，在传送过程中该寄存器的内容不变化。其作用是在自动预置时，将它的内容重新装入字节数计数器。

该寄存器只能写，不能读。在写该寄存器时应注意，因 8237A 在每次传送后判断字节数计数器是否从 0000H 向 FFFFH 值翻转，才算计数结束，所以该寄存器的初值等于要传送的字节数减 1。

（7）字节数计数器

字节数计数器又称为当前字节计数器，每个通道都有一个，是 16 位的寄存器，用来存放 DMA 传送过程中还没有传送完的字节数，在每次传送之后，字节数计数器减 1，当它的值减到从 0000H 向 FFFFH 时，便产生 $\overline{EOP}$ 信号，表示 DMA 传送过程结束。它的初值与字节数初值寄存器的内容相同，并且是两者由 CPU 同时写入同一端口的。在自动预置时，$\overline{EOP}$ 信号使其内容重置为字节数初值寄存器的内容。该寄存器可读可写。

（8）请求寄存器

该寄存器是 4 位的寄存器，每位属于一个通道。如果某个 DREQ 端有请求信号，则请求寄存器中对应位就将置 1。当该通道的字节数计数器从 0000H 向 FFFFH 值转移时，或在 $\overline{EOP}$ 引脚端加低电平时，使请求位清除为 0。该寄存器的值还可由命令进行触发置位。RESET 信号将使请求寄存器的所有位清 0。

（9）屏蔽寄存器

与请求寄存器的情况类似，也是 4 位，每位属于一个通道。如果某位为 1，则对应通道的请求被禁止响应。如果某个通道设置为以非自动初始化方式传送数据，当它的字节数计数器从 0000H 向 FFFFH 值转移时，或在 $\overline{EOP}$ 引脚端加低电平时，都将使该通道对应位置 1。RESET 信号使 4 位都置 1。此外，还可以用命令对屏蔽寄存器进行管理。

（10）先/后触发器

在向 8237A 的 16 位寄存器写地址初值和字节数初值时，由于高低 8 位数据都写到同一个端口，要分先后次序两次写入，即先低字节后高字节地顺序写入。先/后触发器就是用来控制写入次序的。当先/后触发器为 0 时，写入低 8 位后自动置为 1，再写入高 8 位后它又自动清为 0。因此，在写入地址初值和字节数初值之前，一般要将先/后触发器清为 0，以保证先写入的是低 8 位，后写入的是高 8 位。

3．8237A 各寄存器的端口分配

在 PC 微机中，8237A 占用的 I/O 端口地址为 00H~0FH，各寄存器的端口地址分配情况如表 9-1 所示。

表 9-1　8237A 各寄存器端口地址分配

端　口	通　道	I/O 口地址	寄　　存　　器	
			读　操　作	写　操　作
DMA+0	0	00H	读通道 0 的地址计数器	写通道 0 的地址初值寄存器和地址计数器
DMA+1		01H	读通道 0 的字节数计数器	写通道 0 的字节数初值寄存器和字节数计数器
DMA+2	1	02H	读通道 1 的地址计数器	写通道 1 的地址初值寄存器和地址计数器
DMA+3		03H	读通道 1 的字节数计数器	写通道 1 的字节数初值寄存器和字节数计数器
DMA+4	2	04H	读通道 2 的地址计数器	写通道 2 的地址初值寄存器和地址计数器
DMA+5		05H	读通道 2 的字节数计数器	写通道 2 的字节数初值寄存器和字节数计数器
DMA+6	3	06H	读通道 3 的地址计数器	写通道 3 的地址初值寄存器和地址计数器
DMA+7		07H	读通道 3 的字节数计数器	写通道 3 的字节数初值寄存器和字节数计数器

续表

端 口	通 道	I/O 口地址	寄 存 器	
			读 操 作	写 操 作
DMA+8	公 用	08H	读状态寄存器	写控制（命令）寄存器
DMA+9		09H	—	写请求寄存器
DMA+10		0AH	—	写单个通道屏蔽寄存器
DMA+11		0BH		写工作方式寄存器
DMA+12		0CH	—	写清除先/后触发器命令（软命令）
DMA+13		0DH	读暂存寄存器	写总清除命令（软命令）
DMA+14		0EH		写清除屏蔽寄存器命令（软命令）
DMA+15		0FH		写综合屏蔽命令

9.2.2　8237A 的寄存器格式及其编程命令

1. 工作方式寄存器的格式

工作方式寄存器用来设置 DMA 的操作类型，操作方式，地址改变方式，自动预置以及通道选择等功能。其格式如下：

D_7	D_6	D_5	D_4	D_3	D_2	D_1	D_0
工作方式选择		地址增减选择	自动预置选择	传送类型选择		通道选择	
00 = 请求传送				00 = 检验传送		00 = 选择通道 0	
01 = 单字节传送		0 = 地址加 1	0 = 禁止	01 = 写传送		01 = 选择通道 1	
10 = 块字节传送		1 = 地址减 1	1 = 允许	10 = 读传送		10 = 选择通道 2	
11 = 级联传送				11 = 无意义		11 = 选择通道 3	

① $D_7 D_6$ 位：用来确定 DMA 操作方式。

● 单字节传送方式：在这种方式下，8237A 每完成 1 个字节传送后，内部字节计数器便减 1，地址计数器的值加 1 或减 1，接着 8237A 就释放系统总线，这样 CPU 至少可以得到一个总线周期。8237A 在释放总线后，会立即对 DREQ 端进行测试，只要 DREQ 有效，则再次发出总线请求，在获得总线控制权后，又称为总线主模块而继续 DMA 传送。依次类推，直到传送结束。

这种方式的特点是，一次 DMA 请求只传送一个字节数据，占用一个总线周期，然后释放总线。因此，这种方式又称为总线周期窃取方式，每次总是窃取一个总线周期完成一个字节的传送之后立即归还总线。

● 块字节传送方式：在这种方式下，通道每启动一次就可把整个数据块传送完。即只要进入 DMA 周期，就开始连续不断地传送数据，直到字节计数器减为 0 使 $\overline{EOP}$ 信号端输出一个负脉冲或外部对 $\overline{EOP}$ 端送一个低电平信号时，8237A 才释放总线而结束传送。

在这种方式下进行 DMA 传送期间，CPU 会在较长时间内失去总线控制权，因而其他 DMA 请求也就被禁止，因此在 PC 微机中不采用这种方式。

● 请求传送方式：这种方式与块字节传送方式类似，只是在每传送 1 个字节后，8237A 就对 DREQ 端进行测试，如果 DREQ 无效，则立即暂停传送，但并不释放总线，当 DREQ

变为有效时则继续传送，直到字节计数器减 1 至 0，或由外部在 $\overline{EOP}$ 端送一个低电平信号时，8237A 才释放总线而结束传送。

- 级联方式：这种方式并不传送数据，而是表示 8237A 用于多片连接方式，以扩展系统的 DMA 通道数。第一级为主片，第二级为从片。当第一级编程为级联方式时，它的 DREQ 和 DACK 引脚分别与从片的 HRQ 和 HLDA 引脚相连。主片在响应从片的 DMA 请求时，它不输出地址和读/写信号，避免与从片中有效通道的输出信号相冲突。最多可由 5 片 8327A 构成二级 DMA 系统，得到 16 个 DMA 通道。级联时，主片必须设置为级联方式，而从片则只能设置为其他 3 种方式之一。

② D_5 位：D_5 位设置每传送 1 个字节后存储器地址是加 1 还是减 1。$D_5=0$，地址加 1；$D_5=0$，地址减 1。

③ D_4 位：D_4 位设置 DMA 控制器的自动预置。所谓自动预置，就是指当完成一个 DMA 操作过程，出现 $\overline{EOP}$ 负脉冲时，则自动把初值寄存器的内容装入当前地址（字节）计数器中，再重新开始同一种 DMA 操作。

④ $D_3 D_2$ 位：用来选择 DMA 操作的类型。8237A 提供了 3 种操作类型：

- DMA 读：指将数据从存储器读出并写到 I/O 设备中。
- DMA 写：指将数据从 I/O 设备读入并写到存储器中。
- 检验传送：一种伪传送（虚拟传送），以便对读传送或写传送功能进行检验。此时，8237A 也会产生地址信号和 $\overline{EOP}$ 信号，但并不产生对存储器和 I/O 接口的读/写信号。

⑤ $D_1 D_0$ 位：用于选择该命令所对应的通道号。

【例 9.1】PC 系列微机软盘读/写操作选择 DMA 通道 2，单字节传送，地址增 1，不用自动预置，其读、写、检验操作的方式字如下：

写操作：01000110B=46H　　　；读盘，DMA 写

读操作：01001010B=4AH　　　；写盘，DMA 读

检验操作：01000010B=42H　　　；检验盘，DMA 检验

2．控制寄存器的格式

控制寄存器又称为命令寄存器，用来控制 8237A 的操作功能，其内容由 CPU 写入，由 RESET 信号和总清除命令清除。该寄存器只能写入，不能读出，其格式如下：

D_7	D_6	D_5	D_4	D_3	D_2	D_1	D_0
DACK 极性	DREQ 极性	扩展写选择	优先级选择	时序选择	工作允许	通道号寻址	存储器间传送

① D_7 位：DACK 极性控制位。$D_7=0$，DACK 低电平有效；$D_7=1$，DACK 高电平有效。

② D_6 位：DREQ 极性控制位。$D_6=0$，DREQ 高电平有效；$D_6=1$，DREQ 低电平有效。

③ D_5 位：扩展写选择位。$D_5=0$，不扩展写信号，即写周期滞后读周期；$D_5=1$，扩展写信号，写入周期与读周期同时。

④ D_4 位：通道优先级控制位。$D_4=0$，采用固定优先级，即 $DREQ_0$ 的优先级最高，$DREQ_3$ 的优先级最低；$D_4=1$，采用循环优先级，即通道的优先级随着 DMA 服务的结束而发生变化，刚才服务过的通道其优先级就变为最低，而其后的一个通道的优先级则变为最高，如此循环下去。这有点类似于中断循环优先级，但是，任何一个 DMA 通道开始 DMA 服务后，其他通道都不能打断该服务的运行，这一点与中断嵌套是不同的。

⑤ D_3 位：工作时序选择位。D_3=0，采用正常时序，即保持 S_3 状态；D_3=1，采用压缩时序，即去掉 S_3 状态；

⑥ D_2 位：DMA 控制器工作允许位。D_2=0，允许 8237A 工作；D_2=1，禁止 8237A 工作。

⑦ D_1 位：D_1 位控制通道 0 地址在存储器到存储器传送过程中保持不变，这样可把同一个源地址存储单元的数据写到一组目标存储单元中。当 D_1=1 时，保持通道 0 地址不变；当 D_1=0 时，不保持通道 0 地址不变。如果 D_0=0，则 D_1 位无意义。

⑧ D_0 位：D_0 位控制存储器到存储器传送。当 D_0=0 时，禁止存储器到存储器传送；当 D_0=1 时，允许存储器到存储器传送。当允许时，把要传送的字节数写入通道 1 的字节数计数器，首先由通道 0 发出软件 DMA 请求，并从通道 0 的地址计数器的内容指定的源地址存储单元读取数据，读取的数据字节存放在暂存寄存器中，再把暂存寄存器的数据写到以通道 1 的地址计数器的内容指定的目标地址存储单元，然后两个通道的地址同时进行调整（加 1 或减 1）。通道 1 的字节计数器减 1，直到为 0 时，产生 $\overline{EOP}$ 信号而结束 DMA 传送。

在进行存储器到存储器的传送时，固定用通道 0 的地址寄存器存放源地址，而用通道 1 的地址寄存器和字节计数器存放目标地址和计数值。但在大多数情况下，8237A 进行的是外设的 I/O 端口和存储器之间的传送。另外，由于 PC 微机具有很强的块传送指令，故未使用从存储器到存储器的传送操作。

【例 9.2】PC 微机中的 8237A 按照如下要求工作：禁止存储器到存储器传送，正常时序，滞后写入，固定优先级，允许工作，DREQ 高有效，DACK 低有效，则控制字为 00H，将此命令写入控制寄存器的程序段为：

```
MOV  AL, 00H      ;控制字=00000000B
OUT  08H, AL      ;控制口地址08H
```

3. 请求寄存器的格式

8237A 的每个通道都配置了一个 DMA 请求触发器，用来设置 DMA 请求标志。从物理结构看，这 4 个请求触发器对应 1 个 DMA 请求寄存器。为什么要用到 DMA 请求标志？这是因为，DMA 请求可以由硬件发出，也可以由软件发出。在硬件上，是通过 DREQ 引脚引入 DMA 请求的；在软件上，则是通过对 DMA 请求标志的设置来发出请求的。在 DMA 请求寄存器中设置请求字节就可以实现软件对 DMA 请求标志的设置。请求寄存器的格式如下：

D_7	D_6	D_5	D_4	D_3	D_2	D_1	D_0
		不用			请求设置	通道选择	

① $D_1 D_0$ 位：通道选择位。请求使用的通道号由 D_1、D_0 位的编码决定：00=通道 0；01=通道 1；10=通道 2；11=通道 3。

② D_2 位：设置请求标志位。D_2=0，无 DMA 请求；D_2=1，有 DMA 请求。

例如，如果用软件请求使用通道 1 进行 DMA 传送，则向请求寄存器写入 05H 代码即可。

```
MOV  AL, 05H      ;请求字=00000101B
OUT  09H, AL      ;请求寄存器端口地址09H
```

4. 屏蔽寄存器的格式

8237A 的每个通道都配置了一个 DMA 屏蔽触发器，用来设置 DMA 屏蔽标志。从物理结构看，这 4 个屏蔽触发器对应 1 个 DMA 屏蔽寄存器。DMA 屏蔽标志是通过往屏蔽寄存器写入屏蔽字节来设置的。屏蔽寄存器的格式如下：

D$_7$	D$_6$	D$_5$	D$_4$	D$_3$	D$_2$	D$_1$	D$_0$
不用					屏蔽设置	通道选择	

① D$_1$、D$_0$ 位：通道选择位。屏蔽使用的通道号由 D$_1$、D$_0$ 位的编码决定：00=通道 0；01=通道 1；10=通道 2；11=通道 3。

② D$_2$ 位：设置屏蔽标志位。D$_2$=0，去除屏蔽；D$_2$=1，设置屏蔽。

可见，该寄存器的作用是开通或屏蔽各通道的 DMA 请求。注意，每次只能开通或屏蔽一个 DMA 通道。

另外，8237A 还允许使用综合屏蔽命令来设置所有 4 个通道的屏蔽触发器，其命令字格式如下：

D$_7$	D$_6$	D$_5$	D$_4$	D$_3$	D$_2$	D$_1$	D$_0$
不用				通道 3	通道 2	通道 1	通道 0

可见，只要综合屏蔽命令字的 D$_3$~D$_0$ 位中的某一位为 1，就可屏蔽对应的通道请求；如果清 0，则开放对应的通道。

5．状态寄存器的格式

状态寄存器的低 4 位用来指出 4 个通道的计数结束状态，高 4 位表示 4 个通道中 DMA 请求响应情况。其格式如下：

D$_7$	D$_6$	D$_5$	D$_4$	D$_3$	D$_2$	D$_1$	D$_0$
通道 3	通道 2	通道 1	通道 0	通道 3	通道 2	通道 1	通道 0
0 = 没有请求；1 = 有请求				0 = 计数未结束；1 =计数结束			

6．软命令

所谓软命令就是只要对特定的地址进行一次写操作，命令就会生效，而与写入的具体数据无关，即没有特定的命令字内容。8237A 有 3 条特殊的软命令，分别是：

（1）清除先/后触发器命令

在向 16 位初值寄存器写入初值时，由于 8237A 的数据总线是 8 位的，必须分两次写入，要求先写入低字节，后写入高字节。先/后触发器就是用来控制写入次序的。先/后触发器有两个状态，当它为 0 态时，写入的字节将进入 16 位寄存器的低 8 位；当它为 1 态时，写入的字节将进入 16 位寄存器的高 8 位。在实际操作时，当它为 0 态时，先写入低 8 位，写完后它会自动翻转为 1 态，这时再写入高 8 位，写完后它又会自动翻转为 0 态。因此，在写入 16 位初值之前，一般要将先/后触发器清 0。方法是：在程序中只需向先/后触发器的端口（0CH）执行一次写操作（数据任意）即可将先/后触发器清为 0 态。程序段为：

```
    ...
    OUT  0CH, AL      ;写先/后触发器端口 0CH，AL 中内容为任意值
    ...
```

（2）总清除命令

它与硬件 RESET 信号作用相同。执行该软命令的方法是：在程序中只需向总清除端口（0DH）执行一次写操作（数据任意）即可复位 8237A。程序段为：

```
    ...
    OUT  0DH, AL      ;写总清除端口 0DH，AL 中内容为任意值
    ...
```

（3）清屏蔽寄存器命令

该命令使 4 个通道的屏蔽位均清 0，从而开放所有 DMA 请求。执行该软命令的方法是：在程序中只需向清屏蔽寄存器命令端口（0EH）执行一次写操作（数据任意）即可。程序段为：

```
...
OUT  0EH, AL       ;写清屏蔽寄存器命令端口 0DH，AL 中内容为任意值
...
```

*9.2.3 8237A 的 DMA 周期

1. 8237A 的 DMA 时序

DMA 控制器 8237A 有两种工作状态，从时间顺序来看，可看成两个操作周期：DMA 空闲周期（被动工作方式）和 DMA 有效周期（主动工作方式），其中还有一个从空闲周期到有效周期的过渡阶段。8237A 有 7 种状态周期 S_I、S_0、S_1、S_2、S_3、S_4 及 S_w。每种状态包含一个完整的时钟周期，如图 9-5 所示。

2. DMA 空闲周期 S_I

8237A 在上电之后，未编程之前，或已编程但还没有 DMA 请求时，进入空闲周期 S_I，即 DMA 控制器处于被动工作方式。此时，控制器一方面检测它的输入引脚 DREQ，看是否有外设请求 DMA 服务；同时，还对 $\overline{CS}$ 端进行采样，检测是否 CPU 要对 DMA 控制器进行初始化编程或从它读取信息。当发现 $\overline{CS}$ 为有效（低电平），且无外设提出 DMA 请求，即 DREQ 为无效（低电平）时，则为 CPU 对 DMAC 进行编程，此时 CPU 向 8237A 的寄存器写入各种命令参数。

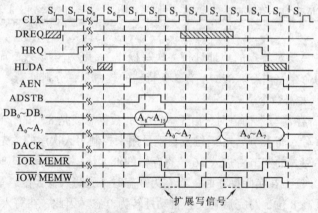

图 9-5 8237A 的典型 DMA 时序

3. 过渡状态 S_0

8237A 编程完毕后，若检测到 DREQ 请求有效，则表示有外设要求 DMA 传送。此时，DMAC 即向 CPU 发出总线请求信号 HRQ。DMAC 向 CPU 发出 HRQ 信号之后，DMAC 的时序从 S_I 跳出进入 S_0 状态，并重复执行 S_0 状态，直到收到 CPU 的应答信号 HLDA 后，才结束 S_0 状态，进入 S_I 状态，开始 DMA 传送。可见，S_0 是 8237A 送出 HRQ 信号到它收到有效的 HLDA 信号之间的状态周期，这是 DMA 控制器从被动工作方式到主动工作方式的过渡阶段。

4. DMA 有效周期

在 CPU 的回答信号 HLDA 到达后，8237A 进入 DMA 有效周期，开始传送数据。一个完整的 DMA 传送周期包括 S_1、S_2、S_3 和 S_4 共 4 个状态。如果存储器或外设的速度跟不上，可在 S_3 和

S_4 之间插入等待状态周期 S_w。下面讨论 DMA 有效周期内 8237A 的有关操作与状态周期的关系。

① S_1：更新高 8 位地址。DMA 控制器 8237A 在 S_1 状态发出地址允许信号 AEN，允许在 S_1 期间，8237A 把高 8 位地址 $A_8 \sim A_{15}$ 送到数据总线 $DB_0 \sim DB_7$ 上，并发出地址选通信号 ADSTB，ADSTB 的下降沿（S_2 内）把地址信息锁存到锁存器中。S_1 是只在地址的低 8 位有向高 8 位进位或借位时才出现的状态周期，也就是当需要对地址锁存器中的 $A_8 \sim A_{15}$ 内容进行更新时，才去执行 S_1 状态周期，否则，省去 S_1 状态周期。可见，可能在 256 次传送中只有一个 DMA 周期中有 S_1 状态周期。图 9-5 中画出了连续传送 2 个字节的 DMA 传送时序，在传送第二个字节时，由于高 8 位地址未变化，所以没有 S_1 状态周期。

② S_2：在 S_2 状态周期中，要完成两件事，一是输出 16 位地址到 RAM，其中高 8 位地址由数据线 $DB_0 \sim DB_7$ 输出，用 ADSTB 下降沿锁存，低 8 位地址由地址线 $A_0 \sim A_7$ 输出。若在没有 S_1 的 DMA 周期中，高 8 位地址没有发生变动，则输出未变动的原来的高 8 位地址及修改后的低 8 位地址。二是 S_2 状态周期还向申请 DMA 传送的外设发出请求回答信号 DACK（代替对 I/O 设备的寻址，因地址线已被访问 RAM 占用），数据传送即将开始，随后发出读命令。

③ S_3：读周期。在此状态，发出 $\overline{\text{MEMR}}$（DMA 读）或 $\overline{\text{IOR}}$（DMA 写）读命令。这时，把从内存或 I/O 接口读取的 8 位数据放到数据线 $DB_0 \sim DB_7$ 上等待写周期到来。若采用提前写（扩展写），则在 S_3 中同时发出 $\overline{\text{MEMW}}$（DMA 写）或 $\overline{\text{IOW}}$（DMA 读）写命令，即把写命令提前到与读命令同时从 S_3 开始，或者说，写命令和读命令一样扩展为两个时钟周期。若采用压缩时序，则去掉 S_3 状态，把读命令宽度压缩到写命令的宽度，即读周期和写周期同为 S_4。因此，在成组传送不更新高 8 位地址的情况下，一次 DMA 传送可压缩 2 个时钟周期（S_2 和 S_3），这可获得更高的数据吞吐量。

④ S_4：写周期。在此状态，发出 $\overline{\text{IOW}}$（DMA 读）或 $\overline{\text{MEMW}}$（DMA 写）命令。此时，把读周期之后保存在数据线 $DB_0 \sim DB_7$ 上的数据字节写到 RAM 或 I/O 接口，到此，完成了一个字节的 DMA 传送。正是由于读周期之后所得到的数据并不送入 DMA 控制器内部保存，而是保持在数据线 $DB_0 \sim DB_7$ 上，所以，写周期一开始，即可快速地从数据线上直接写到 RAM 或 I/O 接口，这就是高速 DMA 传送提供直接通道的真正含义。

9.2.4　8237A 的使用和编程

为了掌握 8237A 的使用和编程方法，下面结合 PC 微机的 DMA 系统中 8237A 的应用来进行说明。

1. PC/XT 微机的 DMA 系统

在早期的 PC/XT 微机中，DMA 系统采用了 1 片 8237A，支持 4 个通道 DMA 传送，其中通道 0 用于动态 RAM 刷新，通过对存储器读（DMA 读）操作实现其刷新功能。通道 1 保留，用来提供其他传输功能，如网络通信功能。通道 2 用于软盘，通道 3 用于硬盘传送数据。系统中采用固定优先级，即动态 RAM 刷新操作对应的优先级最高，硬盘和内存的数据传输对应的优先级最低。4 个 DMA 请求信号中，只有 $DREQ_0$ 是和系统板相连的，其余的都接到总线扩展槽的引脚上，由对应的接口板提供。同样，DMA 应答信号 $DACK_0$ 送往系统板，而其他应答信号送往扩展槽。

由于 8237A 只能提供 16 位地址（$A_0 \sim A_7$ 为低 8 位，$DB_0 \sim DB_7$ 为高 8 位），但 PC/XT 的系统地址总线为 20 位，显然 8237A 提供的地址线不够用。为此，系统中设置了一片 4×4 位寄存器组 74LS670，作为 DMA 页面地址寄存器，产生 DMA 通道的最高 4 位地址 $A_{16} \sim A_{19}$，它与 8237A 输出的 16 位地址一起组成 20 位地址线，从而能够访问存储器全部存储单元，如图 9-6 所示。因此，8237A 的每个通道传送 8 位数据，每次 DMA 最多可传送 64 KB 的数据（一个页面），可以在 1 MB 空间范围内寻址。

CPU 对 8237A 访问的端口地址为 00H～0FH，即 DMA+0～DMA+15（DMA EQU 0）。页面地址寄存器的端口地址为 81H（通道 2，软盘）、82H（通道 3，硬盘）和 83H（通道 1，保留）。

2．PC/AT 以上微机的 DMA 系统

在 PC/AT 以上微机中，采用了 2 片 8237A，共支持 7 个通道 DMA 传送，其中片(0)的 4 个通道只有通道 2 仍为软盘 DMA 传送服务，原来为动态 RAM 刷新和硬盘 DMA 传送服务的通道 0 和通道 3 也都空下来未用。因为在 286 以上的 PC 微机动态 RAM 有专门的刷新电路支持刷新，硬盘驱动器也采用高速 PIO 传送数据，故无须 DMA 通道支持。另外，片(1)的通道 4 用做片(0)和片(1)的级联。当片(1)的通道 4 响应 DMA 请求时，它本身并不产生地址和控制信号，而是由片(0)当中请求 DMA 传送的通道占有总线并发出地址和控制信号，行使主控器的功能。在 PC/AT 以上微机中，通道 1 给用户使用，其余的通道均保留备用。该系统的 DMA 配置框图如图 9-7 所示。

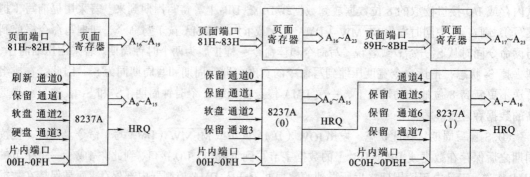

图 9-6　PC/XT DMA 系统框图　　　　　图 9-7　PC/AT 以上微机 DMA 系统框图

片(0)的通道 1～3 仍然按照 8 位数据进行 DMA 传送，每次最大传送为 64 KB；片(0)的通道 0 和片(1)的通道 5～7 是按照 16 位数据进行 DMA 传送，每次最大传送为 64 KB。其页面地址寄存器采用 74LS612，产生 DMA 通道的高 8 位地址 $A_{16} \sim A_{23}$，它与 8237A 输出的 16 位地址一起组成 24 位地址线，从而能够访问存储器全部存储单元。因此，两片 8237A 的每个通道，都可以在 16 MB 空间范围内寻址。

CPU 对片(0)的访问端口仍使用 00H～0FH，即 DMA+0～DMA+15（DMA EQU 0）；其页面地址寄存器的端口地址为 81H（通道 2，软盘）、82H（通道 3）、83H（通道 1）、87H（通道 0）。CPU 对片(1)的访问端口采用字边界（偶字节地址，A_0 固定为 0），其起始端口地址为 0C0H，每个端口地址间隔为 2，范围为 0C0H~0DEH，即 DMA1+0～DMA1+30（DMA1 EQU 0C0H）；其页面地址寄存器的端口地址为 89H（通道 6）、8BH（通道 5）、8AH（通道 7）。

3．DMA 系统的初始化

DMA 系统的初始化是指 CPU 对 DMA 控制器 8237A 的初始化，其编程方法与一般的 I/O 接口芯片基本相同，一般要遵循下列步骤：

（1）命令字写入控制寄存器

初始化时必须设置控制寄存器，以确定其工作时序、优先级方式、DREQ 和 DACK 的有效电平以及是否允许工作等。

（2）屏蔽字写入屏蔽寄存器

当某通道正在进行初始化编程时，接收到 DMA 请求，可能未初始化结束，8237A 就开始进行 DMA 传送，从而导致出错。因此，需要先屏蔽要初始化的通道，在初始化结束后再解除该通道的屏蔽。

（3）方式字写入方式寄存器

为通道规定传送类型和工作方式。

（4）置 0 先/后触发器

端口地址 DMA+0CH 执行一条输出指令（写入任何数据均可），从而产生一个写操作，即可置 0 先/后触发器，为写入 16 位的地址和字节数初值做好准备。

（5）写地址初值寄存器和字节数初值寄存器

把 DMA 操作所涉及的存储区首址（或末址）写入地址初值寄存器，把要传送的字节数减 1，写入字节数初值寄存器。这几个寄存器都是 16 位的，因此写入要分两次进行，先写入低 8 位（先/后触发器自动置 1），后写入高 8 位（先/后触发器自动置 0）。

（6）解除屏蔽

向通道的屏蔽寄存器写入 $D_2 \sim D_0 = 0 \times \times$ 的命令，置 0 相应通道的屏蔽触发器，准备接收 DMA 请求。

（7）写请求寄存器

如果采用软件 DMA 请求，在完成通道初始化之后，在程序的适当位置向请求寄存器写入 $D_2 \sim D_0 = 1 \times \times$ 的命令，即可使相应通道进行 DMA 传送。

除了按照以上步骤实施对 8237A 的初始化以外，还要注意以下几点：

① 在 PC 系列微机中，当 BIOS 初始化时，已将各通道的控制寄存器设定为 00H，禁止存储器到存储器传送，允许读/写传送，正常时序，固定优先级，不扩展写信号，DREQ 高电平有效，DACK 低电平有效。因此，如果是借用 PC 系列微机的 DMA 通道进行 DMA 传送，则在初始化编程时，不应在向控制寄存器写入新的命令。

② 对所有通道的工作方式寄存器都要进行设置。因为硬件 RESET 信号或软件复位（总清）命令会使所有内部寄存器（屏蔽寄存器除外）被清除，所以需要对各个通道的工作方式寄存器进行适当的设置，即使目前不使用的通道也应该这样做，以便保证在所有可能的情况下各通道都能正确操作。方法是：对于要使用的通道写入所需的工作方式控制字，对于不使用的通道可用 40H、41H、42H 或 43H 写入其对应的方式寄存器，表示按照单字节方式进行 DMA 检验操作。

③ 员为了提供寻址存储器的高位地址信号，CPU 在对 8237A 进行初始化编程时，除了要向地址初值寄存器写入低 16 位地址字节之外，还应向页面地址寄存器写入高位地址字节。

④ 进行芯片功能检测。通常在系统上电后，要对 DMA 芯片进行检测，以保证其功能正常。方法是：对所有通道具有读/写功能的 16 位寄存器进行读/写测试，当写入和读出结果相等时，则判断芯片正常，否则，视为致命错误，令系统停机。

4．8237A 编程举例

下面以 PC/XT 的 DMA 系统为基础，对其 DMA 控制器 8237A 进行初始化编程，并用注释程序段来说明怎样对 8237A 进行初始化、测试以及使用。

```
;初始化程序段
        MOV     AL, 04H            ;控制字，关闭 8237A
```

```
              MOV   DX, DMA+8       ;DMA 代表 8237A 的片选地址,加 8 为控制寄存器的端口号
              OUT   DX, AL          ;写入控制字
              MOV   AL, 00H         ;总清除命令字
              MOV   DX, DMA+0DH     ;DMA+0DH 是总清除命令的端口号
              OUT   DX, AL          ;发总清除命令,同时使先/后触发器置 0
              MOV   DX, DMA         ;DMA 为通道 0 的端口号
              MOV   CX, 0004H       ;循环次数
    WRITE:    MOV   AL, 34H         ;写入数据为 1234H
              OUT   DX, AL          ;写入地址低位
              MOV   AL, 12H
              OUT   DX, AL          ;写入地址高位
              INC   DX
              INC   DX              ;指向下一个通道
              LOOP  WRITE           ;使 4 个通道的地址寄存器的值为 1234H
              MOV   DX, DMA+0BH     ;指向方式寄存器的端口
              MOV   AL, 58H         ;方式字,单字节读传送,地址加 1,自动预置,选择通道 0
              OUT   DX, AL
              MOV   AL, 41H         ;方式字,单字节检验传送,地址加 1,非自动预置,通道 1
              OUT   DX, AL
              MOV   AL, 42H         ;方式字,单字节检验传送,地址加 1,非自动预置,通道 2
              OUT   DX, AL
              MOV   AL, 43H         ;方式字,单字节检验传送,地址加 1,非自动预置,通道 3
              OUT   DX, AL
              MOV   DX, DMA+08H     ;指向控制寄存器的端口
              MOV   AL, 00H         ;控制字,DACK 低电平有效,DREQ 高电平有效,滞后写
              OUT   DX, AL          ;固定优先级,正常时序,启动工作,禁止存储器之间传送
              MOV   DX, DMA+0AH     ;指向屏蔽寄存器的端口
              OUT   DX, AL          ;解除通道 0 屏蔽(因当前 AL 的值为 0)
              MOV   AL, 01H
              OUT   DX, AL          ;解除通道 1 屏蔽
              MOV   AL, 02H
              OUT   DX, AL          ;解除通道 2 屏蔽
              MOV   AL, 03H
              OUT   DX, AL          ;解除通道 3 屏蔽
;此时,4 个通道开始工作,通道 1~3 为检验传送,即虚拟传送,地址寄存器的值不变化,只有通道
;0 真正进行传送
;下面的程序段对通道 1~3 的地址寄存器的值进行测试
              MOV   DX, DMA+02H     ;指向通道 1 的地址寄存器端口
              MOV   CX, 0003H       ;循环次数
    READ:     IN    AL, DX         ;读取地址的低字节
              MOV   AH, AL          ;送 AH 暂存
              IN    AL, DX          ;读取地址的高字节
              CMP   AX, 1234H       ;比较读取的值是否等于写入的值
              JNZ   HERR            ;如果不等,则转出错标号 HERR
              INC   DX
              INC   DX              ;指向下一个通道
              LOOP  READ            ;测试下一个通道
              ...
    HERR:     HLT                   ;出错停机等待
```

　　下面是利用通道 1 进行网络通信的传输程序,进入此通信程序前,必须在 ES:BX 中设置缓冲区首地址；DI 中设置传送字节数；SI 中为数据传输方向,如 SI 中为 48H,则为主机传输到网络,如 SI 中为 44H,则为网络传输到主机。

```
NETTRA: MOV   DX, DMA+0CH      ;DMA 代表 8237A 的片选地址,加 0CH 为先/后触发器的端口号
        MOV   AL, 00H          ;控制字,关闭 8237A
        OUT   DX, AL           ;清除先/后触发器
        MOV   DX, DMA+09       ;请求标志寄存器的端口号
        OUT   DX, AL           ;清除 DMA 请求标志
        MOV   AX, 01H          ;总清除命令字
        OR    AX, SI           ;在 AL 中构成对通道 1 的模式字,即地址加 1 变化,非自动预
                               ;置,如 SI 为 48H,则为主机到网络,如 SI 为 44H,则为网络到主机
        MOV   DX, DMA+0BH      ;DMA+0BH 是模式寄存器的端口号
        OUT   DX, AL           ;设置通道 1 的模式字
        MOV   AX, ES           ;取主程序指定的内存段地址
        MOV   CL, 04
        ROL   AX, CL           ;段地址循环左移 4 位
        MOV   CH, AL           ;高 4 位保存到 CH 中
        AND   AL, 0F0H
        ADD   AX, BX           ;形成 20 位物理地址的低 16 位送 AX
        JNC   ABC             ;无进位,则不修改高 4 位地址,转 ABC
        INC   CH              ;有进位,则高 4 位地址加 1
ABC:    MOV   DX, DMA+2        ;DMA+2 为通道 1 的地址寄存器端口号
        OUT   DX, AL           ;写入地址低 8 位
        MOV   AL, AH
        OUT   DX, AL           ;写入地址高 8 位
        MOV   AL, CH
        AND   AL, 0FH          ;地址最高 4 位
        MOV   DX, DMA+0083H    ;DMA+0083H 为页面寄存器对应的端口地址
        OUT   DX, AL           ;输出最高 4 位地址
        MOV   AX, DI           ;AX 中存放要传送的字节数
        DEC   AX              ;字节数减 1 作为计数值
        MOV   DX, DMA+03H      ;DMA+03H 为通道 1 的字节计数器的端口号
        OUT   DX, AL           ;输出计数值低 8 位
        MOV   AL, AH
        OUT   DX, AL           ;输出计数值高 8 位
        MOV   DX, DMA+0AH      ;指向屏蔽寄存器的端口
        MOV   AL, 01H
        OUT   DX, AL           ;解除通道 1 屏蔽
        MOV   DX, DMA+08H      ;指向控制寄存器的端口
        MOV   AL, 60H
        OUT   DX, AL           ;启动 8237,用固定优先级,普通时序,DACK 信号低电平
                               ;有效,DREQ 也为低电平有效
        MOV   DX, DMA+08H      ;也是指状态寄存器对应的端口号
WAIT:   IN    AL, DX           ;读取状态
        AND   AL, 02H          ;看 DMA 是否结束
        JZ    WAIT            ;未结束则等待
        ...                  ;如结束,则进行后续处理
```

小　结

　　DMA 是控制数据传送的另一种关键技术。在 DMA 方式下出 DMA 控制器(DMAC)用硬件完成列传送过程的控制,接管地址总线、数据总线和相应控制信号线的控制权。

DMA 传送包括 DMA 读/写和存储器到存储器的数据传送。DMA 控制器的传送方式包括单字节传送方式、块传送方式、请求传送方式、级联传送方式 4 种。

8237A 是一种可编程的 4 通道 DMA 控制器，能够进行多种方式的数据传送控制。传输用途广泛，比较常见的有 DRAM 刷新、刷新屏幕显示以及磁盘存储系统的读和写，还可以实现存储器到存储器的传输。

习　题

1. 简述 DMA 传送的一般过程。

2. DMA 控制器应具有哪些功能？

3. DMA 传送一般有哪几种操作类型和操作方式？

4. 8237A 提供哪几种传送方式？各有何特点？

5. 8237A 只有 8 位数据线，为什么能完成 16 位数据的 DMA 传送？

6. 8237A 的地址线为什么是双向的？

7. 8237A 什么时候作为主模块工作，什么时候作为从模块工作？在这两种工作模式下，各控制信号处于什么状态，试进行说明。

8. 8237A 选择存储器到存储器的传送模式必须具备哪些条件？

9. 8237A 具有操作功能的寄存器有哪些？其功能如何？

10. 什么是 DMA 页面地址寄存器？其作用是什么？

11. 什么是 DMA 控制器的正常时序和压缩时序？

12. 在 PC 系列微机中 DMA 系统有哪两种配置 8237A 的方式？

13. 说明 8237A 初始化编程的步骤。

14. 利用 8237A 的通道 2，由一个输入设备输入一个 32 KB 的数据块至内存，内存的首地址为 34000H，采用增量、块传送方式，传送完不自动初始化，输入设备的 DREQ 和 DACK 都是高电平有效。请编写初始化程序，8237A 的首地址用标号 DMA 表示。

第⑩章

并行通信接口

随着大规模集成电路技术的发展，现已生产了各种各样通用的可编程接口芯片。8255A 即是 Intel 系列可以用于 8086 CPU 和其他系列的微处理器接口的可编程并行接口芯片。由于是可编程的，可以通过软件来设置芯片的工作方式，所以使用方便、灵活，而且不需外加电路。

本章要点

- 8255A 的组成原理与编程设计、控制命令字的含义与格式；
- 8255A 的工作方式与应用；并行接口的设计原理与方法。

10.1　并行通信与并行接口

1. 并行通信

并行通信就是把一个字符的各位用几条线同时进行传输。即将组成数据的各位同时进行传送，每次传送 8 位或 16 位数据。例如，同时输入或输出 01010110 数据信息，至少需要 8 条电缆线。并行通信的主要特点是信息传输速度快、信息传输速率高，这种特点是多用通信电缆而换取的。随着通信距离的增加，电缆的开销就会成为突出问题，所以并行通信总是用于数据传输速率要求较高、而传输距离较短的场合。

目前，对于并行通信还没有标准化。数据的宽度可以是 1～64 位或者更宽，但通常使用 8 位宽度，一次传输一个字符。对于并行传输的方式也没有严格的定义，如果 CPU 用一个时序信号来管理接口和设备的动作，那么这种并行传输应看成是同步传输；如果 CPU 和接口及设备之间使用应答信号进行传送，那么这种并行传输应看成是异步传输。

2. 并行接口

实现并行通信的接口就是并行接口。并行接口为外围设备提供了能使信息并行传送的输入/输出端口。并行接口广泛应用于微机内部各部件之间以及主机与外围设备之间的信息交换。例如，打印机接口，A/D、D/A 转换器接口，开关量接口，控制器接口等。并行接口的"并行"含义不是指接口与系统总线一侧的并行数据而言（因为这是固定的），而是指接口与 I/O 设备或控制对象一侧的并行数据线。

一个并行接口的接口特性可以从两个方面加以描述：第一是接口以并行方式传输的数据通道的宽度，也称接口传输的位数；第二是用于协调并行数据传输的额外接口控制线或称交互信号的特性。

　　并行接口需要具有一定功能的硬件支持，如具有输入/输出数据的隔离（三态）与缓冲器和锁存器的交换数据端口，各端口具有与 CPU 交换数据所必需的控制和状态信息，具有与外设交换数据所必需的控制和状态信息等。此外，还有片选和控制电路等。

　　并行接口可分为不可编程接口和可编程接口两种类型。两者的主要区别是：对于不可编程接口来说，其工作方式和功能完全通过逻辑电路连接来设定，不能通过软件编程的方法加以改变；而可编程接口一般是针对一些典型的接口芯片，其工作方式和功能都能通过软件编程的方法加以设定或改变。

10.2　简单并行接口芯片

　　简单并行接口是由简单的门电路、触发器等连接组成的并行接口。这种接口适用的场合比较多，传输方式一般采用无条件传输方式，即在数据传送操作中，CPU 可以不考虑外围设备的状态而进行读/写操作。可以根据接口的功能要求，组成简单输入并行接口、简单输出并行接口和双向输入/输出并行接口。对输入而言，输入装置保证输入数据有效，输入接口的关键电路是三态缓冲器；对输出而言，接口应保证输出数据的稳定，输出接口的关键是用数据锁存器来保存输出数据。因此，通常采用集成电路来实现简单并行接口，常用的集成芯片有 8 位输入锁存三态输出的 74LS373/374，8 位三态输出驱动器 74LS244，8 位双向缓冲驱动器 74LS245 等。

1. 74LS74

　　74LS74 包含两个独立的上升沿触发的 TTL 集成双 D 触发器，每个触发器都有独立的直接复位（清除）端 $\overline{RD}$，直接预置端 $\overline{SD}$，数据输入端 D 和时钟输入端 CLK（CP），还有一组互补输出端 Q 和 $\overline{Q}$。其内部功能图如图 10-1 所示。74LS74 的功能表如表 10-1 所示。

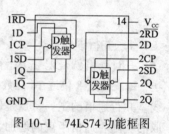

图 10-1　74LS74 功能框图

表 10-1　74LS74 功能表

输		入		输	出
$\overline{SD}$	$\overline{RD}$	CP	D	Q	$\overline{Q}$
L	H	×	×	H	L
H	L	×	×	L	H
H	H	↑	H	H	L
H	H	↑	L	L	H
H	H	L	×	Q_0	$\overline{Q_0}$

2. 74LS273

　　74LS273 是带清除端 CLR 的八 D 触发器。在时钟 CLK 上升沿作用下，输入信息由 D 端传送到 Q 端。触发器的时钟频率响应范围为 0～30 MHz。74LS273 的功能框图如图 10-2 所示，其功能表如表 10-2 所示。

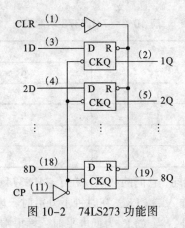

图 10-2　74LS273 功能图

表 10-2　74LS273 功能表

输	入		输　　出
CLR	CLK	D	Q
L	×	×	L
H	↑	H	H
H	↑	L	L
H	L	L	维持

3. 74LS373/374

74LS373 是透明 D 型锁存器，当允许端 $\overline{G}$ 是高电平时，输入数据 D 被内部 $\overline{Q}$ 输出并锁存，只有当输出控制端 $\overline{OE}$ 为低电平时，被锁存的数据 D 才在 Q 端输出。当输出控制端 $\overline{OE}$ 为高电平时，输出端 Q 为高阻状态。由于输出可提供具有高阻抗的第三态，74LS373 作为缓冲寄存器、I/O 通道、总线驱动器以及工作寄存器等都特别有吸引力。图 10-3 为其结构框图，表 10-3 为其功能表。

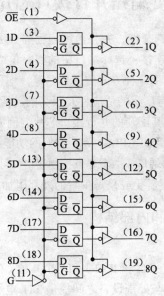

图 10-3　74LS373 结构图

表 10-3 74LS373 功能表

输		入	输　出
$\overline{OE}$	G	D	Q
L	H	H	H
L	H	L	L
L	L	×	新状态
H	×	×	三态

74LS374 与 74LS373 基本相同，它们的区别仅在于 74LS374 是边沿触发，即把 74LS373 的允许端 G 换成为 74LS374 的时钟输入端 CLK，在时钟上升沿时，内部锁存器的输入端 D 的状态就建立在锁存器的输出端 $\overline{Q}$。另外，当 CLK 为低电平时，输出端 Q 处于维持数据状态。其他与 74LS373 相同。

4. 74LS244

74LS244 是带施密特触发的 8 位（2×4）三态门电路，抗干扰性好，无锁存功能，常用做总线驱动器和并行输入接口。74LS244 的 8 路输入/输出实际上分两个 4 路的输入/输出，分别由门控信号 1$\overline{G}$ 和 2$\overline{G}$ 控制，当它的控制端 1$\overline{G}$（2$\overline{G}$）为低电平时，输出端 Y 等于输入端 A（直通）；当 1$\overline{G}$（2$\overline{G}$）为高电平时，输出端 Y 为高阻态。

5. 74LS245

74LS245 是具有三态输出的 8 位总线收发器/驱动器，无锁存功能。在输出控制端 $\overline{G}$ 为低电平期间，当传输方向控制端 DIR 为低电平时，74LS245 可以将 8 位数据从 A 端传送到 B 端，即此时 A 端为输入而 B 端为输出；当传输方向控制端 DIR 为高电平时，74LS245 可以将 8 位数据从 B 端传送到 A 端，即此时 B 端为输入而 A 端为输出。当输出控制端 $\overline{G}$ 为高电平时，将禁止传输，A 端与 B 端之间为高阻状态（隔离）。

10.3 可编程并行接口芯片 8255A

所谓可编程实际是指具有可选择性，并且是用编程的方法进行选择。例如，选择芯片中的哪一个或哪几个数据端口与外设连接；选择端口中的哪一位或哪几位作输入，哪一位或哪几位作输出；选择端口与 CPU 之间采用哪种方式传送数据等，均可由用户在程序中写入方式字或控制字来进行设定。因此，它们具有广泛的适应性及很高的灵活性，在微机系统中得到广泛应用。

对于各种型号的 CPU 都有与其配套的并行接口芯片。例如，Intel 公司 8255A（PPI）、Zilog 公司 Z-80PIO、Motorola 公司 MC6820（PIA）等，它们的功能虽有差异，但工作原理基本相同。

Intel 8255A 具有 3 个 8 位数据端口，一个 8 位控制端口，可以通过软件设置芯片的 3 种工作方式。在与外围设备连接时，通常不需要或只需少量的外部附加电路，为使用带来了很大方便。

10.3.1 8255A 的外部特性和内部结构

1. 8255A 的基本特性

8255A 是一个具有两个 8 位（A 口和 B 口）和两个 4 位（C 口高/低 4 位）并行 I/O 端口的接口芯片，通常用做 Intel 系列 CPU 与外围设备之间提供 TTL 电平兼容的接口，适用于需要同时传送两位以上信息的并行接口。8255A 的 PC 口还具有按位置位/复位功能，为按位控制提供了强有力的支持。

8255A 能适应 CPU 与 I/O 接口之间的多种数据传送方式的要求，如无条件传送、查询方式传送和中断方式传送。与此相对应，8255A 具有方式 0、方式 1 和方式 2 三种工作方式。

8255A 的可编程功能很强，由内容丰富的命令字（方式字和控制字）来设置 8255A，使其构成多种功能的接口电路。

8255A PC 口的使用比较特殊，除用做一般数据口外，PC 口可以按位进行控制，而且当 8255A 工作在方式 1 和方式 2 时，PC 口的口线被分配成专用联络信号线，等等。

2．8255A 的引脚信号及功能

8255A 是单+5 V 电源供电、具有 40 个引脚的双列直插封装的器件，其外部引脚排列及名称如图 10-4 所示。8255A 的引脚信号可分为两部分：一部分是与外设相连的，另一部分是与 CPU 相连的。

（1）同外设相连的信号

① $PA_7 \sim PA_0$：PA 口的外设数据线（双向）。

② $PB_7 \sim PB_0$：PB 口的外设数据线（双向）。

③ $PC_7 \sim PC_0$：PC 口的外设数据线（双向）。

这 24 条信号线都可用来连接 I/O 设备和传送信息。其中，PA 口和 PB 口通常作为输入/输出的数据口来使用。当 PA 口和 PB 口作为数据口输入/输出时，口线的 8 位是一起行动的，即使仅仅用到其中的某一位，也要同时输入/输出 8 位数据。

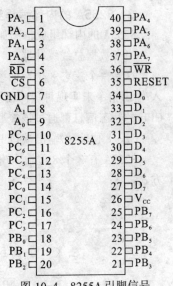

图 10-4　8255A 引脚信号

PC 口的作用与 8255A 的工作方式有关，它除了可以作数据口以外，还有其他特殊用途，如下所述：

- 作数据口：PC 口用做数据口时，和 PA 口和 PB 口不一样，它把 8 位分成高 4 位和低 4 位两部分。因此，当 PC 口作为数据口输入/输出时，是 4 位一起行动的，即使只用到其中的某一位，也要同时输入/输出 4 位数据。
- 作状态口：8255A 工作在方式 1 和方式 2 时，有固定的状态字，从 PC 口读入，此时 PC 口就是 8255A 的临时状态口。
- 作固定联络信号线：8255A 的方式 1 和方式 2 是一种应答传送方式，需要应答联络信号，因此，PC 口的多数口线被定义为固定的联络信号线。
- 作按位控制用：PC 口的每个口线都可以单独输出高/低电平。此时，PC 口作为按位控制用，而不是作为数据输出用。

（2）同 CPU 相连的信号

① $D_7 \sim D_0$：数据线，双向，三态，可连接 CPU 的数据总线。

② $\overline{CS}$：片选信号，输入，低电平有效。只有当 $\overline{CS}$ 为低电平时，才能对 8255A 进行读写操作。当 $\overline{CS}$ 为高电平时，就切断了 CPU 与 8255A 的任何联系。通常，$\overline{CS}$ 由系统的高位地址线经 I/O 端口地址译码电路产生。

③ A_1、A_0：片内寄存器选择信号（端口选择），输入，与系统地址总线的低位相连，用来寻址 8255A 内部的寄存器。8255A 内部有 3 个数据端口和 1 个控制端口，共 4 个端口。规定当

A_1、A_0 为 00 时，选中 PA 口；为 01 时，选中 PB 口；为 10 时，选中 PC 口；为 11 时，选中控制口。

④ RESET：复位信号，输入，高电平有效。当 RESET 信号到来时，清除控制寄存器并将 8255A 的 PA、PB、PC 3 个端口均置为输入方式；输出寄存器和状态寄存器被复位，3 个端口的外部口线均呈高阻悬浮状态。这种状态一直维持到用方式命令使其改变为止。

⑤ $\overline{RD}$：读信号，输入，低电平有效。当 CPU 执行 IN 指令时使 $\overline{RD}$ 有效，CPU 可以从 8255A 中读取数据。

⑥ $\overline{WR}$：写信号，输入，低电平有效。当 CPU 执行 OUT 指令时使 $\overline{WR}$ 有效，CPU 可以向 8255A 写入数据或命令字。

除此以外，8255A 还有两个引脚信号：电源 Vcc 和地线 GND。

3．8255A 的内部编程结构

8255A 的内部组成框图如图 10-5 所示，由 4 部分组成：

（1）数据总线缓冲器

这是一个三态 8 位双向缓冲器，用做与 CPU 系统数据总线相连时的缓冲部件，CPU 通过输入/输出指令来实现对缓冲器发送或接收数据。8255A 所接收到的所有数据和控制信息以及送往 CPU 的状态信息都通过该缓冲器传送。

（2）8 位输入/输出端口 PA、PB、PC

8255A 有 3 个 8 位输入/输出端口 PA、PB 和 PC，各端口都可由程序设定为各种不同的工作方式。

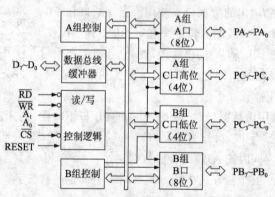

图 10-5　8255A 内部结构框图

① PA 口：有一个 8 位数据输入锁存器和一个 8 位的数据输出锁存/缓冲器。

② PB 口：有一个 8 位数据输入缓冲器和一个 8 位数据输出锁存/缓冲器。

③ PC 口：有一个 8 位数据输入缓冲器和一个 8 位输出锁存/缓冲器。

通常，将 PA 口与 PB 口用做输入/输出的数据端口，PC 口用做控制或状态信息的端口。在方式选择控制字的控制下，PC 口可以分为两个 4 位端口，每个端口包含一个 4 位锁存器，可分别同 PA 口和 PB 口配合使用，用做控制信号（输出），或作为状态信号（输入）。

（3）A 组和 B 组的控制电路

A 组控制部件用来控制 PA 口和 PC 口高 4 位（$PC_7 \sim PC_4$）；B 组控制部件用来控制 PB 口和 PC 口的低 4 位（$PC_3 \sim PC_0$）。这两组控制电路根据 CPU 发出的方式选择控制字来控制 8255 的工作方式，每组控制部件都接收来自读/写控制逻辑的命令，接收来自内部数据总线的控制信息，并向与其相连的端口发出适当的控制信号。

（4）读/写控制逻辑

用来管理数据信息、控制信息和状态信息的传送，它接收来自 CPU 地址总线的 A1、A0 地址信号和控制总线的有关信号（ $\overline{RD}$ 、 $\overline{WR}$ 、 $\overline{CS}$ 、RESET），向 8255 的 A、B 两组控制部件发送命令。读/写控制逻辑控制总线的开放、关闭和信息的传送方向。

10.3.2　8255A 的编程命令

8255A 的编程命令包括工作方式选择控制字和 PC 口按位操作控制字，它们是用 8255A 来组建各种接口电路的重要工具，需要熟练掌握。

由于这两个控制字都送到 8255 的同一个控制端口，故为了让 8255A 能够识别是哪个控制，采用在控制代码中设置特征位的方法来进行区分。如果写入的控制字的最高位 $D_7=1$，则该控制字为工作方式控制字；如果写入的控制字的最高位 $D_7=0$，则该控制字是 PC 口的按位复位/置位控制字。把控制字的内容写到 8255A 的控制寄存器，即实现了对 8255A 工作方式的指定，这个过程又称为对 8255A 的初始化。

1．工作方式控制字

作用：指定 8255A 的工作方式和 PA、PB、PC 三个端口的输入/输出功能。

格式：8 位数据，其中最高位是特征位，必须写 1。其余各位的定义如下：

1	D_6	D_5	D_4	D_3	D_2	D_1	D_0
特征位	A 组方式 00=方式 0 01=方式 1 1×=方式 2	PA 0 = 输出 1 = 输入	$PC_7 \sim PC_4$ 0 = 输出 1 = 输入	B 组方式 0=方式 0 1=方式 1	PB 0 = 输出 1 = 输入	$PC_3 \sim PC_0$ 0 = 输出 1 = 输入

利用工作方式控制字的不同代码组合，可以分别选择 A 组和 B 组的工作方式以及确定各端口是输入还是输出。

【例 10.1】要求 8255A 的各端口处于如下工作方式：PA 口指定为方式 0 输入，PC 口高 4 位指定为输出，PB 口指定为方式 0 输出，PC 口低 4 位指定为输入。写出 8255A 的初始化程序。

```
MOV   DX,0063H      ;8255A 控制端口地址
MOV   AL,91H        ;初始化命令字
OUT   DX,AL         ;控制字送到控制端口
```

2．PC 口按位置位/复位控制字

作用：指定 PC 口的某一位（即某一引脚）输出高电平（置位）或输出低电平（复位）。

格式：8 位数据，其中最高位是特征位，必须写 0。其余各位定义如下：

0	D_6	D_5	D_4	D_3	D_2	D_1	D_0
特征位	未使用 （写 0）			位选择 000 = PC 第 0 位 001 = PC 第 1 位 … 111 = PC 第 7 位			1 = 置位 （高电平） 0 = 复位 （低电平）

8255 的 PC 口具有位操作功能，使用 PC 口按位置位/复位控制字，可以改变 PC 口某一位的取值而不影响 PC 口的其他位。由于 PC 口有 8 位，要确定对其中一位进行操作，就要在控制字

中指定该位的编号，在控制字格式中用 D_3、D_2、D_1 三位的编码与 PC 口中的某一位对应，而对指定位所设置的操作，则由 D_0 位确定。$D_0=1$ 时，将指定位置 1；D_0 等于"0"时，将指定位清零。

【例 10.2】要求把 PC_5 引脚设置成高电平输出。根据置位/复位控制字格式，其控制字应为 00001011B，即 0BH。将该控制字代码写入 8255A 的控制寄存器，就会使 PC 口的 PC_5 引脚输出高电平，其程序段为：

```
MOV  DX,0063H              ;8255A 控制端口地址
MOV  AL,0BH                ;使 PC₅=1 的命令字
OUT  DX,AL                 ;控制字送到控制端口
```

【例 10.3】利用实验插件板上 8255A 的 PC_7 产生负脉冲作为数据选通信号，其程序段为：

```
MOV  DX,0303H              ;插件板上 8255A 控制端口
MOV  AL,00001110B          ;置 PC₇=0
OUT  DX,AL
NOP                        ;维持低电平
NOP
MOV  AL,00001111B          ;置 PC₇=1
OUT  DX,AL
```

3. 关于 8255A 两个命令的使用注意事项

① 在使用上述两个控制字时应注意：工作方式选择控制字是对 8255A 的 3 个端口的工作方式及功能进行设置，所以应该放在程序的开始处进行初始化。

② 按位置位/复位控制字只对 PC 口的输出进行控制（对 PC 口输入不起作用），而且每次只对 PC 口的某一位的输出起作用，即令其输出高电平（置位）或输出低电平（复位）。使用该命令不会破坏已经建立起来的 3 种工作方式，而且可以在初始化程序以后的任何需要的地方使用该命令。

③ 两个命令字的最高位是特征位。当 $D_7=1$ 时表示是工作方式控制字；当 $D_7=0$ 时表示是按位置位/复位控制字。

④ 按位置位/复位的命令代码只能写入控制端口。必须注意按位置位/复位控制字是一个命令而不是数据，它只能按照命令的定义格式来处理每一位，如果把它写入 PC 口，就会按照 PC 口的数据定义格式来处理。这两种定义格式是完全不同的，是不能互换的，所以它只能写到控制端口才能起到其应起的作用。

10.3.3 8255A 的工作方式

8255A 有 3 种工作方式：方式 0、方式 1、方式 2。不同的工作方式以及具体的输入/输出操作，可以通过对 8255 的控制口写入命令字来设置。

1. 方式 0——基本输入/输出方式

方式 0 是一种基本输入/输出方式。方式 0 常用于无条件（简单）传送，也可用于查询传送。其工作特点如下：

① 按方式 0 工作，输出数据被锁存，而输入数据不是锁存的。因此，在方式 0 下，8255A 在输入操作时相当于一个三态缓冲器，在输出操作时相当于一个数据锁存器。

② 在方式 0 下，PA 口、PB 口以及 PC 口的高 4 位和低 4 位都可以独立地设置为输入口或输出口，共有 16 种不同的使用组态。

③ 在方式 0 下，所有端口都是单向 I/O 端口，每次初始化只能指定 PA、PB 和 PC 口作为输入或作为输出，不能指定这些端口同时既作为输入又作为输出。

④ 在方式 0 下，未设置专用联络信号线。当需要联络信号时，可以任意指定 PC 口中的某一条线来完成某种联络功能，但是不具备固定的时序关系，只能根据数据传送的要求来决定输入/输出的操作过程。

2. 方式 1——选通输入/输出方式

（1）方式 1 的工作特点

方式 1 是一种选通输入/输出方式，也称为应答 I/O 方式，常用于查询方式和中断方式进行数据传送。在这种方式下，端口 PA 或 PB 可以用做数据的输入或输出，但同时规定端口 PC 的某些位用做控制或状态信息。方式 1 的工作特点如下：

① 方式 1 下，PA、PB、PC 这 3 个端口分成 A、B 两组，PA 和 PB 两个端口中任何一个可作为数据输入口或者数据输出口，而 PC 口分成两部分，分别作 PA 和 PB 的联络信号。

② 8255A 规定的联络信号为 3 个，如果两个端口（PA、PB）都设置为工作方式 1，则共用 PC 中的 6 位，剩下的 2 位可以工作在方式 0 的输入或输出。若只有一个端口（PA 或 PB）设置为方式 1，另一个仍为方式 0，则 PC 口余下的 5 位可以工作在方式 0 的输入或输出。

③ PA 和 PB 口的工作方式 1 通过 CPU 写控制字设定，一旦方式 1 确定，相应 PC 口的联络信号也就确定了。各联络信号线之间有固定的时序关系，传送数据时要严格按照时序进行。

④ 单向传送。一次初始化只能设置在一个方向上传送，不能同时作为两个方向的传送。

（2）方式 1 输入及其联络信号线定义和时序

因为输入是从 I/O 设备向 8255A 送数据，所以 I/O 设备应先把数据准备好，并送到 8255A，然后 CPU 再从 8255A 读取数据。这个传送过程需要使用一些联络信号线，所以当 PA 和 PB 工作于方式 1 输入时，各指定了 PC 口的 3 条线作为联络信号线，如图 10-6 所示。

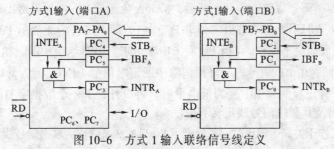

图 10-6　方式 1 输入联络信号线定义

① $\overline{STB}$(Strobe)：选通信号，低电平有效，外部输入。当此信号有效时，8255A 将外围设备通过端口数据线 $PA_7 \sim PA_0$(对于 A 口)或 $PB_7 \sim PB_0$(对于 B 口)输入的数据送到所选端口的输入缓冲器中。

② IBF(Input Buffer Full)：输入缓冲器满信号，高电平有效。8255A 给外设的状态信号，当此信号有效时，表示输入设备送来的数据已传送到 8255A 的输入缓冲器中，即缓冲器已满，8255A 不能再接收别的数据。此信号一般供 CPU 查询。IBF 由 $\overline{STB}$ 信号置位，而由读信号 $\overline{RD}$ 的上升沿将其复位，复位后表示输入缓冲器已空，又允许外设将一个新的数据送到 8255A。

③ INTE(Interrupt Enable)：中断允许信号。控制 8255A 能否向 CPU 发中断请求信号，没有外部引出脚。在 A 组和 B 组的控制电路中，分别设有中断请求触发器 $INTE_A$ 和 $INTE_B$，只有用软件才能使这两个触发器置 1 或清 0。其中，$INTE_A$ 由置位/复位控制字中的 PC_4 控制，$INTE_B$ 由 PC_2 控制。由于这两

个触发器无外部引出脚，PC$_4$和PC$_2$脚上出现高电平或低电平信号时，并不改变中断允许触发器的状态；对 INTE 信号的设置也不会影响已作为 $\overline{STB}$ 信号的引脚 PC$_4$和PC$_2$的逻辑状态。

④ INTR(Interrupt Request)：中断请求信号。8255A 向 CPU 发出的中断请求信号，高电平有效。只有当 $\overline{STB}$、IBF 和 INTE 都是高电平时，INTR 才能变为高电平。即当选通信号结束，已将输入设备提供的一个数据送到输入缓冲器中时，输入缓冲器满信号 IBF 已变成高电平，并且是中断允许的情况下，8255A 才能向 CPU 发中断请求信号 INTR。CPU 响应中断后，可用 IN 指令从 8255A 中读取数据，$\overline{RD}$ 信号的下降沿将使 INTR 信号复位，$\overline{RD}$ 信号的上升沿又使 IBF 复位，以通知外设可以输入下一个数据。INTR 通常和 8259A 的一个中断请求输入端 IR 相连，通过 8259A 的输出端 INT 向 CPU 发中断请求。

方式 1 输入时序如图 10-7 所示。

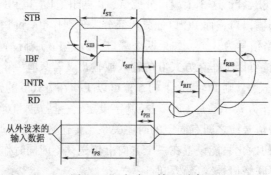

图 10-7　方式 1 输入时序

以 PA 口为例，方式 1 的输入过程如下：

外设准备好数据，在送出数据的同时，向 PC$_4$送出一选通信号 $\overline{STB}$。8255A 的 PA 口数据锁存器在 $\overline{STB}$ 下降沿控制下，将数据锁存。然后，8255A 会通过 PC$_5$向外设送出高电平的 IBF，表示锁存数据已完成，暂时不要再送数据。如果 PC$_4$为 1，即 INTE$_A$为 1 表示 PA 口允许中断，位于 PC$_3$的 INTR 会变成高电平输出，向 CPU 发出中断请求。CPU 响应中断，执行 IN 指令时，对 PA 口执行读操作，同时由 $\overline{RD}$ 信号的下降沿清除中断请求信号（INTR 变为低电平），然后，使 IBF 复位为低电平。外设检测到 IBF 变为低电平后，可以开始下一个数据字节的传送。

（3）方式 1 输出及其联络信号线定义和时序

PA 或 PB 端口工作于方式 1 输出时，各指定了 PC 口的 3 条线作为联络信号线，如图 10-8 所示。

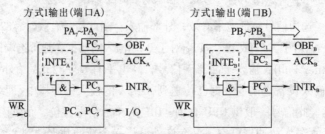

图 10-8　方式 1 输出联络信号线定义

① $\overline{OBF}$：输出缓冲器满信号，低电平有效。$\overline{OBF}$ 由是 8255A 输出给外设的选通信号，当其有效时，表示 CPU 已经将数据输出到指定的端口，通知外设可以将数据取走。由输出指令 $\overline{WR}$ 的上升沿置成低电平，而外设回答信号 $\overline{ACK}$ 将其恢复成高电平。

②　$\overline{\mathrm{ACK}}$：响应信号，低电平有效。$\overline{\mathrm{ACK}}$由外设提供给 8255A，有效时表示 8255A 输出的数据已经被外设所接收。

③　INTE：中断允许信号，其意义与 A 口、B 口工作于选通输入方式时的 INTE 信号一样。INTE 为 1 时，端口处于中断允许状态，为 0 时，端口处于中断屏蔽状态。其中，A 口的中断允许信号 $\mathrm{INTE_A}$ 由置位/复位控制字中的 $\mathrm{PC_6}$ 控制，B 口的中断允许信号 $\mathrm{INTE_B}$ 由 $\mathrm{PC_2}$ 控制。对 8255A 写入置位/复位控制字使其置 1 或清 0，来决定中断允许或屏蔽。

④　INTR：中断请求信号，高电平有效。当外设接收到由 CPU 经 8255A 发送的数据后，8255A 就用 INTR 信号向 CPU 发送中断请求，请求 CPU 继续输出下一个数据。仅当 $\overline{\mathrm{ACK}}$、$\overline{\mathrm{OBF}}$、INTE 都为高电平时（表示数据已被外设接收，且允许 8255A 中断），INTR 才能被置成高电平。最后由 CPU 对端口的写操作来清除 INTR 信号。

方式 1 输出的时序如图 10-9 所示。

同输入操作一样，在方式 1 输出时，CPU 向端口写入一字节数据以后，$\overline{\mathrm{OBF}}$ 即变为有效，以通知外设读取数据；当外设读取数据以后，向端口发送一个 $\overline{\mathrm{ACK}}$ 应答信号，表示输出数据缓冲器已空（数据无效）。$\overline{\mathrm{ACK}}$ 信号的后沿将置位 INTR 信号，向 CPU 发送中断请求，要求 CPU 在中断服务程序中发送新的数据。

因此，在方式 1 下，规定一个端口作为输入口或输出口的同时，自动规定了有关的控制信号，尤其是规定了相应的中断请求信号。

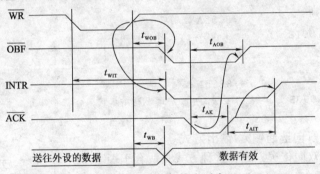

图 10-9　方式 1 输出时序

这样，在许多采用中断进行输入/输出的场合，如果外围设备能为 8255A 提供选通信号或数据接收应答信号，那么，使用 8255A 作为接口电路就十分方便。

（4）方式 1 的状态字

在方式 1 下，8255A 有固定的状态字。状态字为查询方式提供了状态标志位，输入时用 IBF 作标志，输出时用 $\overline{\mathrm{OBF}}$ 作标志。由于 8255A 不能直接提供中断向量，因此当 8255A 采用中断方式时，CPU 也要通过读取状态字来确定中断源，实现查询中断，此时用 INTR 状态位来指示 PA 口或 PB 口有中断请求。

状态字通过读 PC 口获得，其格式和各位的定义如下：

状态字	A 组状态					B 组状态		
	D_7	D_6	D_5	D_4	D_3	D_2	D_1	D_0
读出位	$\mathrm{PC_7}$	$\mathrm{PC_6}$	$\mathrm{PC_5}$	$\mathrm{PC_4}$	$\mathrm{PC_3}$	$\mathrm{PC_2}$	$\mathrm{PC_1}$	$\mathrm{PC_0}$
输入时	I/O	I/O	$\mathrm{IBF_A}$	$\mathrm{INTE_A}$	$\mathrm{INTR_A}$	$\mathrm{INTE_B}$	$\mathrm{IBF_B}$	$\mathrm{INTR_B}$
输出时	$\mathrm{OBF_A}$	$\mathrm{INTE_A}$	I/O	I/O	$\mathrm{INTR_A}$	$\mathrm{INTE_B}$	$\mathrm{OBF_B}$	$\mathrm{INTR_B}$

状态字共有 8 位，分 A 组和 B 组，A 组的状态位占用高 5 位，B 组的状态位占用低 3 位，并且输入和输出时的状态字的定义是不同的。

使用状态字时，要注意以下几点：

① 状态字在 8255A 输入/输出操作时由内部产生，并且从 PC 口读取。但是从 PC 口读出的状态字独立于 PC 口的外部引脚，即其内容与 PC 口的外部引脚无关。例如在输入时，从 PC_4 和 PC_2 读出的状态字表示 PA 和 PB 端口在输入时的中断允许位 $INTE_A$ 和 $INTE_B$，而不是外部引脚 PC_4 和 PC_2 的联络信号 $\overline{STB_A}$ 和 $\overline{STB_B}$ 的电平状态；在输出时，从 PC_6 和 PC_2 读出的状态字表示 PA 和 PB 端口在输出时的中断允许位 $INTE_A$ 和 $INTE_B$，而不是外部引脚 PC_6 和 PC_2 的联络信号 $\overline{ACK_A}$ 和 $\overline{ACK_B}$ 的电平状态。

② 状态字中可供 CPU 查询的状态位有：输入时——IBF 位和 INTR 位；输出时——$\overline{OBF}$ 位和 INTR 位。但从可靠性来看，查询 INTR 位要比查询 IBF 位和 $\overline{OBF}$ 位更可靠，这一点可以从方式 1 下输入和输出的时序关系图得到证实。所以，在方式 1 下采用查询方式时，一般都是查询状态字中的 INTR 位。

③ 状态字中的 INTE 位，是控制标志位，用来控制 8255A 能否提出中断请求，因此它不是 I/O 操作过程中自动产生的状态，而是由程序通过按位置位/复位命令来设置或清除的。例如，如果允许 PA 口输入时产生中断请求，则必须设置 $INTE_A=1$，即置 $PC_4=1$；如果禁止其产生中断请求，则必须设置 $INTE_A=0$，即置 $PC_4=0$，其程序段为：

```
MOV  DX,303H        ;8255A 控制口
MOV  AL,00001001B   ;置 PC4=1,允许中断请求
OUT  DX,AL
...
MOV  DX,303H        ;8255A 控制端口
MOV  AL,00001000B   ;置 PC4=0,禁止中断请求
OUT  DX,AL
```

3. 方式 2——双向选通输入/输出方式

方式 2 是一种双向传送方式，这种方式只适合于端口 A，可采用查询方式或中断方式进行数据传送。在方式 2 下，外设通过 8 根数据线，既可以向 CPU 发送数据，也可以从 CPU 接收数据。与方式 1 工作情况类似，端口 C 在端口 A 工作于方式 2 时自动提供相应的联络信号，如图 10-10 所示

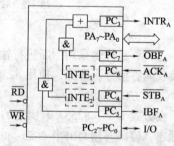

图 10-10 方式 2 控制联络信号线定义

方式 2 所使用的联络信号及作用如下：

① $INTR_A$：中断请求信号，高电平有效。输入/输出都用该信号向 CPU 请求中断（PC_3）。

② $\overline{OBF_A}$：输出缓冲满信号，低电平有效。送往外设的状态信号，表示 CPU 已经将数据送到 PA 口（PC_7）。

③ $\overline{ACK_A}$：来自外设的响应信号，低电平有效。信号有效时可启动 PA 口的三态输出缓冲器送出数据，否则，输出缓冲器处于高阻状态（PC_6）。

④ $INTE_1$：输出中断允许触发器，由 PC_6 置位或复位。

⑤ $\overline{STB}_A$：选通输入，低电平有效。来自外设的选通信号，有效时，将数据送入 PA 口数据锁存器（PC_4）。

⑥ IBF_A：输入缓冲器满信号，高电平有效。有效时，表明数据已经送入锁存器（PC_5）。

⑦ $INTE_2$：输入中断允许触发器，由 PC_4 置位或复位。

方式 2 的时序相当于方式 1 的输入时序和输出时序的组合。输出是由 CPU 执行输出指令给出 I/O 地址和 $\overline{WR}$ 信号开始的，输入是由选通信号 $\overline{STB}$ 开始的。图上的输入、输出的顺序是任意的，只要 $\overline{WR}$ 信号在 $\overline{ACK}$ 以前发生；$\overline{STB}$ 信号在 $\overline{RD}$ 以前发生即可。

方式 2 的状态字基本上是方式 1 下输入和输出状态位的组合，其格式和定义如下：

状态字	A 组 状 态（方式 2）					B 组 状 态（方式 1）		
	D_7	D_6	D_5	D_4	D_3	D_2	D_1	D_0
读出位	PC_7	PC_6	PC_5	PC_4	PC_3	PC_2	PC_1	PC_0
输入时	OBF_A	$INTE_1$	IBF_A	$INTE_2$	$INTR_A$	$INTE_B$	IBF_B	$INTR_B$
输出时	OBF_A	$INTE_1$	IBF_A	$INTE_2$	$INTR_A$	$INTE_B$	OBF_B	$INTR_B$

状态字中有两位中断允许位，$INTE_1$ 是输出中断允许位，$INTE_2$ 是输入中断允许位。方式 2 状态字的使用注意事项与方式 1 相同。

方式 2 是一种双向工作方式，如果一个并行外围设备既可以作为输入设备，又可以作为输出设备，并且输入/输出动作不会同时进行，那么，将这个外设和 8255 的端口 A 相连，并使其工作在方式 2，就会非常合适。

10.3.4　8255A 的应用举例

【例 10.4】设 8255A 的 A 口和 B 口工作在方式 0，B 口作为输入端口，接有 8 个开关（$K_0\sim K_7$）；A 口为输出端口，接有 8 个发光二极管（$LED_0\sim LED_7$）。系统硬件电路如图 10-11 所示，编程扫描开关 S_i，要求当开关闭合时，点亮相应的 LED_i。

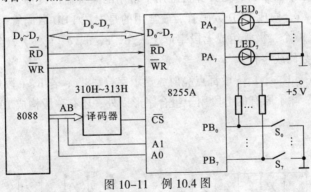

图 10-11　例 10.4 图

解：首先确定工作方式控制字。根据题意，B 口为输入端口，A 口输出端口，均工作在方式 0 下，端口 C 没使用，设没有用到的控制字中对应位设置为 0，所以 8255A 的控制字为：1000010B=82H。

参考程序如下：

```
CODE    SEGMENT
        ASSUME  CS:CODE
START:  MOV     AL,82H          ; 8255 初始化
        MOV     DX,313H
        OUT     DX,AL           ; 写入控制字
```

```
AGAIN:  MOV   DX,311H
        IN    AL,DX          ;读入开关的状态
        NOT   AL             ;开关的状态取反
        MOV   DX,310H
        OUT   DX,AL          ;输出到 LED 以控制 LED 的亮与灭
        JMP   AGAIN
EXIT:   MOV   AH,4CH
        INT   21H
CODE    ENDS
        END   START
```

【例 10.5】8255A 的 A 口和 C 口工作在方式 0，C 口为输入端口，接有 4 个开关。A 口为输出端，接有一个 LED 七段数码管，连接电路如图 10-12 所示。试编一程序要求 LED 七段数码管显示开关所拨通的值。

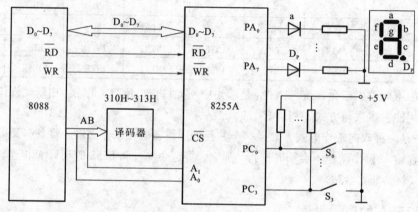

图 10-12　例 10.5 图

附：LED 数码管的结构原理

LED 数码管是由发光二极管按一定的规律排列而成的，通过控制不同组合的发光二极管导通，即可显示出各种数字与字符，是计算机应用中常用的廉价输出设备。

多个发光二极管组合构成 LED 数码管，最常用的是七段 LED 数码管。七段 LED 数码管如图 10-13（a）所示，7 个二极管组成七段字形（a、b、c、d、e、f、g），当某几个字段组合发光时，便可显示一个数码或字符。

例如，当 a、b、c、d、e、f、g 段都点亮时，显示字符"8"；若 b、c 段点亮，则显示"1"。

八段数码显示器，除了原有的七段用于组合字形以外，还有一段构成 DP 字段，发光时显示小数点。

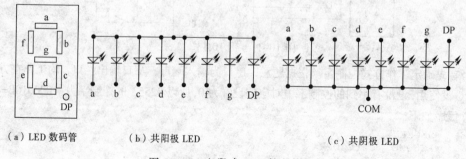

（a）LED 数码管　　　（b）共阳极 LED　　　　　　（c）共阴极 LED

图 10-13　七段式 LED 数码管部件

LED 数码管有 2 种：共阳极和共阴极，如图 10-13（b）、（c）所示。表 10-4 为共阳极 LED 数码管和共阴极 LED 数码管的字段代码与显示字形的关系。其中 a 段为最低位，DP 为最高位（未给出）。

表 10-4　七段 LED 数码管显示字形编码表

共阴极数码管			共阳极数码管		
显示字符	gfedcba	段选码	显示字符	gfedcba	段选码
0	0111111	3FH	0	1000000	40H
1	0000110	06H	1	1111001	79H
2	1011011	5BH	2	0100100	24H
3	1001111	4FH	3	0110000	30H
4	1100110	66H	4	0011001	19H
5	1101101	6DH	5	0010010	12H
6	1111101	7DH	6	0000010	02H
7	0000111	07H	7	1111000	78H
8	1111111	7FH	8	0000000	00H
9	1101111	6FH	9	0010000	10H
A	1110111	77H	A	0001000	08H
B	1111100	7CH	B	0000011	03H
C	0111001	39H	C	1000110	46H
D	1011110	5EH	D	0100001	21H
E	1111001	79H	E	0000110	06H
F	1110001	71H	F	0001110	0EH

　　解：首先确定工作方式控制字。根据题意，C 口为输入端口，A 口输出端口，均工作在方式 0 下，端口 B 没使用，设没有用到的控制字中对应位设置为 0，所以 8255A 的控制字为：

$$10001001B=89H$$

　　图中 LED 数码管为共阴极接法。参考程序如下：

```
DATA    SEGMENT
    NUM1 DB  3FH,06H,5BH,4FH,66H,6DH,7DH,07H,7FH,6FH,77H,7CH,39H,5EH,79H,71H
DATA    ENDS
CODE    SEGMENT
        ASSUME  CS:CODE,DS:DATA
START:  MOV  AX,DATA
        MOV  DS,AX
        MOV  AL,89H              ;设置 8255 方式字
        MOV  DX,313H
        OUT  DX,AL               ;控制字写入控制口
INOUT:  MOV  DX,312H
        IN   AL,DX               ;读入 C 口开关的值
        AND  AL,0FH              ;屏蔽高 4 位
        MOV  BX,OFFSET NUM1      ;取段码表首地址
        XLAT                     ;查表得段码（显示代码）
```

```
          MOV  DX,310H       ;A 口地址
          OUT  DX,AL         ;显示代码送 A 口显示
          JMP  INOUT
CODE           ENDS
          END  START
```

【例 10.6】 8255A 在 PC/XT 机中的应用

在 PC/XT 机中，以 8255A 为接口芯片，读取键盘输入的扫描码和系统配置 DIP 开关的设置状态，同时还可以控制扬声器发声及奇偶检验电路的工作。

8255A 在系统板上的连接示意图如图 10-14 所示。图中左侧为连接系统总线信号，右侧为各端口 I/O 线。B 口 I/O 线上的信号名称凡有 "+" 者表示该线为 "1" 信号时实现的功能，而标有 "−" 者表示该线为 "0" 信号时实现的功能。PB$_3$=1 时，读图下方 DIP 开关 5～8，其状态表明系统的显示器配置及软盘驱动器的数目；PB$_3$=0 时，读图下方 DIP 开关 1～4，分别表示系统板上 RAM 的容量以及是否插入了协处理器 8087，还决定系统是否正常还是循环执行上电自检程序。DIP 开关的全貌如下：

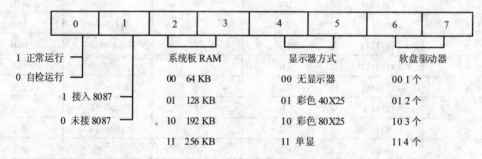

PC/XT 机初始化时执行 BIOS 中一段有关 8255A 的程序。开始 A 口被设置为输出，自检中读完 DIP 开关状态后，又重新设置为输入。

```
MOV  AL, 89H         ;控制字,方式 0,A 口、B 口输出,C 口输入
OUT  63H,AL
MOV  AL,0A5H         ;输出 B 口,PB₃=0 以读取 DIP 开关低 4 位
OU   61H,AL
     ...
IN   AL,62H          ;读 C 口
AND  AL,0FH          ;保留低 4 位
MOV  AH,AL
MOV  AL,0BDH         ;使 PB₃=1,其余不变
OUT  61H,AL
NOP
IN   AL,62H          ;读 C 口
MOV  CL,4            ;循环左移 4 位
ROL  AL,CL
AND  AL,0F0H         ;保留高 4 位
OR   AL,AH           ;高低 4 位合并
     ...
MOV  AL,99H          ;重新编程 8255A
OUT  63H,AL          ;A 口改为输入
```

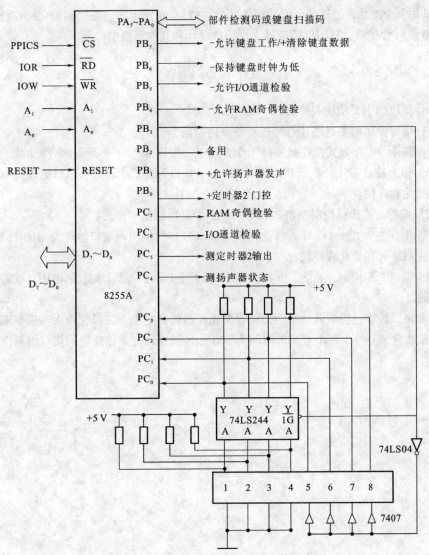

图 10-14　8255A 在系统板上的连接示意图

小　　结

　　本章简单介绍了 I/O 接口工作原理和接口芯片 74LS373 锁存器、74LS244 缓冲器、74LS245 数据收发器以及可编程 I/O 接口 8255A 芯片，对简单并行接口而言，输入接口一般带有缓冲器，输出接口带有锁存器，与 8255A 芯片相比都可实现 CPU 与外设间的数据传送，都具有暂存信息的数据缓冲器或锁存器，但是简单接口芯片功能单一，而可编程接口芯片具有多种工作方式，可用程序改变其基本功能。

　　可编程并行接口芯片 8255A 的基本结构包括数据总线缓冲器、3 个 8 位数据端口（PA、PB、PC）、A 组和 B 组的控制电路、读/写控制逻辑。8255A 的 3 种工作方式为方式 0——基本输入/输出，输出锁存；方式 1——单向选通输入/输出，输入/输出均锁存；方式 2——双向选通输入/输出，输入/输出均锁存，仅限于 A 组使用。8255 工作方式由选择方式控制字决定，它与 C 口按位复位/置位控制字共用一个地址，通过最高位特征位区分，8255 在使用之前必须初始化，广泛用于键盘接口、LED 数码管接口、打印机接口等人机接口设计和其他系统中。

习　题

1. 简述并行接口的主要功能和特点。

2. 简单并行接口常用的集成芯片有哪些？各有何特点？

3. 8255A 有哪几种工作方式？在每一种工作方式中，端口 A、B、C 是如何分配的？

4. 用 8255A 作为接口芯片，要求 PA 口为方式 2，PB 口为方式 1 输入，端口地址为 80H ~ 83H，写出初始化程序段。

5. 写出 8255A 的方式选择控制字格式和 PC 口置位/复位控制字格式。

6. 设 8255A 工作在方式 1，端口 A 作为输入，端口 B 作为输出，端口地址为 300H ~ 303H，写出方式控制字和初始化程序段。

7. 用 8255A 端口 C 来控制开关量，将 PC7 置 0、PC4 置 1，设控制口地址为 403H，试编写置位/复位程序段。

8. 有一组发光二极管，提供低电平，二极管发光；提供高电平，二极管熄灭。现要求 8 个发光二极管依次轮流点亮，每个点亮的时间为 500 ms。试设计完成该功能的接口电路以及相应的程序段。

第❶❶章

串行通信接口

在计算机的应用领域中，CPU 与其他外部设备之间常常要进行信息交换，计算机与计算机之间也需要交换信息，这些信息交换的过程称为通信。对于物理位置相对较远的通信可采用串行通信。Intel 公司生产的 8251A 是重要的可编程串行通信接口之一。

本章要点

- 串行通信的概念与数据格式，串行接口的工作原理与电路设计；
- 8251A 的组成原理与编程设计、控制命令字的含义与格式；
- 8251A 的工作方式与应用。

串行通信是使用一根数据线一位一位地进行数据传送的通信方式，每一位数据占据一个固定的时间长度。能够实现串行通信的接口电路即是串行接口。

与并行通信相比，串行通信的速度比较慢。尽管这种传输方式的传输速率较慢，但对于远距离传输来说，由于通信所使用的传输线少，传输信息所用的开销也小，特别是可以很方便地借助现成的电话网进行信息传送，所以串行通信特别适合于远距离通信。这里所说的通信是指计算机与外界的信息交换，其中既包括计算机与外部设备之间的通信，也包括计算机和计算机之间的信息交换。一些物理位置相对较远的人机交互设备，如 CRT 显示终端、绘图仪、数字化仪等，都可采用串行方式进行通信。

在串行通信中，由于信息传输只占用一根传输线，因此这根线既作为数据线又作为联络线，即要在一根线上既传送数据信息，又传送联络控制信息，这就是串行通信的基本特点。正因为如此，在处理串行通信时，不仅需要考虑数据的简单输入/输出，更要考虑数据是如何有效地传输，这就需要在串行通信中采用比并行通信更复杂的技术。

11.1 串行通信的基本概念

11.1.1 串行通信的特点

串行通信是在一根传输线上一位一位地传送数据，这根线既作数据线又作联络线，即要在这一根传输线上既传送数据信息，又传送联络控制信息，这就是串行通信的第一个特点。其次，为了在这一根传输线上串行传送的数据流中能够正确识别哪一部分是联络信息，哪一部分是数据信息，就需要对串行通信的数据格式进行约定。因此，串行通信的第二个特点是它对数据格式有固定的要求，即具有固定的数据格式。串行通信的数据格式分为异步数据格式和同步数据格式两种形式，与此相对应，就有异步串行通信和同步串行通信两种方式。串行通信的第三个特点是传送信息的速率需要控制，传送双方都必须按照约定的速率进行通信。

11.1.2 串行通信的数据传送方式

在串行通信中，数据通常是在两个站之间进行传送，按照数据流的方向可分为单工、半双工和全双工 3 种基本传送方式，如图 11-1 所示。

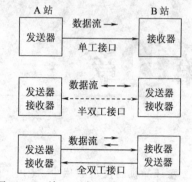

图 11-1 单工、半双工、全双工示意图

1. 单工传送方式（Simplex）

在接收器和发送器之间只有一条传输线，只能进行单一方向的传输，这样的传送方式就是单工方式。即 A 只能作为发送器，B 只能作为接收器，数据只能从 A 传送到 B。单工目前已很少采用。

2. 半双工传送方式（Half Duplex）

当同一根传输线既作输入又作输出时，虽然数据可以在两个方向上传送，但通信双方不能同时收发数据，这样的传送方式就是半双工方式。采用半双工传送方式时，通信系统一端的发送器和接收器通过收发开关接到通信线上，进行方向的切换。因此，两个方向上的数据传送不能同时进行，而只能交替进行，当 A 作为发送器、B 作为接收器时，数据流从 A 流向 B；当 B 作为发送器、A 作为接收器时，数据流从 B 流向 A。

3. 全双工传送方式（Full Duplex）

当数据的接收和发送分流，分别由两根不同的传输线传送时，通信双方都能在同一刻时行发送和接收数据，这样的传送方式就是全双工方式。在全双工传送方式下，通信系统的每一端都设置了独立的接收器和发送器，因此，能控制数据同时在两个方向上传送。

11.1.3 串行通信的信号传输方式

1. 基带传输方式

在传输线路上直接传输不加调制的二进制信号，如图 11-2 所示。它要求传输线的频带较宽，传输的数字信号是矩形波。基带传输方式仅适宜于近距离和速度较低的通信。

2. 频带传输方式

传输经过调制的模拟信号。在长距离通信时，发送方要用调制器把数字信号转换成模拟信号，接收方则用解调器将接收到的模拟信号再转换成数字信号，这就是信号的调制解调。

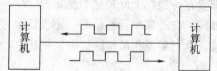

图 11-2 基带传输方式示意图

实现调制和解调任务的装置称为调制解调器(Modem)。采用频带传输时，通信双方各接一个调制解调器，将数字信号寄载在模拟信号(载波)上加以传输。因此，这种传输方式也称为载波传输方式。这时的通信线路可以是电话交换网，也可以是专用线。

按照调制技术的不同分为调频（FM）、调幅（AM）和调相（PM）3 种，根据传输数字信号的变化规律去调整载波的频率、幅度或相位。

11.1.4　串行通信的接口标准

串行接口标准指的是计算机或终端（数据终端设备 DTE）的串行接口电路与调制解调器 Modem 等（数据通信设备 DCE）之间的连接标准。

微型计算机之间的串行通信就是按照 RS-232C 标准设计的接口电路实现的。如果使用一根电话线进行通信，那么计算机和 Modem 之间的连线就是根据 RS-232C 标准连接的。其连接示意图如图 11-3 所示。

图 11-3　RS-232C 串行通信连接示意图

有关 RS-232C 标准的详细内容参见 5.4.2 节。

11.1.5　传送速率与发送/接收时钟

在串行通信中，对传输速率有严格的规定。这里涉及波特率和波特率因子、发送与接收时钟等概念。

1．波特率

在并行通信中，传输速率是以每秒传送多少字节来表示。而在串行通信中，传输速率是以波特率来表示。所谓波特率定义为每秒传送二进制数码的位数，其单位是 bit/s（位/秒），简称波特。波特率反映串行通信的速率，也反映对于传输通道的要求，即波特率越高，要求传输通道的频带越宽。有时也用"位周期"来表示传输速率，位周期是波特率的倒数。最常用的标准波特率是 110、300、600、1 200、2 400、4 800、9 600 和 19 200 bit/s。

由于在通信线上所传送的字符数据（代码）是逐位传送的，被传送的字符数据除了其本身的数据位以外，通常还要包含一些控制位，因此每秒钟所传送的字符数（字符速率）和波特率是两种概念。在串行通信中，传输速率是指波特率，而不是指字符速率，它们两者的关系是：假如每传送一个 8 位字符，共有 12 位格式（其中有 1 个起始位，8 个数据位，1 个检验位，2 个停止位），如果波特率是 1 200 bit/s，则每秒钟传送的字符数是 1 200/12=100 个。

例如，数据传送速率是 240 字符/s，而每个字符格式规定含有 10 位二进制数据，则传送的波特率为：

$$10 \times 240 = 2\,400\,(\text{bit/s})$$

2．发送与接收时钟

对于设计串行接口电路的发送器和接收器而言，首先关心的是发送或接收一位数据所需的时间。波特率规定了串行通信收发双方的数据传输的速率，实质上也规定了收发一位数据所需要的时间。例如，某一串行通信 I/O 设备的数据传送速率为 1 200 bit/s，则每个数据位的传送时间 T_d 为波特率的倒数：

$$T_d = 1/1\,200 = 0.833\text{ms}$$

在串行通信时，接口电路的发送端需要用一个时钟来决定每一位对应的时间长度，同样接收端也需要由一个时钟确定每一位数据所对应的时间长度。为了实现这一目的，通常串行接口电路各有两个独立的时钟信号——发送器时钟和接收器时钟。

在发送数据时，发送器在发送时钟作用下将发送移位寄存器的数据按位串行移位输出；在接收数据时，接收器在接收时钟作用下对来自通信线上的串行数据，按位串行移入接收移位寄存器。可见，发送/接收时钟是对数字波形的每一位进行移位操作，因此，又把它们叫做移位时钟脉冲。

在数据传输过程中，每出现一个移位时钟脉冲即可发送或接收一位数据，即发送或接收时钟频率在数值上等于波特率。但是，为了提高数据定位采样的分辨率，发送器和接收器往往采用比波特率更高频率的移位时钟，以保证正确发送或接收数据。通常采用的移位时钟的频率是波特率的整数倍，如 16、32、64 等。这就是下面要介绍的波特率因子。

3．波特率因子

所谓波特率因子（Factor）是发送/接收 1 个数据位所需要的移位时钟脉冲个数，其单位是个/位。如果传送 1 位数据需要 16 个时钟，则波特率因子为 16 个/位。

在串行通信的收发过程中，为了保证通信的正确，收发双方应该使用相同的波特率，但双方发送、接收电路的时钟频率则有可能不同，需要通过调节各自的波特率因子来实现。

若发送器时钟频率用 Ftxc 表示，接收器时钟频率用 Frxc 表示，波特率用 Fd 表示，波特率因子用 K 表示，则发送/接收时钟与波特率有如下关系：

$$\text{Ftxc} = \text{Fd}\,K_t \qquad \text{Frxc} = \text{Fd} \times K_r$$

【例 11.1】 某一串行接口电路的发送器时钟频率为 19200Hz，波特率因子的值为 16，则发送波特率：

$$\text{Fd} = \text{Ftxc}/K_t = 19\,200/16 = 1\,200\ (\text{bit/s})$$

【例 11.2】 要完成从 A 站到 B 站的串行数据通信，A 站的发送器时钟频率 Ftxc 为 38 400 Hz，波特率因子为 16；B 站的接收器电路规定波特率因子为 64，则 B 站的接收器时钟频率应为多少？

根据 A 点的发送器电路规定，数据传输的波特率：

$$\text{Fd} = \text{Ftxc}/K_t = 38\,400/16 = 2\,400\ (\text{bit/s})$$

收发双方应该使用相同的波特率，接收器时钟频率应为：

$$\text{Frxc} = \text{Fd} \times K_r = 2\,400 \times 64 = 153\,600\ (\text{Hz})$$

11.1.6　信息的检错与纠错

串行数据在传送过程中，可能会由于某种干扰而引起误码，这将直接影响通信的可靠性。所以，通信中差错控制能力是衡量一个通信系统的重要指标。通常把如何发现传输中的错误，叫做检错。发现错误之后，如何消除错误，叫做纠错。在基本通信控制规程中一般采用奇偶检验或方阵码技术来检错，用反馈重发方式进行纠错。在高级通信控制规程中一般采用循环冗余码（CRC）来检错，用自动纠错方法进行纠错。

在异步通信中，可能出错的类型有 3 种：

① 奇偶检验错：接收方式在进行奇偶检验时发现的错误，即"1"的个数不符合规定，则为奇偶检验错。

② 帧格式错：接收方在收到字符时发现字符格式不符合规定，如缺少停止位，则说明帧格式出错。

③ 溢出错：接收方在接收数据时，要将串行数据转换为并行数据供 CPU 读取。若接收方已经接收了第二个字符，但 CPU 还没有将前一个字符取走，于是出现数据丢失，这就是溢出错。

11.1.7　异步通信和同步通信

根据在串行通信中对数据流的分界、定时以及同步的方法不同，串行通信可分为两种类型：一种称为异步串行通信，另一种称为同步串行通信。

1．异步串行通信

对于异步串行通信，是以字符为信息单位进行传送的。每个字符作为一个独立的信息单位（1 帧数据），可以随机出现在数据流中，即发送端发出的每个字符在数据流中出现的时间是任意的，接收端预先并不知道。这就是说，异步串行通信方式的"异步"主要体现在通信的字符与字符之间没有严格的定时要求。但是，在传送这个字符的每一位时，却要求位与位之间有严格而精确的定时。所以，异步通信是指字符与字符之间的传送是异步的，而字符内部位与位之间的传送是同步的。

异步通信的起止式的帧数据传输格式如图 11-4 所示。每个字符为一帧信息，由 4 部分组成：

① 起始位：1 位，低电平。

② 数据位：5～8 位，低位在前，高位在后。

③ 奇偶检验位：1 位，对数据进行检验，奇检验和偶检验。

④ 停止位：1～2 位，高电平。

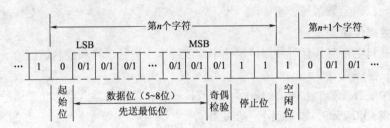

图 11-4　异步通信数据的帧格式

另外，在停止位后不定长度的高电平部分称为空闲位，多少不限。停止位和空闲位都规定为高电平（逻辑 1），这样就能保证起始位开始处一定有一个下降沿，指出一个字符的开始。

例如，传送一个 7 位的 ASCII 码字符，再加上一个起始位、一个奇检验位、一个停止位。这样，组成一帧共 10 位。

2．同步串行通信

对于同步串行通信，是以数据块（字符块）为信息单位进行传送的。每个数据块作为一帧信息，可以包括成百上千个字符。因此，传送一旦开始，就要求每帧信息内部的每一位都要同步，也就是说，同步通信不仅字符内部的位传送是同步的，字符与字符之间的传送也是同步的。显然，这种通信方式对时钟同步要求非常严格，为此，收/发双方必须使用同一时钟来控制数据块传输中字符与字符、字符内部位与位之间的定时。

同步协议有面向字符（Character-Oriented）和面向比特（Bit-Oriented）等。同步通信时，无须起始位和停止位。每一帧包含较多的数据，在每一帧开始处有某种同步字符表示一帧的开始，一帧的后面有表示结束的字符及检验块。

异步串行通信一般用于数据传送时间不能确知，发送数据不连续，数据量较少和数据传输速率较低的场合。而同步串行通信常用于要求快速连续传输大批量数据的场合。

11.1.8 串行接口的功能

串行接口电路是完成串行数据收发的具体接口电路。根据串行通信的要求，串行接口电路应具有如下功能：

1. 进行串并转换

串行传送数据是一位一位依次顺序传送的，而计算机处理数据是并行的。所以，当数据由计算机送至终端时，首先把并行数据转换为串行数据再传送；而在计算机接收由终端送来的数据时，要由接口电路先把串行数据转换为并行数据才能送计算机处理。

2. 实行串行数据格式化

把来自 CPU 的并行数据转换成串行数据后，接口电路还要能实现不同通信方式下的数据格式化。异步通信方式下，发送时自动生成，接收时自动去掉起始位/停止位；对于同步通信方式，则需要根据格式规定添加或删除同步字符。

3. 进行差错检验

若为异步通信，发送时，接口电路自动生成奇偶检验位；接收时，接口电路检查字符的奇偶检验位或其他检验码，以确定是否发生传送错误。

若为同步通信，发送时，接口电路产生 CRC 循环冗余检验码；接收时，接口电路对收到的代码进行检验，以确定数据是否正确。

4. 控制数据传输速率

串行通信接口电路应具有对数据传输速率（波特率）进行选择和控制的能力。

5. 产生联络信号

在完成一个字符或一个数据块的数据发送或接收后，接口电路产生的状态信号能向 CPU 发送中断请求或供 CPU 查询，以决定下一步工作。

6. 进行 TTL 与 EIA 电平转换

CPU 和终端都采用 TTL 电平及正逻辑，这与 EIA 采用的电平及负逻辑不兼容，需要在接口电路中进行转换。

11.2 可编程串行接口芯片 8251A

11.2.1 8251A 的基本性能

8251A 是可编程的串行通信接口，是通用同步异步接收发送器 USART（Universal Synchronous Asynchronous Receiver and Transmitter），功能很强，概括起来有下列基本性能：

① 可用于同步传送和异步传送。

- 同步传送：可用 5、6、7 或 8 位来代表字符，可使用内部或外部字符同步，自动插入同步字符，并自动控制检测和处理同步字符。

- 异步传送：也可用 5、6、7 或 8 位来代表一个字符，自动为每个数据增加一个起始位，并可根据编程要求为每个数据添加 1、1.5 或 2 个停止位。

② 同步方式波特率为 0～64 kbit/s，异步方式波特率为 0～19.2 kbit/s。

③ 具有全双工、双缓冲器发送和接收器。

④ 具有奇偶、帧错误和溢出等检测电路。

11.2.2　8251A 外部引脚与信号功能

8251A 是 CPU 与外设或调制解调器之间的接口芯片，图 11-5 所示为 8251A 的外部引脚。与其他可编程接口芯片相似，8251A 的接口信号可分为 4 组：与 CPU 的接口信号、状态信号、时钟信号和与外设（或调制解调器）的接口信号。

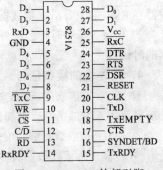

图 11-5　8251A 外部引脚

1. 与 CPU 接口信号

① $D_7 \sim D_0$：8 位双向数据总线，CPU 可以通过数据总线对 8251A 读/写数据和控制字。

② $\overline{CS}$：片选信号，低电平有效。$\overline{CS}$ 通常连接系统中的地址译码器的输出。

③ $C/\overline{D}$：控制/数据信号。这是一个决定 CPU 对芯片读/写内容的控制信号，$C/\overline{D}$ 为高电平，CPU 对芯片写入控制字或读出状态字；$C/\overline{D}$ 为低电平，CPU 对芯片读/写的是数据。通常将 $C/\overline{D}$ 同系统的地址线最低位相连，这样，8251A 就有两个端口地址，偶地址为数据端口，奇地址为控制/状态口。

④ $\overline{WR}$：写信号，输入，低电平有效。

⑤ $\overline{RD}$：读信号，输入，低电平有效。

⑥ RESET：复位信号，当该引脚上出现一个 6 倍于时钟宽度的高电平信号时，芯片被复位。此时芯片处于空闲状态，等待命令。

2. 状态信号

① TxRDY（Transmitter Ready）：发送器准备好信号，高电平有效。如果该信号有效，就表示发送缓冲器已空，通知 CPU 可以向芯片送入新的数据。当 CPU 向 8251A 写入了一个字符后，此信号自动复位。可以将 TxRDY 信号作为一个中断请求信号，请求 CPU 服务。在用查询方式时，此信号作为一个状态位，CPU 可以从状态寄存器的 D_0 位检测该信号。

② TxE（Transmitter Empty）：发送器空，高电平有效。该信号有效，表示发送移位寄存器已空，此时发送缓冲器中的数据可送入发送移位寄存器中逐位移出。

③ RxRDY（Receiver Ready）：接收器准备好信号，高电平有效。如果 RxRDY 为高电平，表示接收缓冲器中已经有组装好了的一个数据字符，通知 CPU 读取数据。与 TxRDY 相似，RxRDY 也可以作为中断请求信号，请求 CPU 服务。在用查询方式时，此信号作为一个状态位，CPU 可以从状态寄存器的 D_1 位检测该信号。CPU 取走接收缓冲器中的数据，则 RxRDY 变为低电平。

④ SYNDET（Synchronous Detection）/BD（Break Detection）：同步检测信号，双功能引脚。8251A 工作于同步方式时，可根据编程要求确定内同步还是外同步方式。内同步与外同步的区别在于同步字符检测是片内还是片外。如果是工作于内同步，SYNDET 引脚则处于输出状态，8251A 内部电路不断检测同步字符，一旦找到，就从该引脚输出一个高电平。如果工作于外同步，SYNDET 引脚处于输入状态，当片外检测电路找到同步字符后，即可从该引脚输入一个高电平信号，使 Intel 8251A 正式开始接收数据，一旦接收数据，同步检测信号恢复为低电平。

3. 时钟信号

① $\overline{TxC}$（Transmitter Clock）：发送器时钟，由外部提供，用来控制 8251A 发送数据的速率。在异步方式下，$\overline{TxC}$ 的频率可以是波特率的 1 倍、16 倍或 64 倍；在同步方式下，$\overline{TxC}$ 的频率与数据速率相同。数据在 $\overline{TxC}$ 的下降沿由发送器移位输出。

② $\overline{RxC}$（Receiver Clock）：接收器时钟，由外部提供，用来控制 8251A 接收数据的速率。其频率的选择与 $\overline{TxC}$ 相同。实际应用时，$\overline{TxC}$ 和 $\overline{RxC}$ 往往连在一起，使用同一个时钟源。接收器在 $\overline{RxC}$ 的上升沿采集数据。

③ CLK：工作时钟，由外部时钟源提供，为芯片内部电路提供定时，并非是发送或接收数据的时钟。

4．与外设的接口信号

① TxD：发送数据线。发送缓冲器从数据总线上接收 CPU 送来的数据，转换成串行数据流，并按要求插入附加字符或附加位后，从 TxD 端发送出去。

② RxD：接收数据线。用来接收外设送来的串行数据，并按规定检查有关字符或有关位后，经串-并转换送入接收数据缓冲器。

③ $\overline{DTR}$（Data Terminal Ready）：数据终端准备好信号，向调制解调器输出的低电平有效信号。CPU 准备好接收数据，使 $\overline{DTR}$ 有效，可由控制字中的 DTR 位置"1"输出该信号有效。

④ $\overline{RTS}$（Request To Send）：请求发送信号，向调制解调器输出的低电平有效信号。CPU 准备好发送数据，由软件定义，使控制字中的 RTS 位置"1"，则 $\overline{RTS}$ 输出低电平有效信号。

⑤ $\overline{DSR}$（Data Set Ready）：数据设备准备好信号，由调制解调器输入的低电平有效信号。当调制解调器或外设的数据已经准备好，就发出 $\overline{DSR}$ 信号，CPU 可用 IN 指令读入 8251A 的状态寄存器，检测 DSR 位，当 DSR 位为"1"时，表示 $\overline{DSR}$、信号有效。该信号实际上是对 $\overline{DTR}$ 信号的回答，常用于接收数据。

⑥ $\overline{CTS}$（Clear To Send）：允许发送信号，由调制解调器输入的低电平有效信号。这是 Modem 对 8251A 的 $\overline{RTS}$ 信号的响应信号，将控制字中的 TxEN 位置"1"，则 $\overline{CTS}$ 为低电平有效，8251A 可发送数据。

11.2.3 8251A 的内部结构

8251A 由 5 个主要部分组成：接收器、发送器、数据总线缓冲器、调制控制部件和读/写控制部件组成。在 8251A 内部由内部数据总线实现这些部件之间的通信。8251A 的内部结构如图 11-6 所示。

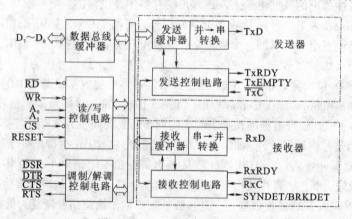

图 11-6　8251A 内部结构框图

1．接收器

接收器的功能是接收 RxD 引脚上送来的串行数据，并按规定的格式把它转换成为并行数据，存放在数据总线缓冲器中。

异步方式下，当"允许接收"和"准备好接收数据"标志有效时，接收器监视 RxD 线。在无字符传送时，RxD 线上始终为高电平，当发现 RxD 线上出现低电平时，即认为它是起始位，就启动一个内部计数器。当计数器计到一个数据位宽度的一半（若时钟脉冲频率为波特率的 16 倍时，则计数到第 8 个脉冲）时，又重新采样 RxD 线。如果其仍为低电平，则确认它为起始位，而不是噪声信号。此后，在移位脉冲 $\overline{RxC}$（即每隔 16 小时时钟脉冲）作用下将 RxD 线上的数据送至移位寄存器，经过移位装配即得到并行数据。对这个并行数据进行奇偶检验并去掉停止位后，通过内部总线最后送至数据总线缓冲器，此时发出 RxRDY 信号，告诉 CPU 字符已经收到。

在同步方式下，接收器同样监视 RxD 线，每出现一个数据位就把它移一位，构成并行字节，然后送入接收寄存器，再把接收器和同步字符（由程序给定）寄存器的内容相比较，看是否相等，若不等，则重复上述操作；若相等，则表示已经找到同步字符。利用接收时钟 $\overline{RxC}$ 采样和移位 RxD 线上的数据位，并按规定的数据位装配成并行数据，再把它送至总线缓冲器，同时发出 RxRDY 信号通知 CPU。

2. 发送器

发送器接收 CPU 送来的并行数据，经加工处理后由 TxD 引脚发出。

在异步方式下，发送器先在串行数据字符前面加上起始位，并根据约定的要求加上检验位和停止位，然后在发送时钟 $\overline{TxC}$ 的作用下，通过 TxD 引脚一位一位地串行发送出去。

在同步方式下，发送器在准备发送的数据前面先插入由初始化程序设定的一个或两个同步字符，并在数据中按约定插入奇偶检验位。然后，在发送时钟 $\overline{TxC}$ 的作用下，将数据一位一位地通过 TxD 引脚发送出去。

3. 数据总线缓冲器

数据总线缓冲器是三态双向 8 位缓冲器，它使 8251A 与系统数据总线连接起来。它含有数据缓冲器和命令缓冲器。CPU 可以对它读/写数据，也可以写入命令字。另外，执行命令所产生的各种信息也是从数据总线缓冲器读出。

4. 调制控制部件

产生或接收与 Modem 的联络信号，实现对 Modem 的控制。

5. 读/写控制部件

读/写控制逻辑对 CPU 输出的控制信号进行译码以实现表 11-1 所示的读/写功能。

表 11-1　8251A 读/写操作

$\overline{CS}$	$C/\overline{D}$	$\overline{RD}$	$\overline{WR}$	功　　能	实 验 板
0	0	0	1	CPU 从 8251A 读数据	308H
0	1	0	1	CPU 从 8251A 读状态	309H
0	0	1	0	CPU 写数据到 8251A	308H
0	1	1	0	CPU 写命令到 8251A	309H
1	×	×	×	总线浮空（无操作）	——

11.2.4　8251A 的编程

1. 方式选择控制字

方式选择控制字又称为方式选择命令字，用来指定 8251A 的通信工作方式以及在该方式下的数据格式，即指定 8251A 工作在异步方式还是同步方式，并按照其通信方式约定帧数据格式。

方式选择控制字由 8 位组成，可分成 4 组，每组 2 位，其格式如图 11-7 所示。其中：

① D_1、D_0 决定是同步还是异步工作方式。当 D_1、D_0 等于 "00" 时，为同步方式；D_1、D_0 不是 "00" 时，则为异步方式，其余 3 种组合分别用于选择波特率因子 1、16、64。

② D_3、D_2 用来确定 1 个字符码的数据位数。

③ D_5、D_4 用来确定要不要检验以及奇偶检验的性质。

④ D_7、D_6 在同步和异步方式下的含义是不同的。在同步方式下，D_7、D_6 用来确定是内同步还是外同步以及同步字符的个数。在异步工作方式下，D_7、D_6 则用来确定停止位的位数。

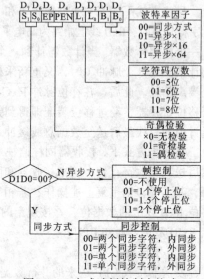

图 11-7 方式选择控制字格式

【例 11.3】设在异步通信中，数据格式采用 8 个数据位，2 个停止位，奇检验，波特率因子是 16。则方式选择控制字为 11011110B=DEH，把该命令写入控制口，则程序段为：

```
MOV   DX,309H ;8251A 控制口
MOV   AL,0DEH ;异步方式选择控制字
OUT   DX,AL
```

【例 11.4】在同步通信中，如果帧数据格式为：字符长度 8 位，两个同步字符，内同步，偶检验，则方式选择控制字为 00111100B=3CH。把该命令写入控制口，则程序段为：

```
MOV   DX,309H      ;8251A 控制口
MOV   AL,3CH       ;同步方式选择控制字
OUT   DX,AL
```

2. 工作命令控制字

工作命令控制字又称为工作命令字，用来指定 8251A 进行某种操作（如发送、接收、内部复位和同步字符检测等）或处于某种工作状态，以便接收或发送数据。

工作命令控制字由 8 位组成，各位定义如图 11-8 所示。

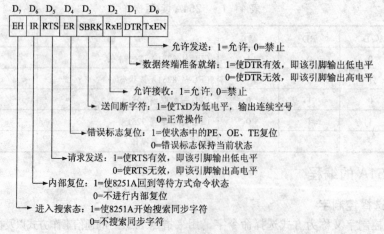

图 11-8 工作命令控制字格式

经常使用的工作命令字中的控制位如下：

① D_0（TxEN）：允许发送位。当 TxEN 为"1"时，表示 8251A 允许发送串行数据；当 TxEN 为"0"时，则表示 8251A 禁止发送串行数据。CPU 在对 8251A 编程时正是通过对 TxEN 位的控制来确定 8251A 是否可以工作在数据发送状态。

② D_2（RxE）：允许接收位。当 RxE 为"1"时，表示 8251A 可以接收来自 RxD 的串行数据，并转换为并行数据以供 CPU 读取；当 RxE 为"0"时，则禁止 8251A 接收串行数据。CPU 通过对 8251A 的 RxE 位的设置来确定 8251A 是否可以工作在数据接收状态。

③ D_4（ER）：错误标志复位。当设置 ER 为"1"以后，可以使状态字中的 TE（帧格式错）、OE（溢出错）、PE（奇偶检验错）出错标志位复位。用于 8251A 报错以后清除错误标志位。

④ D_6（IR）：内部复位。当设置 IR 为"1"时，表示要求 8251A 进行内部复位操作。一般在 CPU 对 8251A 进行初始化编程时，都需要执行内部复位操作。

【例 11.5】如果要使 8251A 进行内部复位，则程序段为：

```
MOV   DX,309H        ;8251A 控制口
MOV   AL,01000000B   ;置 D6=1
OUT   DX,AL
```

【例 11.6】在异步通信时，设置 8251A 允许接收，同时允许发送，则程序段为：

```
MOV   DX,309H        ;8251A 控制口
MOV   AL,00000101B   ;置 D2=1,置 D0=1
OUT   DX,AL
```

3．状态字

状态字用来报告 8251A 何时才能开始发送或接收数据，以及接收数据有无错误。8251A 的状态字为 8 位，其格式如下：

D_7	D_6	D_5	D_4	D_3	D_2	D_1	D_0
DSR	SYNDET	FE	OE	PE	TxE	RxRDY	TxRDY
数据设备就绪	同步检测	帧格式出错	溢出错	奇偶检验出错	发送器空	接收准备好	发送准备好

在 8251A 的状态字中，除了 $D_5 \sim D_3$ 这 3 位用来标志 3 类错误的情况外，其余的各位与引脚意义基本相同。在状态字中，D_5、D_4、D_3、D_1、D_0 这 5 位是经常使用的关键位。需要注意的是，状态字是 8251A 在执行命令过程中自动产生的，并存放在状态寄存器中，其中某一位置"1"表示有效。

$D_5 \sim D_3$ 这 3 位错误信息的含义如下：

① 帧格式错 FE（Framing Error）：当接收器在收到一个字符时，后面没有检测到规定的停止位，则 FE 置"1"。该标志只在异步方式下使用。FE 有效并不禁止 8251A 的正常操作。

② 溢出错 OE（Overrun Error）：当前面一个字符尚未被 CPU 取走，后一个字符又到来时，OE 置"1"。虽然 OE 有效并不禁止 8251A 的正常操作，但是被溢出的字符却丢掉了。

③ 奇偶检验错 PE（Parity Error）：当接收器检测到奇偶检验出错时，PE 置"1"。PE 有效并不禁止 8251A 的正常操作。

以上 3 个错误状态位，均由工作命令字中的 ER 位复位。

【**例 11.7**】异步串行通信，采用查询传送方式，发送一个字节，然后再接收一个字节，则程序段如下：

```
            MOV    DX,309H        ;8251A 控制口
L1:         IN     AL,DX          ;读状态字
            AND    AL,01H         ;检查发送器是否就绪
            JZ     L1             ;未就绪,转 L1 等待
            MOV    AL,[SI]        ;取发送字节
            DEC    DX             ;指向 8251A 数据口
            OUT    DX,AL
            INC    DX             ;指向 8251A 控制口
L2:         IN     AL,DX          ;读状态字
            AND    AL,02H         ;检查接收器是否就绪
            JZ     L2             ;未就绪,转 L2 等待
            DEC    DX             ;指向 8251A 数据口
            IN     AL,DX          ;读取接收的字节
            MOV    [DI],AL
```

【**例 11.8**】在接收程序中，若要检查出错信息，则用下面程序段：

```
MOV    DX,309H        ;8251A 控制口
IN     AL,DX          ;读状态字
TEST   AL,38H         ;检查 D5 D4 D3 这 3 个位
JNZ    ERROR          ;如果其中有一位为 1,则出错,转错误处理程序
```

另外，在编程使用 8251A 时，还要注意 8251A 的方式选择控制字、工作命令字和状态字这三者之间的关系。方式控制字只是约定了通信双方实行的通信方式（同步/异步）及其数据格式（数据位和停止位的长度，检验特性，同步字符特性等）、传送速率（波特率因子）等参数，但并没有规定数据传送的方向是发送还是接收，因此需要工作命令字来控制其发送与接收。但何时才能发送/接收？这就取决于 8251A 的状态字。只有当 8251A 进入发送/接收准备好状态，才能真正开始数据的传送。

11.3.5　8251A 的初始化

8251A 是一个可编程的多功能通信接口芯片，在系统复位之后，8251A 处于空闲状态，等待输入方式选择控制字，所以在具体使用前必须对其进行初始化编程，确定它的具体工作方式。例如，规定工作为同步还是异步方式、传送波特率、字符格式等。

1. 8251A 的初始化流程

初始化编程必须在系统复位后或者在命令其内部复位后，并且在 8251A 工作以前进行，即不论工作于任何方式，都必须先经过初始化。8251A 初始化编程的过程如图 11-9 所示。

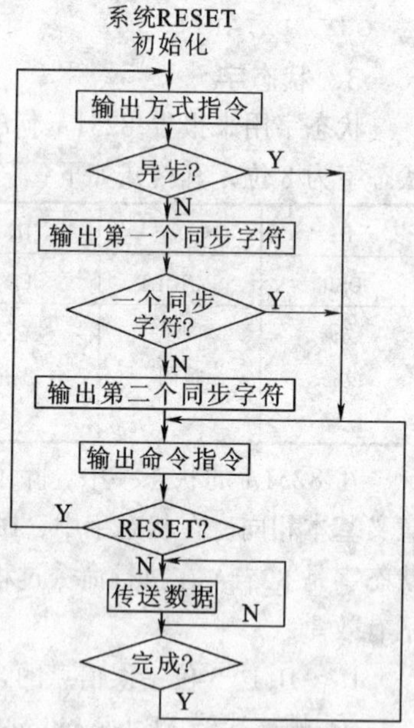

由于方式控制字和工作命令字均无特征位标志，并且都是送到同一个命令端口，所以在向 8251A 写入这两个命令字时，需要遵守一定的顺序，这种顺序不能颠倒或改变，否则 8251A 就不能识别这些命令。这个问题实际上涉及 8251A 初始化的有关约定。设计 8251A 芯片时，对使用 8251A 的程序员做出了必须遵守的 3 条约定，即：

① 芯片复位以后，第一次向奇地址端口写入的字节作为方式控制字进入方式寄存器。

② 如果方式控制字中规定了 8251A 工作在同步模式，那么，CPU 接着向奇地址端口写入的

图 11-9　8251A 的初始化流程图

1 个或 2 个字节就是同步字符，同步字符被送往同步字符寄存器。如果是双同步方式，则会按先后分别写入第一个同步字符寄存器和第二个同步字符寄存器。

③ 在这之后，只要不是复位命令，不管是同步方式还是异步方式，由 CPU 向奇地址端口写入的字节将作为工作命令字送到控制寄存器，而向偶地址写入的字节将作为数据送到数据输出缓冲寄存器。

按照约定中的规定，当硬件上复位或者通过软件编程对 8251A 复位后，需要通过奇地址端口对 8251A 进行初始化。初始化时，CPU 写入的第一个数被作为方式控制字而送到方式寄存器。然后，就需要根据方式字的要求，按顺序完成初始化流程所示的每一步。

需要特别指出一点，在实际应用中，当未对 8251A 设置方式字时，如果要使 8251A 进行复位，那么，一般采用先送 3 个 00H，再送 1 个 40H 的方法，这也是 8251A 的编程约定，40H 可以看成是使 8251A 执行复位操作的实际代码。当然，即使在设置了方式字以后，也可以用这个方法来使 8251A 进行复位。因此，在实际应用中往往在设置方式字之前，先用这种方法使 8251A 进行内部复位。

2. 异步方式下的初始化程序

假设 8251A 串行通信接口位于实验板上，端口地址为 308H ~ 309H，通信字符采用 7 位二进制数表示，带 1 个偶检验位，2 个停止位。异步方式下必须给出波特率因子，这里设波特率因子为 16。因此，方式选择控制字为 11111010B=0FAH。工作命令字使 8251A 清除出错标志，即让出错指示处于初始状态，并使请求发送信号处于有效电平，使数据终端准备好信号处于有效电平，以通知调制解调器，CPU 已准备就绪。另外，使发送允许信号 TxEN 为高电平，从而使发送器处于启动状态，并使接收允许位 RxE 为 1，从而使接收器也处于启动状态。因此，工作命令字为 00110111B=37H。实现上述目的的初始化程序段如下：

```
MOV  DX,309H              ;8251A 控制口
MOV  AL,0FAH              ;设置方式控制字:异步方式,波特率因子为 16;7 个数据位
OUT  DX,AL               ;偶检验;2 个停止位
MOV  AL,37H              ;设置工作命令字:使发送启动;接收启动;清除出错标志
OUT  DX,AL               ;并设置有关信号电平
```

3. 同步方式下的初始化程序

设 8251A 的端口地址为 308H ~ 309H，规定同步字符的数目为 2 个，同步字符代码相同，都是 16H，采用内同步方式，还规定用 7 位作为数据位，检验方式为偶检验。因此，方式选择控制字为 00111000B=38H。工作命令字使 8251A 清除出错标志；使 8251A 对同步字符进行搜索；并使请求发送信号处于有效电平，使数据终端准备好信号处于有效电平，以通知调制解调器，CPU 已准备就绪；使 8251A 的发送器启动，接收器启动。因此，工作命令字为 10010111B=97H。实现上述目的的初始化程序段如下：

```
MOV  DX,309H              ;8251A 控制口
MOV  AL,38H              ;设置方式字:同步方式,2 个同步字符;7 个数据位,偶检验
OUT  DX,AL
MOV  AL,16H              ;两个同步字符均为 16H
OUT  DX,AL
OUT  DX,AL
MOV  AL,97H              ;设置工作命令字:使发送启动;接收启动;清除出错标志
OUT  DX,AL               ;并设置有关信号电平
```

11.3.6　8251A 应用举例

【**例 11.9**】在甲乙两台微机之间进行串行通信，甲机发送，乙机接收。要求把甲机上的一段应用程序（其长度为 2DH）传送到乙机中。采用起止式异步通信方式，字符长度为 8 位，2 位停止位，波特率因子为 64，无检验，波特率为 4 800 bit/s。CPU 与 8251A 之间用查询方式交换数据。端口地址分配是：309H 为控制/状态口，308H 为数据口。

分析：由于是近距离传输，可以不需要 Modem，而直接互连。由于采用查询 I/O 方式，故收/发程序中只需检查发/收准备好的状态位是否置位，即可发送或接收 1 个字节。

1．硬件连接

根据以上分析，把两台微机都当做数据终端设备 DTE，它们之间只需要 TxD、RxD 和 SG（信号地）三根线连接即能通信。采用 8251A 作为接口的主芯片，再配置少量附加电路，如波特率时钟发生器、RS-232C 与 TTL 电平转换电路、地址译码电路等即可构成一个串行通信接口，如图 11-10 所示。

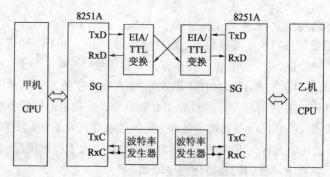

图 11-10　双机串行通信接口

2．软件编程

在发送程序和接收程序中，要包括对 8251A 的初始化，状态查询和输入/输出等部分。

（1）发送程序（略去 STACK 和 DATA 段）

```
CSEG      SEGMENT
          ASSUME CS: CSEG,DS:CSEG
TRA       PROC  FAR
START:    MOV   DX,309H          ;8255A 控制口
          MOV   AL,00H           ;无操作,为内部复位作准备
          OUT   DX,AL
          MOV   AL,40H           ;内部复位,置 D6=1
          OUT   DX,AL
          NOP
          MOV   AL,0CFH          ;方式控制字:异步,2 个停止位,8 个数据位,无检验
                                 ;波特率因子为 64
          OUT   DX,AL
          MOV   AL,37H           ;工作命令字:RTS、ER、RxE、DTR、TxEN 均置 1
          OUT   DX,AL
          MOV   CX,2DH           ;传送字节数
          MOV   SI,300H          ;发送缓冲区首址
L1:       IN    AL,DX            ;读状态字
          AND   AL,01H           ;检查发送器是否就绪,即查状态位 D0
```

```
            JZ      L1              ;未就绪,转 L1 等待
            MOV     AL,[SI]         ;取发送字节
            DEC     DX              ;指向 8251A 数据口 (308H)
            OUT     DX,AL
            INC     DX              ;指向 8251A 控制口
            INC     SI              ;内存地址加 1
            DEC     CX              ;传送长度减 1
            JNZ     L1              ;未发送完,继续
            MOV     AX,4C00H        ;发送完毕,返回 DOS
            INT     21H             ;DOS 功能调用
TRA         ENDP
CSEG        ENDS
            END     START
```

（2）接收程序（略去 STACK 和 DATA 段）：

```
CSEG SEGMENT
    ASSUME CS: CSEG,DS: CSEG
REC         PROC    FAR
BEGIN:      MOV     DX,309H         ;8255A 控制口
            MOV     AL,00H          ;无操作,为内部复位作准备
            OUT     DX,AL
            MOV     AL,40H          ;内部复位,置 D6=1
            OUT     DX,AL
            NOP
            MOV     AL,0CFH         ;方式控制字:异步,2 个停止位,8 个数据位,无检验
                                    ;波特率因子为 64
            OUT     DX,AL
            MOV     AL,14H          ;工作命令字:ER、RxE 置 1
            OUT     DX,AL
            MOV     CX,2DH          ;传送字节数
            MOV     DI,400H         ;接收缓冲区首址
L2:         IN      AL,DX           ;读状态字
            TEST    AL,38H          ;查错误
            JNZ     ERR             ;有错,转出错处理
            AND     AL,02H          ;检查接收器是否就绪,即查状态位 D1
            JZ      L2              ;未就绪,转 L1 等待
            DEC     DX              ;指向 8251A 数据口 (308H)
            IN      AL,DX           ;接收 1 个字节数据
            MOV     [DI],AL         ;存入接收缓冲区
            INC     DX              ;指向 8251A 控制口
            INC     DI              ;内存地址加 1
            LOOP    L2              ;未接收完,继续
            JMP     STOP
ERR:        (略)
STOP:       MOV     AX,4C00H        ;接收完毕,返回 DOS
            INT     21H             ;DOS 功能调用
REC         ENDP
CSEG ENDS
            END     BEGIN
```

小　结

串行通信是将一个字节数据一位一位地通过通信通道进行传送。串行通信的传送方向有单工、半双工、全双工。它与并行通信的区别：并行通信适用于近距离，串行通信适用于远距离；并行接口的速度快于串行接口；串行通信费用低于并行通信。

串行通信的两种基本通信方法是异步通信(ASYNC)和同步通信(SYNC)，异步通信中 CPU 与外设之间有两项约定，即字符格式和波特率。

由于微型计算机是并行操作系统，因而必须进行串行与并行之间的转换，这可由软件或硬件来实现。本章介绍了串行可编程接口 8251A 实现并、串之间转换的原理、方法。

8251A 的初始化编程包括方式指令字，用来定义 8251A 的一般工作特性，必须紧接在复位后由 CPU 写入；命令指令字，用来指定芯片的实际操作，只有在已经写入了方式指令字后，才能由 CPU 写入命令指令字，此二者都是由 CPU 作为控制字写入的，写入时所用的端口地址是相同的，复位后写入方式指令字，复位前写入的控制字都是命令指令字，必须严格按照顺序初始化。

8251A 在工作中必须要 CPU 对其进行干预，CPU 要做 3 种干预：初始化、改变其工作状态、及时读/写数据。

习　题

1. 串行通信的特点有哪些？

2. 什么是波特率？它与数据传输速率有何区别？

3. 当串行传输的波特率为 300 Bd 时，数据位时间周期是多少？

4. 发送时钟和接收时钟与波特率有什么关系？如何计算发送/接收时钟频率？

5. 串行通信中同步通信和异步通信各有何特点？

6. 起止式帧数据格式是怎样构成的？其中起始位和停止位各有何作用？

7. 串行接口通常可检测几种错误？每一种错误都表示发生了什么情况？

8. 8251A 由哪些部分组成？每一部分的作用是什么？

9. 8251A 与外设相连接的联络信号有哪些？每个信号有何作用？

10. 简述 8251A 初始化的一般步骤。

11. 在对 8251A 进行初始化编程时，应按什么顺序向其控制端口写入命令字？

12. 当不知道 8251A 是处于何种工作状态时，应采取什么办法对 8251A 进行初始化？

13. 8251A 在接收和发送数据时，分别通过哪个引脚向 CPU 发出中断请求信号？

14. 分别说明 8251A 方式选择字、工作命令字和状态字的格式及其含义。

15. 8251A 工作于异步方式，偶检验，7 位数据位，1 位停止位，波特率因子为 16；使出错标志复位，发送器允许，接收器允许，输出"数据终端准备好"有效信号。设 8251A 的端口地址为 308H、309H，试编写 8251A 的初始化程序。

16. 编写采用查询方式通过 8251A 将内存缓冲区中的 200 个字符输出到显示终端的程序。要求：8251A 工作于异步方式，奇检验，7 位数据位，2 位停止位，波特率因子为 64；8251A 的端口地址为 308H、309H；内存缓冲区起始地址为 2000:3000H；试写出简要程序注释。

第12章

定时/计数器

定时接口由数字电路中的计数电路构成,通过记录高精度晶振脉冲个数,输出准确的时间间隔。当计数电路对外围设备提供的脉冲信号进行计数时,又称为计数接口。它们常常被统称为计数/定时接口。8253 是微型计算机中广泛使用的可编程计数/定时接口芯片之一。

本章要点

- 定时计数器 8253 的编程结构、工作方式;
- 定时计数器 8253 的控制命令字的含义与格式、初始化流程;
- 定时计数器 8253 的应用。

12.1 定时/计数概述

计算机的许多应用都与时间有关,例如实时时钟、定时中断、定时检测、定时扫描等。因此,微机系统常常需要为处理器和外设提供时间标记,或对外部事件进行计数。例如,分时系统的程序切换,向外围设备定时周期性地输出控制信号,外部事件发生次数达到规定值后产生中断,以及统计外部事件发生的次数等,这些工作都需要靠定时/计数技术来实现。

1. 定时器功能

定时器的功能就是在经过预先设置的时间后,将定时时间已结束的状态以一定的形式反映出来。

定时器在工作时,对时间的计时有两种方式:一是正计时,将当前的时间定时加 1,直到与设定的时间相符时,提示设定的时间已到,如闹钟就是使用这种工作模式;另一种是倒计时,将设定的时间定时减 1,直到为 0,此时提示设定的时间已到,如微波炉烹调、篮球比赛等,即使用这种计时方式。

实现定时器的核心是计数器。计数器的用途广泛,利用计数器可以记录某个事件的发生次数,即计数器的计数脉冲由外部某一事件触发产生,计数的结果也就反映了该事件发生的次数。例如,可将计数器用于生产流水线的产量记录,每个产品经过流水线的特定位置时,通过传感器产生一个计数脉冲,由计数器记录脉冲的个数,这个计数值就是产量。

若在某个应用中,输入到计数器的计数脉冲是频率恒定的时钟信号,那么,计数器的计数结果就能反映出计数所经过时间的长短。例如:有一个 4 位二进制加一计数器,对计数器的输入端加一个脉冲,计数值就加 1。若输入的计数脉冲的频率为 1 Hz,则输入脉冲的周期 $T=1$ s。由此可知,计数值每增加 1,所经过的时间就增加 1 s。例如,计数值为 10(0AH),那么计数所经过的时间就为 10 s。

若将一个 4 位计数器开始工作的初值设为 0，当计数器计数值达到 15（0FH）时，再输入一个脉冲，计数器就会溢出，同时将计数值复位到初值。溢出信号可作为计数的结束信号，这样从计数开始到结束的时间就是确定的，当时钟脉冲为 1 Hz 时，即为 16 s。用该时间作为定时时间，就实现了定时的功能。显然，只要对计数器设置不同的初值，就可实现不同的定时时间。如设置初值为 6，到计数溢出的整个定时时间就为 10 s。

从定时、计数问题还可以引出或派生出一些其他概念和术语。例如，如果把计数和定时联系起来，就会引出频率的概念。采集数据的次数，再加上时间，就会引出每秒钟采集多少次，即采样频率的概念。由频率可以引出声音的频率高、声音的音调就高；频率低，声音的音调就低。如果不仅考虑发生频率的高低，还考虑发声所占时间的长短，就会引出音乐的概念。把音调的高低和发声的长短巧妙地结合起来，便产生了美妙动听的音乐。

2. 微机系统定时的分类

微机系统的定时，可以分为两类：内部定时和外部定时。

① 内部定时：内部定时是计算机本身运行的时间基准，它使计算机每种操作都按照严格的时间节拍执行。

② 外部定时：外部定时是外围设备实现某种功能时，在外设与 CPU 之间或外设与外设之间的时间配合。

③ 两者区别：内部定时已由 CPU 硬件结构确定，有固定的时序关系，无法更改。外部定时则由于外设和被控对象的任务不同，功能各异，无固定模式，因而往往需要用户自己设定。

3. 微机系统的定时方法

为获得所需要的定时，要求准确而稳定的时间基准，产生这种时间基准通常采用两种方法——软件定时和硬件定时。

（1）软件定时

所谓软件定时，就是让机器循环执行一段程序，而得到一个固定的时间段作为定时时间。正确地选择指令和安排循环次数就可以实现软件定时时间的控制，此方法主要用于短时间定时。软件定时的优点是不需要增加设备，缺点是 CPU 执行延时程序降低了 CPU 的利用率。并且，软件定时的时间随 CPU 工作频率不同而发生变化，即定时程序的通用性差。

（2）硬件定时

所谓硬件定时，就是用硬件方式实现定时，通常采用集成电路来实现。硬件定时根据所用的电路不同，其定时值及定时范围可以是固定的，也可以是可编程的。

① 不可编程的硬件定时。这种方法采用数字电路中的分频器将系统时钟进行适当的分频产生需要的定时信号；也可以采用单稳电路或简易定时电路(如常用的 555 定时器)由外接 RC 电路控制定时时间。这样的定时电路比较简单，利用分频不同或改变电阻、电容值，还可以使定时时间在一定范围内改变。但是，这种定时电路在硬件接好后，定时范围不易由程序来改变和控制，使用不甚方便，而且定时精度也不高。

② 可编程的硬件定时。这种定时器为大规模集成电路，硬件电路中含有用于设置计数器计数初值的电路及其他控制电路，CPU 可通过程序来访问计数器，并能很容易地用软件来确定和改变定时器的定时初值、定时器的工作方式。因此具有功能强，使用灵活等特点。尤其是定时准确，定时时间不受 CPU 工作频率影响，定时程序具有通用性，故得到广泛应用。目前，常用的定时/计数器有很多，如 Intel 8253/8254 等。其中 8254 与 8253 在引脚和性能上完全兼容，后

面将以 8253A 为例进行介绍，所有内容均适合于 8254A。

12.2　定时/计数器 8253

Intel 系列可编程计数器/定时器 8253 有 8253（2.6 MHz）、8253-5（5 MHz）、8254（8 MHz）、8254-5（5 MHz）、8254-2（10 MHz）等几种芯片型号，它们的外型引脚及功能都是兼容的，只是工作的最高计数频率有所差异。

8253 芯片内部有 3 个独立的 16 位的计数器（计数通道），每个计数器都有自己的时钟输入 CLK，计数输出 OUT 和控制信号 GATE，可以按照二进制计数或十进制计数（BCD 计数）。每个计数器都有 6 种工作方式，通过编程设置工作方式，计数器既可用于计数，也可用于定时。

12.2.1　定时/计数器 8253 的外部特性

8253 是 24 脚双列直插式芯片，+5 V 电源供电。其引脚分配如图 12-1 所示。

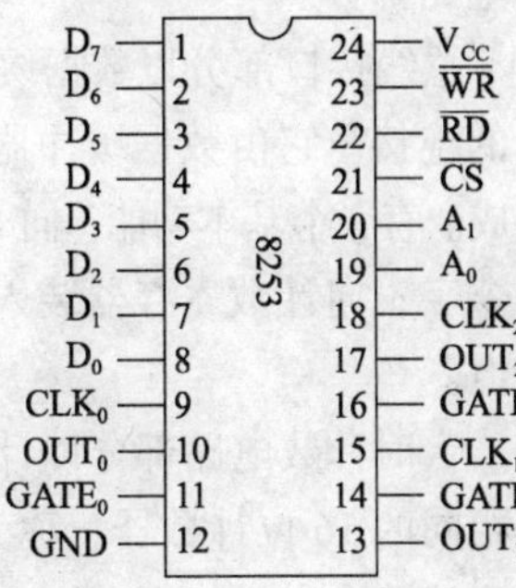

① $D_7 \sim D_0$：8 位双向数据总线，CPU 可以通过数据总线对 8253 读/写数据和传送命令。

② $\overline{CS}$：片选信号，低电平有效。当 $\overline{CS}$ 有效时，CPU 选中 8253，可以对其进行操作。$\overline{CS}$ 通常连接系统中地址译码器的输出。

③ $\overline{WR}$：写信号，输入，低电平有效。

④ $\overline{RD}$：读信号，输入，低电平有效。

⑤ A_1、A_0：地址信号。连接系统地址总线，用来选择 8253 内部寄存器，以便对它们进行读/写操作。CPU 对 8253 内部各寄存器的读/写操作与输入信号的对应关系如表 12-1 所示。

图 12-1　8253 的引脚排列

表 12-1　8253 读/写操作及端口地址分配

$\overline{CS}$	$\overline{RD}$	$\overline{WR}$	A_1	A_0	操　作	PC	实验板
0	1	0	0	0	向计数器 0 写入计数初值	40H	304H
0	1	0	0	1	向计数器 1 写入计数初值	41H	305H
0	1	0	1	0	向计数器 2 写入计数初值	42H	306H
0	1	0	1	1	向控制寄存器写入方式字或命令	43H	307H
0	0	1	0	0	从计数器 0 读出当前计数值	40H	304H
0	0	1	0	1	从计数器 1 读出当前计数值	41H	305H
0	0	1	1	0	从计数器 2 读出当前计数值	42H	306H
0	0	1	1	1	无效操作	——	——
0	1	1	×	×	无操作三态	——	——
1	×	×	×	×	禁止三态	——	——

⑥ CLK：计数器时钟信号，输入。3 个计数器各有一个独立的时钟输入信号，分别为 CLK_0、CKL_1、CLK_2。时钟信号的作用是在 8253 进行定时或计数工作时，每输入一个时钟脉冲信号 CLK，便使计数值减 1。

⑦ GATE：计数器门控选通信号，输入。3 个计数器各有一个自己的门控信号，分别为 GATE$_0$、GATE$_1$、GATE$_2$。GATE 信号的作用是用来禁止、允许或启动计数操作。

⑧ OUT：计数器输出信号，输出。3 个计数器各有一个自己的计数器输出信号，分别为 OUT$_0$、OUT$_1$、OUT$_2$。OUT 信号的作用是，计数器工作时，每来到 1 个时钟脉冲，计数器作减 1 操作，当计数值减为 0 时（或某一特定值），就在输出线上输出一个 OUT 信号，表示定时已到或计数结束或处于某种计数状态等。

12.2.2 8253 的内部逻辑结构与功能

8253 内部有 6 个功能模块，其结构框图如图 12-2 所示。

从 8253 内部结构图可知，定时器的内部结构可分为两大部分：用于与 CPU 相连的总线接口部分和用于定时计数的电路部分。

总线接口部分以数据缓冲器为核心，实现 CPU 与定时器的连接。它由数据缓冲器、读/写逻辑、控制命令寄存器组成。有 3 个基本功能：向 8253 写入确定 8253 工作方式的命令字；向计数寄存器装入初值；读出计数器的初值或当前值。

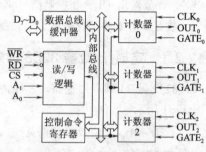

图 12-2　8253 内部结构框图

定时计数电路部分以计数器为核心实现定时功能。8253 内部共有 3 个独立的、功能结构完全相同的 16 位计数器，称为 3 个独立的计数通道，每个通道的减法计数器可通过设置工作方式达到计数或定时作用。

计数器含有一个计数初值寄存器，用于存放计数初值（定时常数、分频系数），其长度为 16 位，最大计数值为 65 536（即初值为 0）。计数初值寄存器的值在计数器计数过程中是保持不变的，故该寄存器的作用是在自动重装操作时为减 1 计数器提供计数初值，以便重复计数。

计数器有一个 16 位的减 1 计数器，用于进行减 1 计数操作，每来一个时钟脉冲，它就作一次减 1 运算，直到减为零为止。如果要连续进行计数，则重新装入计数初值寄存器的内容即可。

计数器还有一个 16 位的当前计数值锁存器，用于锁存减 1 计数器的内容，以便 CPU 读出和查询。

8253 可用程序设置成 6 种工作方式，并可按二进制或十进制计数，能用做方波频率发生器、分频器、实时时钟事件计数器以及程控单脉冲发生器等。

12.2.3 8253 的编程命令与读/写操作

8253 芯片能提供 6 种工作方式，但在使用该芯片实现定时或计数工作前，必须编程设定工作方式控制字，设定每个通道计数器的工作方式和计数初值，即必须进行初始化。否则，任何一个计数器的工作方式、计数值和 OUT 输出信号都是不确定的。

1. 方式控制字的作用

主要是对 8253 进行初始化，同时也可对当前计数值进行锁存。8253 初始化的工作有两点：一是向控制寄存器写入方式控制字，以选择使用哪个计数器，设定工作方式（6 种方式之一），指定计数器计数初值的长度和装入顺序以及计数值的编码类型（BCD 码或二进制码）；二是向已经选定的计数器按照方式控制字的要求写入计数初值或读出锁存寄存器内的当前计数值。

2．方式控制字的数据格式

方式控制字的数据格式如下：

D_7	D_6	D_5	D_4	D_3	D_2	D_1	D_0
SC_1	SC_0	RW_1	RW_0	M_2	M_1	M_0	BCD
计数器选择		读写方式控制		工作方式选择			编码类型

（1）SC_1、SC_0——计数器通道选择位

00——通道 0；01——通道 1；10——通道 2；11——不用

在 8253 中，这两位决定当前的控制字是哪一个通道的控制字。由于 3 个通道的工作是完全独立的，所以需要有 3 个控制字寄存器分别规定相应通道的工作方式，但它们的地址是同一个地址，即控制字寄存器地址，所以用这两位来决定是哪一个通道的控制字，因此，在对 8253 的 3 个通道编程时，需要向同一个地址——控制字寄存器地址写入 3 个控制字。

（2）RW_1、RW_0——计数器读/写方式控制位

00：表示计数器锁存命令，把由 SC_1、SC_0 指定的计数器的当前计数值锁存到锁存寄存器中，以便 CPU 读取。

① 01：仅读/写一个低 8 位字节。

② 10：仅读/写一个高 8 位字节。

③ 11：读/写两个字节，先读/写低 8 位字节，后读/写高 8 位字节。

CPU 向计数通道写入初值或读取它们的当前状态时，必须设置这两个位。

（3）M_2、M_1、M_0——计数器工作方式选择位

000——方式 0；　　×11——方式 3

001——方式 1；　　100——方式 4

×10——方式 2；　　101——方式 5

（4）BCD——计数值编码类型选择位

0——二进制计数；　　1——BCD 码计数

当 8253 选择二进制计数时，写入计数器的初值范围是 0000H～FFFFH，初值等于 0001H 为最小，代表 1；初值等于 0000H 为最大，代表 65536。

当 8253 选择 BCD 码计数时，写入计数器的初值范围是 0000～9999，初值等于 0001 为最小，代表 1；初值等于 0000 为最大，代表 10000。

3．8253 的读写操作

8253 芯片的控制字寄存器和 3 个独立通道都有相应的 I/O 端口地址，因此，利用 OUT 和 IN 指令可以方便地对芯片进行读/写操作。

（1）写操作——计数通道的初始化

在计数通道的初始化过程中，可按任意次序对 3 个通道分别进行初始化，而对某个通道初始化时必须先写入方式控制字寄存器，随后装入计数初值。

计数通道初始化的步骤如下：

① 用 OUT 指令设置方式控制字寄存器，为选择的通道计数器赋以指定的工作方式；

② 用 OUT 指令对所选择的通道计数器装入计数初值。

【例 12.1】选择 2 号计数器，工作在方式 3，计数初值为 566H（2 个字节），采用二进制计数。因此，方式控制字为 10110110B=0B6H，其初始化程序段为：

```
MOV   DX,307H              ;8253 控制口
MOV   AL,0B6H              ;2 号计数器的初始化命令字
OUT   DX,AL               ;写入控制字寄存器
MOV   DX,306H              ;2 号计数器数据端口
MOV   AX,566H             ;计数初值
OUT   DX,AL               ;先送低字节
MOV   AL,AH               ;取高字节到 AL
OUT   DX,AL               ;后送高字节
```

（2）读操作——读当前计数值

用 IN 指令可读出所选通道计数器的计数值。16 位的计数值在读出时，可先读出低字节，再读出高字节，但必须将高、低字节全部读出后，才能对计数器进行其他操作。

在事件计数的应用中，常常需要读取计数器的当前值，以便根据这个数值做计数判断。例如，自动化工厂里的生产流水线，要对生产的工件进行自动装箱，每包 1 000 个，装满后，就移走箱子，并通知控制系统开始对下一个包装箱装箱。计数器从初值 999 开始计数，每通过一个工件，计数器减 1，减到 0 时，向 CPU 发出中断请求，通知控制系统移走箱子。如果在箱子尚未装满时，想了解箱子中已装了多少个工件，可通过读取计数器的现行值来实现。这时，可先从计数器中读取现行值，再用 1 000 减去现行值，即可求得当前装入箱中的工件数目。

在读取计数器现行值时，计数过程仍在继续进行，而且不受 CPU 控制。因此，在 CPU 读取计数器的输出值时，可能计数器的输出正在发生改变，即数值不稳定，导致出现错误的读数。为此，需要利用 8253 提供的锁存后读操作功能，使 CPU 能在不干扰实际计数过程的情况下方便地读出当前计数值。这种锁存后读操作对计数器的工作方式不会产生任何影响，已锁存通道的当前计数值全部读出后，数值锁存状态被自动解除，输出锁存器的值又将随着计数器的值而变化。具体操作步骤如下：

① 将锁存操作的方式字写入控制字寄存器，锁存指定通道的当前计数值。

② 对指定的通道执行读操作，即可得到锁定通道的当前计数值。

【例 12.2】要求读出并检查 1 号计数器的当前计数值，并检查是否是全为 "1"，如果不是全为 "1" 则等待，如果是，则继续执行程序。锁存命令字为 01000000B=40H，则程序段为：

```
L1:  MOV   DX,307H          ;8253 控制口
     MOV   AL,40H           ;1 号计数器的锁存命令字
     OUT   DX,AL           ;写入控制字寄存器
     MOV   DX,305H          ;1 号计数器数据端口
     IN    AL,DX           ;读 1 号计数器的当前值低 8 位
     MOV   AH,AL           ;保存低 8 位
     IN    AL,DX           ;读 1 号计数器的当前值高 8 位
     XCHG  AH,AL           ;将计数值置于 AX 中
     CMP   AX,0FFFFH        ;把 AX 的内容进行比较
     JNE   L1              ;非全 1，再读等待
...                        ;继续执行程序
```

12.2.4 8253 的工作方式及其特点

8253 的 3 个计数器按照工作方式寄存器中控制字的设置进行工作，可供选择的工作方式有 6 种，分别是计数结束中断、可编程单稳态、频率发生器、方波发生器、软件触发选通和硬件触发选通。

1. 方式 0——低电平输出（GATE 信号上升沿继续计数）

方式 0 又称计数结束中断工作方式。当计数结束时，输出端 OUT 由低电平变为高电平。可用于当设定的时间或计数已到时，通过向 CPU 发出中断请求信号，请求 CPU 进行处理的场合。方式 0 的工作时序波形如图 12-3 所示。

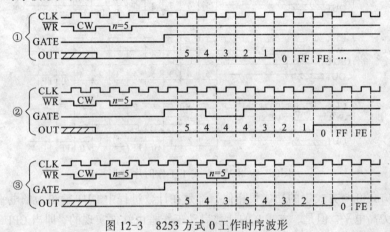

图 12-3　8253 方式 0 工作时序波形

方式 0 的主要特点如下：

① 当程序写入方式控制字之后，计数器的输出端 OUT 立即变成低电平作为初始电平。在向计数器写入计数初值后，输出仍将保持为低电平。只有当门控信号 GATE 为高电平时，才开始计数，计数器对输入端 CLK 的输入脉冲开始作减 1 计数，当计数器从初始值减为全 0 时，在 OUT 端产生一个高电平输出，该输出信号可作为向 CPU 发出的中断请求信号。这一高电平输出一直保持到该计数器装入新的方式控制字或计数值为止，如图 12-3 中①所示。

② 在计数过程中，如果 GATE 变低则计数暂停，当 GATE 变高时接着计数，如图 12-3 中②所示。

③ 在计数过程中，如果写入新的计数值，只要写入完毕，则计数器会在下一个时钟脉冲的下降沿处按新的计数值重新开始计数，如图 12-3 中③所示。

2. 方式 1——低电平输出（GATE 信号上升沿重新计数）

方式 1 又称为可编程单稳态工作方式。其功能是在 GATE 信号的上升沿（由低变高）作用下开始计数，输出端 OUT 产生一个负脉冲信号，负脉冲的宽度可由计数器的计数初值和时钟频率编程确定。方式 1 的工作时序波形如图 12-4 所示。

方式 1 的主要特点如下：

① 当程序写入方式控制字之后，计数器的输出端 OUT 立即变成高电平作为初始电平。在向计数器写入计数初值后，输出端 OUT 仍保持为高电平，计数器并不开始计数。只有当门控信号 GATE 的上升沿过后的第一个 CLK 脉冲的下降沿到来时才开始计数过程，同时使 OUT 变为低电平，等到减 1 计数器为全 0 时，OUT 才变为高电平。因此，GATE 信号实际上是单稳态电路的触发信号。这种单稳态工作方式是可重触发的，即在任何 GATE 信号的上升沿后，都将重新启动

计数过程，输出设定宽度的负脉冲，如图 12-4 中①所示。

② 在计数过程中，当 GATE 信号再次出现一个上升沿时，计数器就会重新装入原计数初值并重新开始计数，如图 12-4 中②所示。

③ 在计数过程中，如果写入新的计数初值，则要等到当前的计数结束回零后并且门控信号再次出现上升沿后，才会按照新写入的计数初值开始工作，如图 12-4 中③所示。

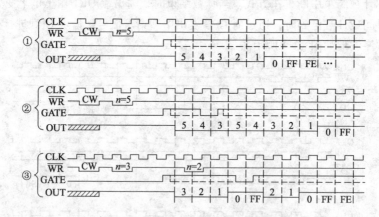

图 12-4 8253 方式 1 工作时序波形

实际上，方式 0 与方式 1 的功能很相似，都是在计数过程中 OUT 输出为低电平，当计数为零时，OUT 变为高电平。但是，方式 0 的计数启动工作是由软件实现的，即当 CPU 向 8253 的计数通道写入初值后，只要 GATE 信号为高电平，内部的减 1 计数器就开始计数，直到计数为零；而方式 1 的计数启动工作是由 GATE 信号发生一次由低到高的跳变，内部的减 1 计数器才开始计数，并且 GATE 信号的每一次跳变，都会启动一次计数器的工作。

3. 方式 2——周期性负脉冲输出

方式 2 又称为频率发生器工作方式。在需要产生周期性负脉冲信号或将某一个较高频率的脉冲信号分频为较低频率时，可使用该方式。方式 2 的工作时序波形如图 12-5 所示。

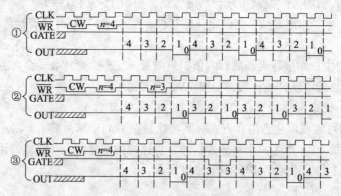

图 12-5 8253 方式 2 工作时序波形

方式 2 的主要特点如下：

① 当程序写入方式控制字之后，计数器的输出端 OUT 立即变成高电平作为初始电平。写入计数初值后，只要 GATE 信号为高电平，计数器就立即对输入时钟 CLK 计数，在计数过程中 OUT 保持不变，直到计数器减到 1 时，OUT 将变为低电平，再经过一个 CLK 周期，OUT 恢复为高电

平，并按已设定的计数初值重新开始计数，如图 12-5 中①所示。

②　在计数过程中，如果写入新的计数初值，则计数器仍按原计数值继续计数，要等到当前的计数结束回零后并且输出一个 CLK 周期的负脉冲之后，才会按照新写入的计数初值开始工作，如图 12-5 中②所示。

③　在计数过程中，如果 GATE 信号变低则计数暂停，当 GATE 信号变高时接着计数，如图 12-5 中③所示。

当方式 2 计数初值设为 n 时，OUT 的输出频率是 CLK 时钟的输入频率的 n 分频。若 n 为 4，CLK 的频率为 1 200 Hz，则 OUT 的输出频率就是 300 Hz。因此，方式 2 是一种具有自动装入时间常数（计数初值）的 n 分频器。但输出的高低电平是非对称的，OUT 变为低电平的时间是一个时钟周期，从一个输出脉冲到一下输出脉冲之间的时间等于计数初值 n 与时钟周期的乘积。

4．方式 3——周期性方波输出

方式 3 又称为方波发生器工作方式。在需要产生连续方波脉冲信号或将某一个较高频率的脉冲信号分频为较低频率时，可使用该方式。方式 3 的工作时序波形如图 12-6 所示。

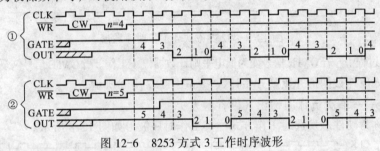

图 12-6　8253 方式 3 工作时序波形

方式 3 的主要特点如下：

①　当程序写入方式控制字之后，计数器的输出端 OUT 立即变为高电平作为初始电平。在写入计数初值后，只要 GATE 信号为高电平，计数器就立即对输入时钟 CLK 计数，在计数减到一半时，输出变为低电平，计数器继续作减 1 计数，计数到终值 0 时，OUT 恢复为高电平，从而完成一个周期。之后立即自动开始下一个周期，由此不断进行下去，产生周期为 n 个时钟周期脉冲宽度的输出信号，如图 12-6 中①所示。

②　当计数值 n 为偶数时，输出端 OUT 的高低电平持续时间相等，是完全对称的方波。当计数值 n 为奇数时，输出端 OUT 的高电平持续时间要比低电平持续时间多一个时钟周期，即高电平为 $(n+1)/2$，而低电平为 $(n-1)/2$，整个输出周期仍为 n 个 CLK 周期，如图 12-6 中②所示。其他特点与方式 2 相类似。

5．方式 4——单次负脉冲输出（软件触发）

方式 4 又称为软件触发选通工作方式，由写入计数初值来触发计数器工作。其功能是在输出端 OUT 隔一定的时间产生一个负脉冲。输出脉冲的宽度是固定的，但产生负脉冲所间隔的时间是可编程的。方式 4 的工作时序波形如图 12-7 所示。

方式 4 的主要特点如下：

①　当程序写入方式控制字之后，计数器的输出端 OUT 立即变为高电平作为初始电平。写入计数初值之后，只要 GATE 信号为高电平，计数器就立即对输入时钟 CLK 计数，在计数过程中 OUT 保持不变，直到计数器减到 0 时，OUT 将变为低电平，再经过一个 CLK 周期，OUT 恢复为

高电平，并一直保持高电平，如图 12-7 中①所示。

② 在计数过程中，如果写入新的计数初值，则计数器仍按原计数值继续计数，要等到当前的计数结束回零后并且输出一个 CLK 周期的负脉冲之后，才会按照新写入的计数初值开始工作，如图 12-7 中②所示。

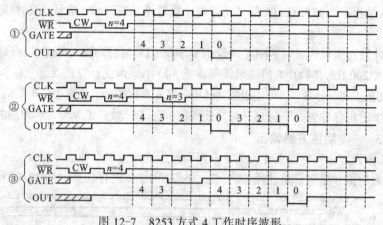

图 12-7　8253 方式 4 工作时序波形

③ 在计数过程中，若 GATE 信号变为低电平则计数器停止工作。当 GATE 信号恢复高电平后，计数器会重新装入原计数初值并重新开始计数，如图 12-7 中③所示。

6. 方式 5——单次负脉冲输出（硬件触发）

方式 5 又称为硬件触发选通工作方式。其工作时序波形如图 12-8 所示。

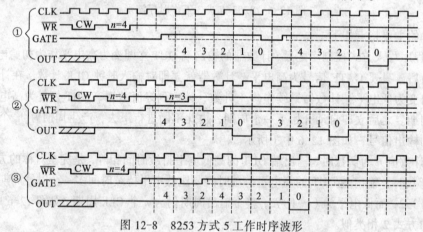

图 12-8　8253 方式 5 工作时序波形

方式 5 的主要特点如下：

① 当程序写入方式控制字之后，计数器的输出端 OUT 立即变为高电平作为初始电平。在向计数器写入计数初值后，输出端 OUT 仍保持为高电平，计数器并不开始计数。只有当门控信号 GATE 的上升沿过后的第一个 CLK 脉冲的下降沿到来时才开始计数过程，等到减 1 计数器为全 0 时，OUT 将变为低电平，再经过一个 CLK 周期，OUT 才变为高电平，并一直保持高电平。因此，是由 GATE 信号的上升沿触发计数器工作的。这种工作方式是可重触发的，即在任何 GATE 信号的上升沿后，都将重新启动计数过程，自动将计数初值重新装入计数器，然后开始计数过程，输出一个 CLK 宽度的负脉冲，如图 12-8 中①所示。

② 在计数过程中，如果写入新的计数初值，则计数器仍按原计数值继续计数，等到当前的计数结束回零并且输出一个 CLK 周期的负脉冲之后，在 GATE 信号再次出现上升沿以后，才会按照新写入的计数初值开始工作，如图 12-8 中②所示。

③ 在计数过程中，当 GATE 信号再次出现一个上升沿时，计数器就会重新装入原计数初值并重新开始计数，如图 12-8 中③所示。

方式 5 的工作类似于方式 4，主要不同之处是 GATE 信号的作用不同。方式 5 的计数过程由 GATE 的上升沿触发，在 GATE 上升沿过后的 CLK 下降沿到来时，将计数初值装入计数器，然后立即计数。当计数结束时，OUT 将输出一个 CLK 周期的低电平信号。

12.2.5　8253 应用举例

8253 可以用在微型机系统中，构成各种计数器、定时器电路或脉冲发生器等。使用 8253 时，先根据实际需求设计硬件电路，然后用输出指令向有关通道写入相应控制字和计数初值，对 8253 进行初始化编程，这样 8253 就可以工作了。由于 3 个计数器是完全独立的，因此可以分别对它们进行硬件设计和软件编程，使 3 个通道工作于相同或不同工作方式。

8253 的计数和定时功能，可以应用到自动控制、智能仪器仪表、科学实验、交通管理等许多场合。例如，工业控制现场数据的巡回检测，A/D 转换器采样率的控制，步进电动机转动的控制，交通灯开启和关闭的定时，等等。下面就 8253 计数、定时功能和在系统中的应用分别进行介绍。

1．8253 计数功能的应用例子

8253 可用于各种需要进行计数的场合。假设一个自动化工厂需要统计在流水线上所生产的某种产品的数量，可采用 8086 微处理器和 8253 等芯片来设计实现这种自动化计数的系统。

（1）硬件电路设计

这个自动计数系统有 8086 微处理器控制，8253 作计数器，此外，还要用到一片 8259A 中断控制器芯片和若干其他电路。如图 12-9 所示，图中仅给出了计数器的部分电路图，8086 和 8259A 未画出。

电路由一个红外 LED 发光管、一个复合型光电晶体管、两个施密特触发器 74LS14 及一片 8253 芯片构成。

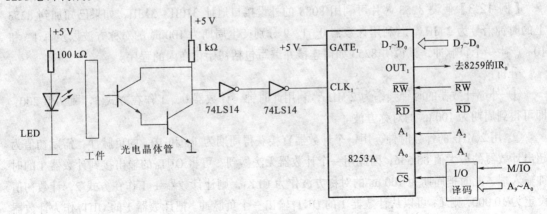

图 12-9　对工件进行计数的电路

用 8253 的通道 1 进行计数，工作过程如下：

当 LED 发光二极管与光电晶体管之间无工件通过时，LED 发出的光能照到光电晶体管上，使光电晶体管导通，集电极变成低电平。此信号经施密特触发器驱动整形后，送到 8253 的 CLK_1，使 8253 的 CLK_1 输入端也变成低电平。当 LED 与光电晶体管之间有工件通过时，LED 发出的光被工件挡住。照不到光电晶体管上，使光电晶体管截止，其集电极输出高电平，从而使 CLK_1 端也变成高电平。待工件通过后，CLK_1 端又回到低电平。这样，每通过一个工件，就从 CLK1 端输入一个正脉冲，利用 8253 的计数功能对此脉冲进行计数，即可统计出工件的个数。两个施密特触发器反相器 74LS14 的作用，是将光电晶体管集电极上的缓慢上升信号变换成满足计数电路要求的 TTL 电平信号。

（2）初始化编程

硬件电路设计好后，还必须对 8253 进行初始化编程，计数电路才能工作。编程时，可选择计数器 1 工作方式 0，按 BCD 码计数，先读/写低字节，后读/写高字节，所以控制字的内容可设定为 01110001B。如选取计数初值 $n=499$，则经过 $n+1$ 脉冲，也就是 500 个脉冲，OUT1 端输出一个正跳变。它作用于 8259A 的 IR_0 端，通过 8259A 的控制，向 CPU 发出一次中断请求，表示计满了 500 个数，在中断服务程序中使工件总数加上 500。中断服务程序执行后返回主程序，这时需要由程序把计数初值 499 再次装入计数器 1，才能继续进行计数。

设 8253 的 4 个端口地址分别为 F0H、F2H、F4H、F6H，则初始化程序为：

```
MOV   AL,01110001B    ;控制字
OUT   0F6H,AL
MOV   AL,99H
OUT   0F2H,AL         ;计数值低字节送计数器 1
MOV   AL,04H
OUT   0F2H,AL         ;计数值高字节送计数器 1
```

这种计数方案也可用于其他场合，如统计在高速公路上行驶的车辆数，统计进入工厂的人数等场合。

2．8253 定时功能的应用例子

用 8253 定时功能可产生各种定时波形。

【例 12.3】假设 8253 芯片可利用 8088 的外设接口地址 310H ~ 313H，如果已知加到 8253 上的时钟信号为 2 MHz，若利用计数器 0、1、2 分别产生周期为 100 μs 的对称方波以及每 1 s 和 10 s 产生一个负脉冲，试说明 8253 如何连接并编写包括初始化在内的程序。

分析：

① 外部计数器的时钟频率为 2 MHz，利用此时钟，计数器 0，工作在方式 3，赋初值 200，即可得到周期为 100 μs 的对称方波。

② 用 2 MHz 的计数时钟，用一个计数器直接获得周期为 1 s 和 10 s 的负脉冲，需赋初值为超出计数器的最大值 65 536，因此用一个计数器无法做到，可将 OUT_0 的输出接到计数器 1 的时钟输入端，此时把周期为 100 μs 的对称方波作为 $\overline{CLK_1}$，则让计数器 1 工作在方式 2，计数初值设定为 10 000，则 1 s 可以从计数器 1 的 OUT_1 输出一个负脉冲。把计数器 1 的 OUT_1 作为计数器 2 的时钟输入，赋初值为 10 即可满足要求，如图 12-10 所示。

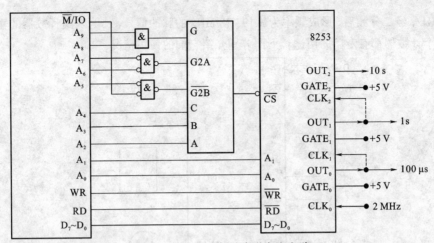

图 12-10　8253 定时波形产生电路

编程如下：

```
;初始化计数器 0
MOV  DX, 313H          ;控制端口地址
MOV  AL, 00010110B     ;通道 0 控制字,只写低字节,方式 3,二进制计数
OUT  DX, AL            ;写入方式字
MOV  AL, 200
MOV  DX, 310H
OUT  DX,AL
;初始化计数器 1
MOV  DX, 313H
MOV  AL, 01110100B
OUT  DX, AL            ;通道 1 控制字,先写低字节,后写高字节,方式 2,二进制计数
MOV  DX, 311H
MOV  AX,10000          ;通道 1 赋计数初值 10000
OUT  DX,AL             ;先写低字节
MOV  AL, AH
OUT  DX,AL             ;写高字节
;初始化计数器 2
OUT  DX, 313H
MOV  AL,10010100B
OUT  DX, AL            ;通道 2 控制字,只写低字节,方式 2,二进制计数
MOV  DX,312H
MOV  AL,10
OUT  DX, AL            ;通道 2 赋计数初值 10
```

3. 8253 在 PC 中的应用

IBM PC/XT 主机板上有一片 8253 用来作计数/定时电路，它在系统中的连线图如图 12-11 所示。

从图 12-11 中可以看出，8253 的 $\overline{RD}$ 、$\overline{WR}$ 信号与系统中相应的控制信号相连，A_1、A_0 与地址总线相应的对应端相连，片选信号与 I/O 译码器的输出信号 T/CCS 相连，地址在 40H ~ 5FH 范围内均有效（A9~A5=00010）。ROM BIOS 访问 8253 时，内部 3 个计数器的端口地址为 40H、41H、42H，控制字端口地址为 43H。外部时钟信号 PCLK 由 8284 时钟发生器产生，其频率为

2.386 36 MHz，经二分频后，形成频率为 1.193 18 MHz 的脉冲信号，作为 3 路计数器的输入时钟。8253 的 3 个计数器都有专门的用途，下面分别介绍它们的使用情况。

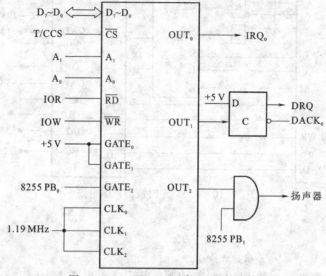

图 12-11　IBM PC/XT 中 8253 的连接

（1）计数器 0——实时时钟

计数器 0 用做定时器，$GATE_0$ 接 +5 V，使计数器 0 处于常开状态，开机初始化后，它就一直处于计数工作状态，为系统提供时间基准。在对计数器 0 进行初始化编程时，选用方式 3，二进制计数。对计数器预置的初值 $N=0$，相当于 $2^{16}=65\ 536$，这样在输出端 OUT_0 可以得到序列方波，其频率为 1.193 18 MHz/65 536＝18.2 Hz。它经系统板上的总线 IRQ_0 被直接送到 8259A 中断控制器的中断请求输入端 IR_0，使计算机每秒钟产生 18.2 次中断，即每隔 55 ms 请求一次中断，CPU 可以以此作为时间基准，在中断服务程序中对中断次数进行计数，即形成实时时钟。例如，中断 100 次，时间间隔即为 5.5 s。这对于时间精度要求不太高的场合是很有用的。

对 8253 的计数器 0 进行初始化的程序为：

```
MOV  AL,    36H
OUT  43H,   AL          ;写控制字
MOV  AL,    0           ;计数初值为 65 536
OUT  40H,   AL          ;写入初值低位
OUT  40H,   AL          ;写入初值高位
```

（2）计数器 1——动态 RAM 刷新定时器

计数器 1 的 $GATE_1$ 也接 +5 V，使计数器 1 处于常开状态，它定时向 DMA 控制器提供动态 RAM 刷新请求信号。在对计数器 1 进行初始化编程时，选用方式 2（比率发生器），对计数器预置的初值为 18，这样在输出端 OUT_1 可以得到序列负脉冲，其频率为 $f/n=1.193\ 18$ MHz/18＝66.287 8 kHz，周期为 15.09 μs。OUT_1 输出的负脉冲的上升沿使 D 触发器置 1，从 Q 端输出 DRQ_0 信号，它被送到 DMA 控制器 8237A 的 $DREQ_0$ 端，作为通道 0 的 DMA 请求信号。在通道 0 执行 DMA 操作时对动态 RAM 进行刷新，并且每隔 15.09 μs 向 DMA 控制器提出一次 DMA 请求，由 DMA 控制器实施对动态 RAM 的刷新操作。

初始化程序：

```
MOV   AL, 54H
OUT   43H, AL                    ;写控制字
MOV   AL, 18                     ;计数初值为 18
OUT   41H, AL                    ;对应 15.09μs
```

（3）计数器 2——扬声器音调控制

计数器 2 工作在方式 3，根据计数初值的不同，可以输出不同频率的方波。但该计数器的 GATE$_2$ 不是接 +5 V，而是受并行接口芯片 8255A 的 PB$_0$ 端控制。当 PB$_0$ 端送来高电平时，允许计数器 2 计数，使 OUT$_2$ 端输出方波。该方波与 8255A 的 PB$_1$ 信号相与后，送到扬声器驱动电路，驱动扬声器发声。发声的频率由预置的初值 n 决定，发声时间的长短受 PB$_1$ 控制。

【例 12.4】如图 12-11 所示，利用定时/计数器 8253 发 600 Hz 的声音。按任意键，开始发声，按【Esc】键，停止发声。

分析：计数初值的确定，$N=1.19318$ MHz/600 HZ=1989。

```
CODE    SEGMENT
        ASSUME CS:CODE
START:  ;关闭扬声器
IN      AL,61H              ;取 8255PB 端口原输出值
AND     AL,0FCH             ;置 PB₀ 和 PB₁ 为零,关闭 GATE₂ 和与门
OUT     61H,AL
;初始化计数器 2
MOV     AL,    0B6H         ;10110110B,计数器2,先写低,后写高字节,方式3,二进制
OUT     43H,   AL           ;控制字写入控制口
MOV     AX ,   1989         ;计数初值
OUT     42H,   AL           ;对应 600Hz,送低字节
MOV     AL, AH
OUT     42H, AL             ;送高字节
;按任意键,启动发声器
        MOV    AH, 01H      ;单字符输入 DOS 功能调用
        INT    21H          ;有键按下,程序往下执行,启动扬声器发声
        IN     AL, 61H      ;取 8255PB 端口原输出值
        OR     AL, 03       ;设 PB₁=PB₀=1
        OUT    61H, AL      ;使扬声器发声
;判断是否是 ESC 键按下
WAIT1:  MOV    AH,01H        ;单字符输入 DOS 功能调用
        INT    21H
        CMP    AL,1BH        ;ESC 键的 ASCII 码=1BH
        JNE    WAIT1         ;不是 ESC 键按下,循环判断
                            ;ESC 键按下,关闭扬声器,停止发声
QUIT:   IN     AL,61H        ;是 ESC 键按下,停止发声
        AND    AL,0FCH       ;置 PB₀ 和 PB₁ 为零,关闭 GATE2 和与门
        OUT    61H,AL
        MOV    AH,4CH
        INT    21H
CODE    ENDS
        END    START
```

【例 12.5】如图 12-11 所示，利用定时/计数器 8253 发声。编写程序，在程序运行时使 PC 成为一架可弹奏的"钢琴"。即当按下数字键 1~7 时，依次发出 1、2、3、4、5、6、7 七个音

调。按 Q 键则退出"钢琴"状态。

分析：通过给 8253 定时器装入不同的计数初值，可以使其输出不同频率的波形。按下 1~7 中的某个键，则把相应的计数初值送入 8253 发出相应频率的声音，键抬起声音停止，按其他的键不发声。按键与音符及其对应的频率值、计数初值的对应关系如下：

键入字符	1	2	3	4	5	6	7
对应音符	1	2	3	4	5	6	7
对应频率	261	294	330	349	392	440	494
计数初值	4571	4058	3616	3419	3044	2712	2415

```
DATA    SEGMENT
TABLE   DW 4571,4058,3616,3419,3044,2712,2415;定义各音符对应的计数初值
DATA    ENDS
CODE    SEGMENT
        ASSUME  CS:CODE,DS:DATA
START:  MOV     AX,DATA
        MOV     DS,AX           ;初始化 DS
BEGIN:  MOV     AH,07           ;接收键盘输入的单字符，字符不在屏幕上回显
        INT     21H
        CMP     AL,71H          ;是否为字符 q?
        JE      EXIT            ;是则退出程序
        CMP     AL,31H
        JB      BEGIN           ;小于1，重新接收键盘输入
        CMP     AL,37H
        JA      BEGIN           ;大于7，重新接收键盘输入
        SUB     AL,30H          ;由 ASCII 码得到对应的数值
        SUB     AL,1            ;数值减1
        SHL     AL,1            ;乘以2得到存放对应计数初值的存储单元的地址偏移量
        MOV     AH,0
        LEA     BX,TABLE
        ADD     BX,AX           ;得到存放对应计数初值的存储单元的地址
        MOV     AX,[BX]         ;取得需要发的音对应的计数初值
        CALL    SOUND           ;调用发音子程序
DELAY:  IN      AL,60H
        TEST    AL,80H
        JZ      DELAY           ;按键未抬起，继续发声
        IN      AL,61H
        AND     AL,0FCH
        OUT     61H,AL          ;按键抬起，发声结束，关闭扬声器
        JMP     BEGIN           ;重新接收键盘输入
EXIT:   MOV     AH,4CH          ;结束返回
        INT     21H
SOUND   PROC    NEAR            ;发音子程序
        PUSH    AX              ;保存计数初值
        IN      AL,61H          ;发音设置，打开扬声器
        OR      AL,03H
        OUT     61H,AL
        MOV     AL,10110110B    ;初始化 8253
        OUT     43H,AL
        POP     AX              ;恢复计数初值
```

```
              OUT    42H,AL              ;送计数值低字节
              MOV    AL,AH
              OUT    42H,AL              ;送计数值高字节
              RET
       SOUND  ENDP
       CODE   ENDS
           END START
```

小　结

　　作为通用的可编程定时芯片8253，它的 3 个计数器通道的使用非常灵活，既可以实现定时也可以实现计数。该器件的核心电路就是计数器，它对确定的已知脉冲进行的计数，实际上就是计时；当它对外部事件（即外设）送的脉冲进行计数时，它便是计数器。

　　可编程定时芯片8253通过可编程方法实现其应有的功能：产生中断请求信号；产生单稳脉冲；频率发生器；方波发生器等。不仅如此，这些功能还可有多种触发方式，更加有利于实时控制系统的应用。

习　题

1. 8253 定时/计数器内部结构由哪些部分组成？各具有什么功能？
2. 8253 定时/计数器有几个独立的定时/计数器？各有多少位？
3. 8253 的各定时/计数通道的 CLK 和 GATE 信号各有什么作用？
4. 写出 8253 的控制字格式，并说明各位的含义。
5. 如何对 8253 定时/计数器各通道进行初始化编程？初始化包括哪些内容？
6. 8253 的方式 1 和方式 5 有何异同点？方式 2 和方式 4 有何异同点？
7. 试分析 8253 的 6 种工作方式的特点和功能。各方式下的时钟信号 CLK 和门控信号 GATE 分别起什么作用？
8. 试比较硬件定时与软件定时的优缺点。
9. 设 8253 的端口地址为 300H，写出初始化程序段，使计数器 0 工作在方式 0，计数初值为 100；使计数器 1 工作在方式 1，计数初值为 1000；使计数器 2 工作在方式 2，计数初值为 10000。
10. 设 8253 芯片的计数器 0、计数器 1 和控制口地址分别为 04B0H、04B2H、04B6H。定义计数器 0 工作在方式 2，CLK_0 频率为 5 MHz，要求输出 OUT_0 为 1 kHz 的方波；定义计数器 1 用 OUT_0 作计数脉冲，计数值为 1000，计数器减到 0 时向 CPU 发出中断请求，CPU 响应这一中断请求后继续写入计数值 1000，开始重新计数，保持每一秒钟向 CPU 发出一次中断请求。试编写 8253 的初始化程序，并画出硬件连接图。
11. 将 8253 定时器 0 设置为方式 3（方波发生器），定时器 1 设置为方式 2（分频器）。要求定时器 0 的输出脉冲作为定时器 1 的时钟输入，CLK_0 连接总线时钟 4.77 MHz，定时器 1 输出 OUT_1 约为 40 Hz，试编写实现上述功能要求的程序。

附录 A

汇编语言的开发方法

源程序的开发过程都需要编辑、编译(汇编)、连接等步骤。汇编语言源程序的命令行开发方法需要如下几个文件：

① 汇编程序：MASM5.X 是 MASM.EXE；MASM6.x 是 ML.EXE 和 ML.ERR，如果在"纯 DOS"环境还需要 DOSXNT.EXE。

② 连接程序：LINK.EXE。

③ 库管理程序：LIB.EXE(如果不创建子程序库，此文件也不需要)。

④ 还需要一个文本编辑器和调试程序 DEBUG.EXE。

A.1　源程序的编辑

编辑是形成源程序文件的过程,它需要文本编辑器。例如,DOS 中的全屏幕文本编辑器 EDIT,或 Windows 中的记事本。源程序为纯文本文件，扩展名为.ASM，主文件名不超过 8 个字符（不支持汉字名）。

A.2　源程序的汇编

汇编是将源程序文件翻译为由机器代码组成的目标模块文件(.OBJ)的过程，它需要借助汇编程序。汇编程序的主要功能是检查源程序的语法错误、展开宏指令、计算表达式的值、产生目标文件。

MASM5.x 的汇编程序是 MASM.EXE，MASM6.x 的汇编程序是 ML.EXE。

1. 上机环境的准备

下面以使用 MASM 5.0 为例，假设所需的软件及编写好的源程序 HELLO.ASM 都在 D 盘的 WJYL 文件夹下。

① 8086 汇编语言上机需要 DOS 环境，可以用 Windows 中的命令提示符，依次选择"开始"→"程序"→"附件"→"命令提示符"，即可打开"命令提示符"窗口。

② 切换当前路径到 D:/WJYL，方法是在命令提示符状态下输入"D:"，然后按 Enter 键；再输入 CD\WJYL，然后按 Enter 键。

2. 对源程序进行汇编

在命令提示符状态下输入 MASM　HELLO.ASM，按 Enter 键后出现：

```
Object  Filename [HELLO.OBJ]
```

直接回车（表示采用默认目标文件名）后出现：

Source Listing [Nul.LST]

直接回车（表示不产生 LST 文件）后出现：

Cross   Reference [Nul.CRF]

直接回车（表示不产生 CRF 文件）后汇编结束。

如果源程序没有错误则汇编通过，显示类似 0 warning errors，0 severe errors 的提示信息。在 Windows 的资源管理器下查看，在当前文件夹内生成了主文件名与汇编语言源程序的主文件名同名、扩展名为.obj 的目标文件。

如果源程序有错误则汇编没通过（即没生成目标文件），此时屏幕上会显示源程序中错误的行号和错误代号及说明。根据提示信息修改源程序后，重新进行汇编，直到源程序无错误，汇编成功，得到目标文件。

A.3　目标文件的连接

连接是把一个或多个目标文件和库文件中的有关模块合成一个可执行文件的过程，需要利用连接程序 LINK.EXE。

在命令提示符状态下输入 LINK HELLO.OBJ，按 Enter 键后出现：

Run File [HELLO.EXE]

直接回车（表示采用默认可执行文件名）后出现：

List File [Nul.MAP]

直接回车（表示不产生 MAP 文件）后出现：

Libraries [.LIB]

直接回车（表示不连接库文件）后连接结束。

如果没有严重错误，连接后将生成一个可执行文件，否则将提示相应的错误信息，可根据错误提示进行修改直到生成可执行文件。

A.4　可执行文件的运行

经汇编、连接生成的可执行文件在命令提示符状态下只要输入文件名按 Enter 键后就可以运行（运行结果不一定在屏幕上显示）。如果出现运行错误，可以从源程序开始排错，也可以利用调试程序帮助发现错误。

A.5　调试程序 DEBUG 的使用方法

DEBUG.EXE 是 DOS 提供的汇编语言级的可执行程序调试工具。

A.5.1　DEBUG 程序的调用

在 DOS 的提示符下，可输入 DEBUG 启动调试程序：

DEBUG[文件名][参数 1][参数 2]

DEBUG 后可以不带文件名，仅运行 DEBUG 程序；需要时，再用 N 和 L 命令调入被调试程序。命令中可以带有被调试程序的文件名，运行 DEBUG 的同时，还将指定的程序调入主存；参数 1 和参数 2 是被调试程序所需要的参数。

在 DEBUG 程序调入后，根据有无被调试程序及类型相应设置寄存器的内容，发出 DEBUG 的提示符"—"，此时就可用 DEBUG 命令来调试程序。

① 运行 DEBUG 程序时，如果不带入被调试程序，则所有段寄存器值相等，都指向当前可用的主存段；除 SP 外的通用寄存器都设置为 0，而 SP 指向这个段的尾部指示当前栈顶；IP =0100 ；状态标志都是清 0 状态。

② 运行 DEBUG 程序时，如果带入的被调试程序扩展名不是.EXE，则 BX 和 CX 包含被调试文件大小的字节数（BX 为高 16 位），其他与不带入被调试程序的情况相同。

③ 运行 DEBUG 程序时，如果带入的被调试程序扩展名是.EXE ，则需要重新定位。此时，CS:IP 和 SS:SP 根据被调试程序确定，分别指向代码段和堆栈段。DS = ES 指向当前可用的主存段，BX 和 CX 包含被调试文件大小的字节数（BX 为高 16 位），其他通用寄存器为 0，状态标志都是清 0 状态。

A.5.2　DEBUG 命令的格式

DEBUG 的命令都是一个字母，后跟一个或多个参数：

字母 [参数]

使用命令的注意事项：

① 字母不分大小写；

② 只使用十六进制数，没有后缀字母 H；

③ 分隔符（空格或逗号）只在两个数值之间是必需的，命令和参数间可无分隔符；

④ 每个命令只有按了 Enter 键后才有效，可以用 Ctrl+Break 组合键中止命令的执行；

⑤ 命令如果不符合 DEBUG 的规则，则将以 error 提示，并用"^"指示错误位置。

许多命令的参数是主存逻辑地址，形式是"段地址:偏移地址"。其中，段地址可以是段寄存器或数值；偏移地址是数值。如果不输入段地址，则采用默认值，可以是默认段寄存器值。如果没有提供偏移地址，则通常就是当前偏移地址。

对主存操作的命令还支持地址范围这种参数，其形式是："开始地址　结束地址"（结束地址不能具有段地址），或者是"开始地址　L 字节长度"。

A.5.3　DEBUG 的命令

1. 显示内存单元内容的命令 D

```
D [地址]        ；显示当前或指定开始地址的主存内容
D [范围]        ；显示指定范围的主存内容
```

内容的左边部分是主存逻辑地址，中间是连续 16 个字节的主存内容（十六进制数，以字节位），右边部分是这 16 个字节内容的 ASCII 字符显示，不可显示字符用点"·"表示。一个 D 命令仅显示"8 行 × 16 个字节"、（80 列显示模式）内容。

2. 修改内存单元内容的命令 E

```
E 地址              ；格式 1，修改指定地址的内容
```

E 地址 数据表 ；格式 2，用数据表的数据修改指定地址的内容

格式 1 是逐个单元相继修改的方法。例如，输入"E DS：100"，DEBUG 显示原来内容，用户可以直接输入新数据，然后按空格键显示下一个单元的内容，或者按"－"键显示上一个单元的内容；不需要修改可以直接按空格或"－"键；这样，用户可以不断修改相继单元的内容，直到用 Enter 键结束该命令为止。格式 2 可以一次修改多个单元。

3．寄存器命令 R

R(Register)命令用于显示和修改寄存器，有 3 种格式：

R ；格式 1，显示所有寄存器内容和标志位状态

显示内容中，前 2 行给出所有寄存器的值，包括各个标志状态。最后一行给出当前"CS：IP"处的指令；如果涉及存储器操作数，这一行的最后还给出相应单元的内容。

R 寄存器名；格式 2，显示和修改指定寄存器

例如，输入"R AX"，DEBUG 给出当前 AX 的内容，冒号后用于输入新数据，如不修改，则按 Enter 键。

RF ；格式 3，显示和修改标志位

DEBUG 将显示当前各个标志位的状态。显示的符号及其状态如表 A-1 所示，用户只要输入这些符号就可以修改对应的标志状态，输入的顺序可以任意。

表 A-1　标志状态的表示符号

标　　志	置 位 符 号	复 位 符 号
溢出 OF	OV	NV
方向 DF	DN	UP
中断 IF	EI	DI
符号 SF	NG	PL
零位 ZF	ZR	NZ
辅助 AF	AC	NA
奇偶 PF	PE	PO
进位 CF	CY	NC

4．汇编命令 A

A(Assemble)命令用于将后续输入的汇编语言指令翻译成指令代码，其格式如下：

A[地址] ；从指定地址开始汇编指令

A 命令中如果没有指定地址，则接着上一个 A 命令的最后一个开始；若还没有使用过 A 命令，则从当前"CS：IP"开始。输入 A 命令后，就可以输入 8086/8088 指令，DEBUG 将它们汇编成机器代码，相继存放在指定地址开始的存储区中。记住，每输入一行就要按一次 Enter 键，最后可以按 Ctrl+C 组合键结束 A 命令。进行汇编的步骤如下：

① 输入汇编命令 A[地址]，按 Enter 键。DEBUG 提示地址，等待输入指令。

② 输入汇编语言指令，按 Enter 键。

③ 如上继续输入汇编语言指令，直到输入所有指令。

④ 不输入内容就按 Enter 键，结束汇编，返回 DEBUG 的提示符状态。

A 命令支持标准的 8086/8088（和 8087 浮点）指令系统以及汇编语言语句的基本格式，但要

注意以下一些规则：

- 所有输入的数值都是十六进制数；
- 段超越指令需要在相应指令前，单独一行输入；
- 段间（远）返回的助记符要使用 RETF；
- A 命令也支持最常用的两个伪指令 DB 和 DW。

5．反汇编命令 U

U（Unassemble）命令将指定地址的内容按 8086 和 8087 指令代码翻译成汇编语言指令形式。

```
U[地址]        ; 从指定地址开始，反汇编 32 字节（80 列显示模式）
U 范围          ; 对指定范围的主存内容进行反汇编
```

U 命令中如果没有指定地址，则接着上一个 U 命令的最后一个单元开始；若还没有使用过 U 命令，则从当前"CS：IP"开始。显示内容的左边是主存逻辑地址，中间是该指令的机器代码，而右边则是对应指令的汇编语言指令格式。

6．运行命令 G

G（Go）命令是执行指定地址的指令，直到遇到断点或程序结束返回操作系统。格式如下：

```
G[=地址] [断点地址 1，断点地址 2，…，断点地址 10]
```

G 命令等号后的地址是程序段的起始地址，如不指定则从当前的"CS：IP"开始运行。断点地址如果只有偏移地址，则默认为代码段 CS。断点可以没有，但最多只能有 10 个。

G 命令输入后，遇到断点（实际上就是断点中断指令 INT 3），停止执行，并显示当前所有寄存器和标志位的内容以及下一条将要执行的指令（显示内容同 R 命令），以便观察程序运行到此的情况。程序正常结束，将显示 Program terminated normally。

注意：G、T 和 P 命令要用符号"="指定开始地址，如未指定则从当前的"CS：IP"开始执行，并要指向正确的指令代码程序列，否则会出现不可预测的结果，例如"死机"等。

7．跟踪命令 T

T（Trace）命令从指定地址起执行一条或 n（n 是指令中的"数值"参数）条指令后停下来，格式如下：

```
T[=地址]        ; 逐条指令跟踪
T[=地址] [数值]  ; 多条指令跟踪
```

T 命令执行每条指令后都要显示所有寄存器和标志位的值以及下一条指令。

T 命令提供了一种逐条指令运行程序的方法，因此也常被称为单步命令。实行上 T 命令利用了处理器的单步中断，使程序员可以细致地观察程序的执行情况。T 命令逐条指令执行程序，遇到子程序（CALL）或中断调用（INT n）指令也不例外，也会进入到子程序或中断服务程序中执行。

8．继续命令 P

P（Proceed）命令类似 T 命令，只是不会进入子程序或中断服务程序中。当不需要调试子程序或中断服务程序时（例如运行带有功能调用的指令序列），要用 P 命令，而不是 T 命令。格式如下：

```
P[=地址] [数值]
```

9．退出命令 Q

Q（Quit）命令使 DEBUG 程序退出，返回 DOS。

附录 B

Proteus 仿真平台简明应用

B.1 Proteus ISIS 概述

Proteus 是英国 Labcenter 公司开发的电路设计、分析与仿真软件，功能极其强大。该软件的主要特点如下：

① 集原理图设计、仿真分析(ISIS)和印制电路板设计(ARES)于一身。可以完成从绘制原理图、仿真分析到生成印制电路板图的整个硬件开发过程。

② 提供几千种电子元件（分立元件和集成电路、模拟和数字电路）的电路符号、仿真模型和外形封装。

③ 支持大多数单片机系统（ARM（LPC 系列）、68000 系列、8051 系列、AVR 系列、PIC12 系列、PIC16 系列、PIC18 系列、Z80 系列、HC11 系列等）以及各种外围芯片（RS232 动态仿真、I2C 调试器、SPI 调试器、键盘和 LCD 系统仿真等）的仿真。

④ 提供各种虚拟仪器，如各种测量仪表、示波器、逻辑分析仪、信号发生器等。

⑤ 提供软件调试功能，同时支持第三方的软件编译和调试环境。

过去需要昂贵的电子仪器设备、繁多的电子元件才能完成的电子电路、单片机、微机接口等实验，现在只要一台计算机，就可在该软件环境下快速轻松地实现。

Proteus 主要由 ISIS 和 ARES 两部分组成，ISIS 的主要功能是原理图设计及与电路原理图的交互仿真，ARES 主要用于印制电路板的设计。本章主要介绍利用 Proteus ISIS 输入电路原理图，进行基于 8086 微处理器的 VSM 仿真的基本方法。基于 8086 微处理器的仿真是 Proteus 7.5 版本新增的功能，目前的仿真模型能仿真最小模式中所有的总线信号和器件的操作时序，支持直接加载 EXE、COM 和 BIN 格式的文件到内部 RAM 中，而不需要 DOS。

B.2 Proteus ISIS 界面简介

Proteus ISIS 主界面如图 B-1 所示。

1. 预览窗口

预览窗口具有两个功能：

① 当在元件列表中选择一个元件时，它会显示该元件的预览图。

② 当鼠标焦点落在原理图编辑窗口时（即放置元件到原理图编辑窗口后或在原理图编辑窗

口中点击鼠标后），它会显示整张原理图的缩略图，并会显示一个绿色的方框，可用鼠标改变绿色方框的位置，从而改变原理图的可视范围。

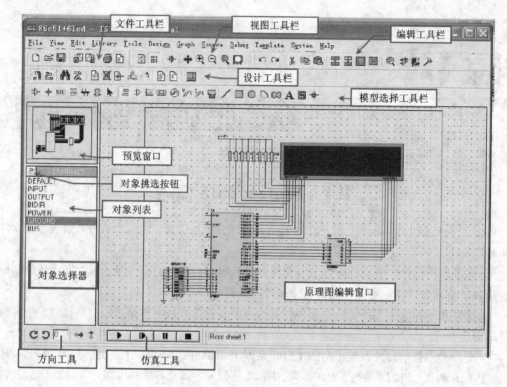

图 B-1　Proteus ISIS 主界面

2．原理图编辑窗口

用来绘制原理图。蓝色方框内为可编辑区，元件要放到它里面。这个窗口是没有滚动条的，可通过预览窗口来改变原理图的可视范围。也可通过 shift+鼠标移动来实现滚动。

3．菜单栏

菜单栏中的各菜单介绍如下：

① File（文件）：新建、打开、保存、打印等。

② View（查看）：控制界面元素的显示、放大、缩小等。

③ Edit（编辑）：对象的查找、编辑、剪贴；操作的撤销恢复。

④ Library（库）：元件的制作和元件库的管理。

⑤ Tools（工具）：布线、电气检查、元件清单、电路板设计等工具。

⑥ Design（设计）：设计图纸的标题和说明；父子电路的切换等。

4．工具栏

ISIS 除了通过菜单操作外，使用工具栏上的工具按钮操作更加便捷。包括以下几个工具栏：文件工具栏、视图工具栏、编辑工具栏、设计工具栏、模型选择工具栏、方向工具、仿真工具。前 4 个工具栏可以通过 View 菜单的 Toolbars 显示或关闭。各工具栏的位置可以通过拖动其左端适当进行调整。

B.3　Proteus ISIS 基本操作

B.3.1　文件操作

文件操作有如下几种：

① 开始一个新的设计：启动 ISIS 或在 ISIS 中选择 File→New Design 命令，将出现一张空的图纸，新建一个设计。新设计的默认名字为 UNTITLED.DSN(设计文件扩展名为 DSN)。

② 加载一个现有的设计：在 ISIS 中选择 File→Load Design 命令。

③ 保存设计：选择 File—Save Design 命令保存文件。

B.3.2　在原理图中放置和编辑对象

绘制原理图要在原理图编辑窗口中的蓝色方框内完成。原理图编辑窗口的操作不同于常用的 Windows 应用程序，正确的操作是：用左键放置元件；右键选择元件；双击右键删除元件；右键拖动选择多个元件；双击左键编辑元件属性；先右键后左键拖动元件；连线用左键，删除用右键。改连接线：先右击连线，再左键拖动；中键滚动缩放原理图。元件选取界面如图 B-2 所示。

1. 根据对象类别选择图标

根据对象的类别在绘图模型选择工具栏选择相应的图标。需要说明的是：

① 某些对象（如 2D 图形等）可以在选择工具后直接在编辑区左击放置。

② 对于元件等对象，需要先从器件库将其添加到对象选择器中（左击对象选择按钮▣，从器件库中按名称或分类筛选出对象后双击使其置入对象选择器），然后从对象选择器中选定，并在编辑区左击，即可放入该器件。

③ 有些对象（如晶体管）由于品种繁多，还需要进一步选择子类别后才能显示出来供选择。

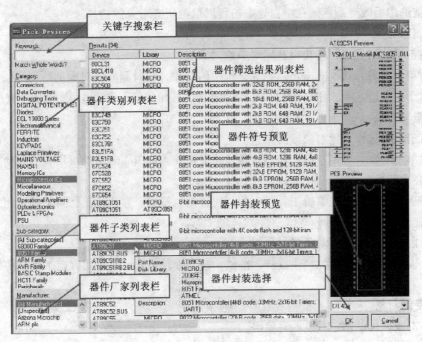

图 B-2　Proteus ISIS 元件选取界面

以添加微处理器 8086 为例来说明如何将所需的元器件添加到编辑窗口内：

方法 1：如果知道器件的名称或名称中的一部分，可以在左上角的关键字搜索栏 Keywords 中输入，例如输入 8086，即可在 Results 栏中筛选出该名称或包含该名称的器件，双击 Results 栏中的名称 8086 即可将其添加到对象选择器。

方法 2：如果不知道器件的名称，可逐步分类检索。在 Category（器件种类）下面，找到该器件所在的类别。如对于单片机（微处理器），应左击鼠标选择 Microprocessor ICs 类别，在对话框的右侧 Results 栏中，会出现大量常见的各种型号的单片机（微处理器）。如果器件太多，可进一步在下方子类 Subcategory 找到该单片机（微处理器）所在的子系列（如 i86 Family），然后在 Results 栏中双击所需要的器件将其添加到对象选择器（右边的预览窗口可显示其电路符号和封装）。

2. 将元件从对象选择器放入原理图编辑区

在对象选择器中有了 8086 元件后，左击这个元件，然后把鼠标指针移到右边的原理图编辑区的适当位置，点击鼠标的左键两次，就把 8086 元件放到了原理图编辑区。

说明：

① 在对象选择器中选定对象后，其放置方向将会在预览窗口显示出来，可以通过方向工具栏中的方向按钮进行方向调整。

② 如果需要连续放置相同的对象，可在编辑区中连续左击。

3. 编辑对象

（1）选中对象

① 对编辑区中的对象进行各种操作均需要先选中该对象。

② 右击可以选中单一对象。

③ 依次右击每个对象或通过右键拖出一个选择框将所需要的对象框选进来可以选中一组对象。

对象被选中后改变颜色。在空白处右击可以取消所有对象的选择。

（2）删除对象

① 右击单一对象或框选块以选定对象或对象组。

② 对单一对象，再次右击可以删除被选中的对象，同时删除该对象的所有连线。

③ 对于对象组，单击编辑工具栏中的"块删除"按钮或按下删除键可删除所有被选中的对象。

（3）拖动对象

① 右击或框选以选定对象或对象组。

② 对单一对象，可用左键拖动该对象。如果 Wire Auto Router 功能可用，被拖动对象上所有的连线将会重新排布。

③ 对于对象组，单击编辑工具栏中的"块移动"按钮，再移动鼠标可移动一组对象。

（4）旋转对象的方向

① 右击或框选以选定对象或对象组。

② 单击编辑工具栏中的"快旋转"按钮，输入旋转角度。也可用方向工具栏中的工具改变方向。

（5）复制对象

① 右击或框选以选定对象或对象组。

② 单击编辑工具栏中的"块复制"按钮。

③ 把复制的轮廓拖到需要的位置。

④ 在编辑区空白处右击结束。

（6）设置对象的属性

① 选中对象。

② 单击对象，打开属性编辑对话框。

③ 在其中输入必要的属性。

B.3.3　连线

1．画导线

Proteus ISIS 中没有布线模式，但用户可以在任意时刻放置连线和编辑连线。Proteus 具有自动捕捉节点和自动布线功能，当鼠标的指针靠近一个对象的连接点时，鼠标的指针会变成绿色笔形且笔尖处为红色小方块。单击元器件的连接点，移动鼠标（不用一直按着左键）即可进行画线（此时鼠标的指针是白色笔形）。如果想让软件自动定出线路径，只需左击另一个连接点即可完成画线。这就是 Proteus 的线路自动路径功能（简称 WAR），即如果只是在两个连接点单击，WAR 将选择一个合适的线径。WAR 可通过使用工具栏中的 WAR 命令按钮 📇 来关闭或打开，也可以在菜单栏的 Tools 下找到这个图标。如果想自己决定走线路径，只需在想要的拐点处单击即可。在此过程的任何时刻，都可以按 Esc 键或者右击来放弃画线。

2．画总线

为了简化原理图，可以用一条导线代表数条并行的导线，这就是所谓的总线。单击工具箱的总线按钮 ⊬，即可在编辑窗口画总线。

3．画总线分支线

总线的分支线是用来连接总线和元器件的，画分支线时和画一般的导线是一样的，只不过是线的其中一端和总线相连接罢了。为了和一般的导线区分，可采用画斜线的方式来表示总线的分支线，注意这时需要把 WAR 功能关闭。

画好分支线后还需要给分支线添加标签。单击选中绘图工具栏中的导线标签按钮 🔠，将鼠标置于图形编辑窗口的导线上，鼠标的笔形指针尖端出现"×"号时单击，弹出编辑导线标签窗口。在 string 栏中，输入标签名称，单击 OK 按钮。

注意：

① 凡是标签相同的导线都相当于之间建立了电器连接而不必在图上绘出连线。

② 连线与 2D 图形工具中的绘制直线不同，前者具有导线性质，后者不具备导线性质。

B.4　操 作 实 例

仿真实验主要分为三大步骤：

① 用 Proteus 仿真软件设计完成实验所需的硬件原理图。

② 用 MASM 等软件完成对实验所需汇编语言源程序的汇编、连接等工作，从而得到 EXE 可执行文件（或者 COM、BIN 文件）。

③ 把 EXE 文件（或者 COM、BIN 文件）加载到 Proteus 中 8086 微处理器上，进行软、硬件联合仿真调试。

本例是基于 8086 的可编程并行接口 8255A 的 I/O 实验。8255A 的 A 口连接 8 个开关 $S_0 \sim S_7$，B 口连接 8 个发光二极管 $LED_0 \sim LED_7$。要求实现 S_i 闭合，则 LED_i 亮；S_i 断开，则 LED_i 灭。

B.4.1 创建硬件电路原理图

1. 将所需元器件加入到对象选择器窗口

左键单击模型选择工具栏中的元件按钮 ▷，单击对象选择器按钮 P，按照前述方法把本例所需的元件添加到对象选择器窗口中，本例用到的仿真元件信息如表 B-1 所示。

表 B-1　实验电路元件清单

元 件 名 称	所 属 类	所 属 子 类	功 能 说 明
8086	Microprocessor ICs	i86 Family	微处理器
8255A	Microprocessor ICs	Peripherals	可编程并行接口
74154	TTL 74 series	Decoders	4-16 译码器
74273	TTL 74 series	Flip-Flops & Latches	八 D 型触发器（带清除端）
LED-GREEN	Optoelectronics	LEDs	绿色 LED 发光管
NOT	Simulator Primitives	Gates	非门
4078	CMOS 4000 series	Gate & Inverters	8 输入与非门
PULLUP	Modelling Primitives	Digital[Miscellaneous]	电阻
SWITCH	Switches & Relays	Switches	开关

2. 将元件放入原理图编辑窗口

在对象选择器窗口中选取 8086，在原理图编辑窗口中单击，这样 8086 就被放到原理图编辑窗口中。按同样方法放置其他各元件。如果元件的方向不对，可以在放置以前用方向工具转动或翻转后再放入；如果已放入图纸，可以选定后，再用方向工具或块旋转工具转动。

左键单击模型选择工具栏中的终端按钮 ▤，在对象选择器窗口单击 GROUND 地终端，并在原理图编辑窗口中左击进行放置。同样放置其它端，如 POWER、DEFAULT 和 BUS 等。

3. 连线并添加必要的标签

按照前述方法画导线和总线，并添加必要的标签。完成的电路图如图 B-3 所示。图中的 $\overline{RD}$ 和 $\overline{WR}$ 等引脚处使用了默认终端 DEFAULT 并添加了终端标签(双击默认终端，在 string 处输入标签，输入 "RD" 即可得到 $\overline{RD}$)；总线终端处添加了总线标签，例如总线命名为 AD[0..7]，意味着此总线可以分为 8 条彼此独立的，命名为 AD_0、AD_1、AD_2、AD_3、AD_4、AD_5、AD_6、AD_7 的导线。该总线一旦标注完成，则系统自动在导线标签编辑页面的 String 栏的下拉菜单中加入以上 8 组导线名，今后在标注与之相联的导线名时（如 AD0），只要直接从导线标签编辑页面的 String 栏的下拉菜单中选取即可。凡是标签相同的点都相当于之间建立了电器连接而不必在图上绘出连线。

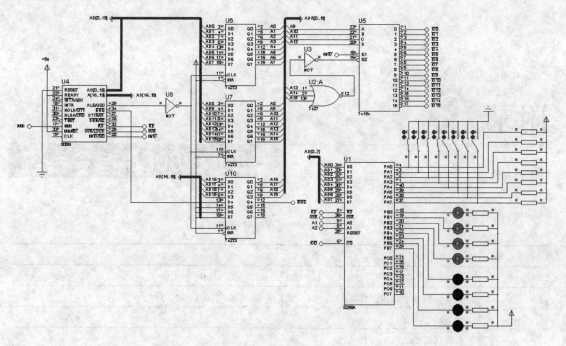

图 B-3　基于 8255A 的开关控制 LED 的仿真电路图

B.4.2　软件编程

本例的控制程序，8086 汇编语言源代码如下：

```
CODE    SEGMENT
        ASSUME CS:CODE
START:  MOV   AL,90H        ;8255A 工作在方式 0，A 口输入，B 口输出
        OUT   06H,AL        ;8255A 的方式控制字写入控制口
AGAIN:  IN    AL,00H        ;读入 8255A 的 A 口开关的状态
        OUT   02H,AL        ;输出到 8255A 的 B 口的 LED 上显示
        JMP   AGAIN
CODE    ENDS
        END   START
```

　　8086 汇编语言开发可用的软件平台有多种，例如 MASM、TASM、EMU8086 等。不论用哪种软件平台，只要把汇编语言源程序编译生成 EXE 可执行文件（或者 COM、BIN 文件），然后把该 EXE 可执行文件（或者 COM、BIN 文件）加载到 Proteus 原理图中的 8086 微处理器中，就可以进行系统仿真。

　　本例用记事本输入源程序，用 MASM 5.0 对其进行汇编，用 LINK 连接生成 EXE 可执行文件，假设文件名为 8255.exe。

B.4.3　加载可执行文件进行联合仿真

　　在 Proteus 原理图编辑区中双击微处理器 8086，出现属性设置窗口 Edit Component，在其中的 Program File 项中添加上面生成的 8255.exe 文件的路径，单击 OK 完成设置。

　　单击原理图左下角的运行按钮 ▶，即开始仿真运行。Proteus 为用户提供了一个实时交互的环境，在仿真运行的过程中，将鼠标移向某个开关，当鼠标前端出现+时单击鼠标则开关闭合，相应的 LED 变亮；出现-时单击鼠标则开关断开，相应的 LED 灭，整个过程与真实的硬件调试极其相似。

附录 C

8086/8088 指令系统

表 C-1　指令符号说明

符　　号	说　　　　　　　　　明
r8	任意一个 8 位通用寄存器 AH、 AL、 BL、 CH、 CL 、DH、 DL
r16	任意一个 16 位通用寄存器 AX、 BX 、CX、 DX 、SI 、DI、 BP、 SP
reg	代表 r8、 r16
seg	段寄存器 CS、 DS、 ES、 SS
m8	一个 8 位存储器操作数单元
m16	一个 16 位存储器操作数单元
mem	代表 m8、 m16
i8	一个 8 位立即数
i16	一个 16 位立即数
imm	代表 i8、i16
dest	目的操作数
src	源操作数
label	标号

表 C-2　指令汇编格式

指 令 类 型	指令汇编格式	指令功能简介

传送指令	MOV reg/mem, imm
	MOV reg/mem/seg, reg
	MOV reg/seg, mem
	MOV reg/mem, seg
		dest←src

交换指令	XCHG reg, reg/mem XCHG reg/mem, reg	reg←reg/mem
转换指令	XLAT label XLAT	AL←[BX+AL]
堆栈指令	PUSH r16/m16/seg POP r16/m16/seg	寄存器/存储器入栈 寄存器/存储器出栈

续表

指 令 类 型	指令汇编格式	指令功能简介
标志传送	CLC	CF←0
	STC	CF←1
	CMC	CF←/CF
	CLD	DF←0
	STD	DF←1
	CLI	IF←0
	STI	IF←1
	LAHF	AH←FLAG 低字节
	SAHF	FLAG 低字节←AH
	PUSHF	FLAGS 入栈
	POPF	FLAGS 出栈
地址传送	LEA r16，mem	R16←16 位有效地址
	LDS r16，mem	DS：r16←32 位远指针
	LES r16，mem	ES：r16←32 位远指针
输入	IN AL/AX，i8/DX	AL/AX←I/O 端口 i8/DX
输出	OUT i8/DX，AL/AX	I/O 端口 i8/DX←AL/AX
加法运算	ADD reg，imm/reg/mem	dest←dest + src
	ADD mem，imm/reg/mem	
	ADC reg，imm/reg/mem	dest←dest+src+CF
	ADC mem，imm/reg	
	INC reg/mem	reg/mem←reg/mem+1
减法运算	SUB reg，imm/reg/mem	dest←dest − src
	SUB mem，imm/reg	
	SBB reg，imm/reg/mem	dest←dest − src − CF
	SBB mem，imm/reg	
	DEC reg/mem	reg/mem←reg/mem − 1
	NEG reg/mem	reg/mem←0−reg/mem
	CMP reg，imm/reg/mem	dest−src
	CMP mem，imm/reg	
乘法运算	MUL reg/mem	无符号数值乘法
	IMUL reg/mem	有符号数值乘法
除法运算	DIV reg/mem	无符号数值除法
	IDIV reg/mem	有符号数值除法
符号扩展	CBW	把 AL 符号扩展为 AX
	CWD	把 AX 符号扩展为 DX · AX
十进制调整	DAA	将 AL 中的加和调整为压缩 BCD 码
	DAS	将 AL 中的减差调整为压缩 BCD 码

续表

指 令 类 型	指令汇编格式	指令功能简介
	AAA	将 AL 中的加和调整为非压缩 BCD 码
	AAS	将 AL 中的减差调整为非压缩 BCD 码
	AAM	将 AX 中的乘积调整为非压缩 BCD 码
	AAD	将 AX 中的非压缩 BCD 码扩展成二进制数
逻辑运算	AND reg, imm/reg/mem	dest←dest AND src
	AND mem, imm/reg	
	OR reg, imm/reg/mem	dest←dest OR src
	OR mem, imm/reg	
	XOR reg, imm/reg/mem	dest←dest XOR src
	XOR mem, imm/reg	
	TEST reg, imm/reg/mem	dest AND src
	TEST mem, imm/reg	
	NOT reg/mem	reg/mem←NOT reg/mem
移位	SAL reg/mem, 1/CL	算术左移 1/CL 指定的次数
	SAR reg/mem, 1/CL	算术右移 1/CL 指定的次数
	SHL reg/mem, 1/CL	与 SAL 相同
	RCR reg/mem, 1/CL	带进位循环右移 1/CL 指定的次数
串操作	MOVS[B/W]	串传送
	LODS[B/W]	串读取
	STOS[B/W]	串存储
	CMPS[B/W]	串比较
	SCAS[B/W]	串扫描
	REP	重复前缀
	REPZ/REPE	相等重复前缀
	REPNZ/REPNE	不等重复前移
控制转移	JMP label	无条件直接转移
	JMP r16/m16	无条件间接转移
	Jcc label	条件转移
循环	LOOP label	CX←CX − 1；若 CX≠0，循环
	LOOPZ/LOOPE label	CX←CX − 1；若 CX≠0 且 ZF=1，循环
	LOOPNZ/LOOPNE label	CX←CX − 1；若 CX≠0 且 ZF=0，循环
	JCXZ label	CX=0，循环
子程序	CALL label	直接调用
	CALL r16/m16	间接调用
	RET	无参数返回
	RET i16	有参数返回
中断	INT i8	中断调用

续表

指 令 类 型	指令汇编格式	指令功能简介
	IRET	中断返回
	INTO	溢出中断调用
处理器控制	NOP	空操作指令
	SEG:	段超越前缀
	HLT	停机指令
	LOCK	封锁前缀
	WAIT	等待指令
	ESC i8, reg/mem	交给浮点处理器的浮点指令

表 C-3   状态符号说明

符 号	说 明
–	标志位不受影响(没有改变)
0	标志位复位(置 0)
1	标志位复位(置 1)
×	标志位按定义功能改变
#	标志位按指令的特定说明改变(参见有关指令说明)
u	标志位不确定(可能为 0，也可能为 1)

表 C-4   指令对状态标志的影响（未列出的指令不影响标志）

指 令	OF	SF	ZF	AF	PF	CF
SAHF	–	#	#	#	#	#
POPE/IRET	#	#	#	#	#	#
ADD/ADC/SUB/SBB/CMP/NEG/CMPS/SCAS	×	×	×	×	×	×
INC/DEC	×	×	×	×	×	–
MUL/IMUL	#	u	u	u	u	#
DIV/IDIV	u	u	u	u	u	u
DAA/DAS	u	×	×	×	×	×
AAA/AAS/	u	u	u	×	u	×
AAM/AAD	u	×	×	u	×	u
AND/OR/XOR/TEST	0	×	×	u	×	0
SAL/SAR/SHL/SHR	#	×	×	u	×	#
ROL/ROR/RCL/RCR	#	–	–	–	–	#
CLC/STC/CMC	–	–	–	–	–	#

常用 DOS 功能调用（INT 21H）

这里仅简单给出了基本调用功能，新版本 DOS 的功能有扩展。

功 能 号	功 能	入 口 参 数	出 口 参 数
00H	程序终止	CS=程序段前缀的段地址	
01H	键盘输入		AL=输入字符
02H	显示输出	DL=输出显示的字符	
03H	串行通信输入		AL=接收字符
04H	串行通信输出	DL=发送字符	
05H	打印机输出	DL=打印字符	
06H	控制台输入输出	DL=FFH(输入)，DL=字符(输出)	AL=输入字符
07H	无回显键盘输入		AL=输入字符
08H	无回显键盘输入		AL=输入字符
09H	显示字符串	DS:DX=字符串地址	
0AH	输入字符串	DS:DX=缓冲区地址	
0BH	检验键盘状态		AL=00 有输入，AL=FF 无输入
0CH	清输入缓冲区，执行指定输入功能	AL=输入功能号(1、6、7、8、0AH)	
0DH	磁盘复位		清除文件缓冲区
0EH	选择磁盘驱动器	DL=驱动器号	AL=驱动器数
0FH	打开文件	DS:DX=FCB 首地址	AL=00H 文件找到 AL=FFH 文件未找到
10H	关闭文件	DS:DX=FCB 首地址	AL=00H 目录修改成功 AL=FFH 未找到
11H	查找第一个目录项	DS:DX=FCB 首地址	AL=00H 找到，AL=FFH 未找到
12H	查找下一个目录项	DS:DX=FCB 首地址	AL=00H 文件找到 AL=FFH 未找到
13H	删除文件	DS:DX=FCB 首地址	AL=00H 删除成功， AL=FFH 未找到
14H	顺序读	DS:DX=FCB 首地址	AL=00H 读成功 AL=01H 文件结束，记录无数据 AL=02H DTA 空间不够 AL=03H 文件结束，记录不完整

功　能　号	功　　能	入　口　参　数	出　口　参　数
15H	顺序写	DS:DX=FCB 首地址	AL=00H 写成功 AL=01 盘满 AL=02H DTA 空间不够
16H	创建文件	DS:DX=FCB 首地址	AL=00H 创建成功 AL=FFH 无磁盘空间
17H	文件改名	DS:DX=FCB 首地址 (DS:DX+1)=旧文件名 (DS:DX+17)=新文件名	AL=00H 改名成功 AL=FFH 不成功
19H	取当前磁盘		AL=当前驱动器号
1AH	设置 DTA 地址	DS:DX=DTA 地址	
1BH	取默认驱动器 FAT 信息		AL=每簇的扇区数，DS:BX=FAT 标识字节 CX=物理扇区的大小，DX=驱动器和簇数
21H	随机读	DS:DX=FCB 首地址	AL=00H 读成功 AL=01H 文件结束 AL=02H 缓冲区溢出 AL=03H 缓冲区不满
22H	随机写	DS:DX=FCB 首地址	AL=00H 写成功 AL=01H 磁盘满 AL=02H 缓冲区溢出
23H	文件长度	DS：DX=FCB 首地址	AL=00H 成功，长度在 PCB AL=1 未找到
24H	设置随机记录号	DS：DX=FCB 首地址	
25H	设置中断向量	DS：DX=中断向量， AL=中断向量号	
26H	建立 PSP	DX=新的 PSP	
27H	随机块读	DS：DX=FCB 首地址 CX=记录数	AL=00H 读成功 AL=01 文件结束 AL=02H 缓冲区溢出 AL=03H 缓冲区不满
28H	随机块写	DS：DX=FCB 首地址 CX=记录数	AL=00H 写成功 AL=01H 盘满 A;=02H 缓冲区溢出
29H	分析文件名	ES：DI=FCB 首地址 DS：SI=ASCII 串 AL=控制分析标志	AL=00H 标准文件 AL=01H 多义文件 AL=FFH 非法盘符
2AH	取日期		CX:DH:DL=年:月:日
2BH	设置日期	CX：DH：DL=年：月：日	
2CH	取时间		CH:CL=时:分，DH:DL=秒:百分秒

续表

功能号	功　　能	入　口　参　数	出　口　参　数
2DH	设置时间	CH：CL=时：分， DH：DL=秒：百分秒	
2EH	设置磁盘写标志	AL=00 关闭，AL=01 打开	
2FH	取 DTA 地址		ES:BX=DTA 首地址
30H	取 DOS 版本号		AL=主版本号，AH=辅版本号
31H	程序终止并驻留	AL=返回码，DX=驻留大小	
33H	ctrl-break 检测	AL=00 取状态 AL=01 置状态	DL=00H 关闭，　DL=01H 打开
35H	获取中断向量	AL=中断向量号	ES:BX=中断向量
36H	取可用磁盘空间	DL=驱动器号	成功:AX=每簇扇区数，BX=有效簇 数，CX=每扇区字节数，DX=总簇数 失败:AX=FFFFH
38H	取国家信息	DS：DX=信息区地址	BX=国家代码
39H	建立子目录	DS：DX=ASCII 串	AX=错误码
3AH	删除子目录	DS：DX=ASCII 串	AX=错误码
3BH	改变目录	DS：DX=ASCII 串	AX=错误码
3CH	建立文件	DS：DX=ASCII 串，CX=文件属性	成功:AX=文件号;失败:AX=错误码
3DH	打开文件	DS：DX=ASCII 串，AL=0/1/2 读/ 写/读写	成功:AX=文件号;失败:AX=错误码
3EH	关闭文件	BX=文件号	AX=错误码
3FH	读文件或设备	DS：DX=数据缓冲区地址 BX=文件号 CX=读取字节数	成功:AX=实际读出字节数 AX=0 已到文件尾 出错:AX=错误码
40H	写文件或设备	DS：DX=数据缓冲区地址，BX= 文件号，CX=写入字节数	成功:AX=实际写入字节数 出错:AX=错误码
41H	删除文件	DX:DX=ASCII 串	成功:AX=00; 失败:AX=错误码
42H	移动关闭指针	BX=文件号，CX:DX=位移量 AL=移动方式	成功:DX:AX=新指针位置 出错:AX=错误码
43H	读取/设置文件 属性	DS:DX= ASCII 串，AL=0/1 取/置属 性，CX=文件属性	成功:CX=文件属性 失败：AX=错误码
44H	设备 I/O 控制	BX=文件号: AL=0 取状态，AL=1 置状态 AL=2 读数据，AL=3 写数据 AL=6 取输入状态 AL=7 取输出状态	DX=设备信息
45H	复制文件号	BX=文件号 1	成功:AX=文件号 2;出错:AX=错误码
46H	强制文件号	BX=文件号 1，CX=文件号 2	成功:AX=文件号 1;出错:AX=错误码
47H	取当前路径名	DL=驱动器号 DS:SI= ASCII 串地址	DS:SI= ASCII 串; 失败:AX=错误码
48H	分配内存空间	BX=申请内存容量	成功:AX=分配内存首址 失败:BX=最大可用空间

续表

功 能 号	功　　能	入 口 参 数	出 口 参 数
49H	释放内存空间	ES=内存起始段地址	失败:AX=错误码
4AH	调整分配的内存空间	ES=原内存起始地址 BX=再申请内存容量	失败:AX=错误码 BX=最大可用空间
4BH	装入/执行程序	DS:DX=ASCII 串 ES:BX=参数区首地址 AL=0/3 执行/装入不执行	失败:AX=错误码
4CH	程序终止	AL=返回码	
4DH	取返回码		AL=返回码
4EH	查找第一个目录项	DS:DX= ASCII 串地址，CX=属性	AX=错误码（02，18）
4FH	查找下一个目录项	DS:DX= ASCII 串地址	AX=错误码（18）
54H	读取磁盘写标志		AL=当前标志值，00 为关，01 为开
56H	文件改名	DS:DX=旧 ASCII 串 ES:DI=新 ASCII 串	AX=错误码（03，05，17）
57H	设置/读取文件日期和时间	BX=文件号，AL=0 读取 AL=1 设置(DX:CX)	DX:CX=日期和时间 失败:AX=错误码
58H	取/置分配策略码	AL=0 读取，AL=1 设置（BX）	成功：AX=策略码，失败：AX=错误码

附录

常用 ROM-BIOS 功能调用

这里仅简单说明了基本的调用功能，当前 PC 支持的功能有扩展。

E.1 显示器功能调用 (INT 10H)

① AH=00H——设置显示方式：

入口参数：AL=方式号。本功能调用使显示器工作在设定的显示方式并清屏。

AL=00：	40×25 单色文本	AL=01：	40×25 彩色文本
AL=02：	80×25 单色文本	AL=03：	80×25 彩色文本
AL=04：	320×200 彩色图形	AL=05：	320×200 黑白图形
AL=06：	640×200 黑白图形	AL=07：	80×25 单色文本
AL=08：	160×200 16 色图形	AL=09：	320×200 16 色图形
AL=0A：	640×200 16 色图形	AL=0B,0C：保留 EGA	
AL=0D：	320×200 彩色图形 EGA	AL=0E：	640×200 彩色图形 EGA
AL=0F：	640×350 单色图形 EGA	AL=10：	640×350 彩色图形 EGA
AL=11：	640×480 单色图形 EGA	AL=12：	640×480 16 色图形 EGA
AL=13：	320×200 256 色图形 EGA		

② AH=01H——设置光标形状：

入口参数：CH=光标起始的扫描线号，CL=光标终止的扫描线号。

③ AH=02H——设置光标位置：

入口参数：DH=光标所在的行号，DL=光标所在的列号，BH=光标所在的页号。

④ AH=03H——查询光标形状和位置：

入口参数：BH=要查询光标所在的页号。

出口参数：CH=光标起始扫描线号，CL=光标终止扫描线号，DH=光标行号，DL=光标列号。

⑤ AH=04H——查询光标位置。

⑥ AH=05H——设置当前显示页。

入口参数：AL=页号。设定某页，则此页变为当前显示页，默认时为 0 页。

⑦ AH=06H——窗口上滚

入口参数：CH=滚动窗口左上角的行号，CL=滚动窗口左上角的列号，DH=滚动窗口右下角的行号，DL=滚动的行数，BH=填充的正文属性字节（字符方式）或填充字节（图形方式）。

⑧ AH=07H——窗口下滚：

入口参数：同 6 号功能。

⑨ AH=08H——读光标处的字符及其属性

入口参数：BH=所在页号。

出口参数：AL=所读字符的 ASCII 码，AH=所读字符的属性。

⑩ AH=09H——在光标处写字符及其属性：

入口参数：AL=字符的 ASCII 码，BL=属性字节（文本方式）或颜色值（图形方式），BH=页号，CX=连续写字符的个数。

⑪ AH=0AH——在光标处写字符：

入口参数：AL=字符的 ASCII 码，BL=颜色值（图形方式），BH=页号，CX=连续写字符的个数。

⑫ AH=0BH——设置 CGA 调色板：

入口参数：BH=0 时，BL=图形方式的背景色或字符方式的边界色（0～15）；　BH=1 时，BL=选用的调色板号（0 或 1 对应第 0 或第 1 色组）。

⑬ AH=0CH——写图形像素（写点）：

入口参数：AL=像素值，CX=像素写到的列值，DX=像素写到的行值。

⑭ AH=0DH——读图形像素（读点）：

入口参数：CX=欲读像素所在的列值，DX=欲读像素所在的行值。

出口参数：AL=像素值。

⑮ AH=0EH——在光标处写字符并移动光标：

入口参数：AL=字符的 ASCII 码，BL=字符的颜色值（图形方式），BH=页号（字符方式）。

⑯ AH=0FH——查询当前显示方式：

出口参数：AH=显示的列数，AL=显示方式号，BH=当前显示页号。

E.2　异步通信功能调用（INT 14H）

① AH=00H——UART 初始化设置：

入口参数：AL=初始化参数。其中 $D_7D_6D_5$ 设置波特率：取 000~111 值依次对应 110、150、300、600、1 200、2 400、4 800、9 600 Bd；D_4D_3 设置奇偶校验位：X0、01、11 分别表示无校验、奇校验、偶校验；D_2 设置停止位：0、1 分别表示使用 1、2 停止位；D_1D_0 设置数据位：10 和 11 分别表示 7 和 8 位数据位。

出口参数：AH=通信线路状态，D_7~D_0 为 1 依次表示发生超时、发送移位寄存器空、发送保持寄存器空、中止字符、帧格式错、奇偶校验错、溢出错、数据准备好。AL=调制解调器状态，D_7~D_0 为 1 依次表示发生载波检测到、振铃指示、DSR 有效、CTS 有效、载波改变、振铃指示断开、DSR 改变、CTS 改变。

0 号功能：将 AL 中的 D_4~D_0 位直接写入 8250 的线路控制寄存器 LCR 的低 5 位，指定串行通信的数据格式；同时，还使 LCR 的 D_6、D_5 位复位，即不使用强制奇偶校验位，也不发送中止字符。该功能利用 AL 中的 $D_7D_6D_5$ 建立数据传输速率，并清除中断允许寄存器 IER，即不使用中断方式。最后，该功能取出线路状态和调制解调器状态送 AH 和 AL。

② AH=01H——发送一个字符：

入口参数：AL=欲发送的字符代码。

出口参数：AH=线路状态（同 0 号功能），其中，$D_7=1$ 表示未能发送。

③ AH=02H——接收一个字符：

出口参数：AL=接收的字符；AH=线路状态（同 0 号功能），其中，$D_7=1$ 表示未能成功接收。

④ AH=03H——读取异步通信口状态：

出口参数：AH=线路状态（同 0 号功能），AL=调制解调器状态（同 0 号功能）。

E.3　键盘功能调用（INT 16H）

① AH=00H——读取键值：

出口参数:AX=键值代码，根据按键可以分成 3 种情况。

- 标准 ASCII 码按键：AL=ASCII 码(0～127)，AH=接通扫描码。
- 扩展按键(组合键、F1~F10 功能键、光标控制键等)：AL=00H，AH=键扩展码（0FH～84H）。
- Alt+小键盘的数字键：AL=数字值（1～255），AH=00H。

② AH=01H——判断有键按下否：

出口参数：标志 ZF=1，无键按下；ZF=0，有键按下，且 AX=键值代码（同 AH=0 功能）。

③ AH=02H——读当前 8 个特殊键的状态：

出口参数：AL=KB–FLAG 字节单元内容，从高位到低位依次为 Ins、Caps Lock、Num Lock、Scroll Look、Alt、Ctrl、左 Shift、右 Shift 各键的按下标志位。按下时，相应位为 1。

E.4　打印机功能程序（INT 17H）

① AH=00H——送入打印机一个字符：

入口参数：AL=打印字符，DX=打印机号（0～2）。

出口参数：AH=打印机状态。

② AH=01H——初始化打印机：

入口参数：DX=打印机号（0～2）。

出口参数：AH=打印机状态。

③ AH–02H——读打印机状态：

入口参数：DX=打印机号（0～2）。

出口参数：AH=打印机状态。

上述 3 个功能调用返回的参数都是打印机状态字节。某位为 1，则反应不忙（D_7）、响应（D_6）、无纸（D_3）、选中（D_4）、出错（D_3）和超时错误（D_0）。

E.5　日时钟功能调用（INT 1AH）

① AH=00H——读取日时钟：

出口参数:CX=计时变量高字内容，DX=计时变量低字内容；AL=0，表示未超过 24 小时。

② AH=01H——设置日时钟：

入口参数:CX=计时变量高字内容,DX=计时变量低字内容。

③ AH=02H——读取实时时钟:

出口参数:CH=BCD 码小时值,CL=BCD 码分值,DH=BCD 码秒值。

④ AH=03H——设置实时时钟:

入口参数:CH=BCD 码小时值,CL=BCD 码分值,DH=BCD 码秒值,DL=0(不调整天数)。

⑤ AH=04H——读取实时日期:

出口参数:CH=BCD 码世纪值,CL=BCD 码年值,DH=BCD 码月值,DL=BCD 码日值。

⑥ AH=05H——设置实时日期:

入口参数:CH=BCD 码世纪值,CL=BCD 码年值,DH=BCD 码月值,DL=BCD 码日值。

⑦ AH=06H——设置报警时钟:

入口参数:CH=BCD 码小时值,CL=BCD 码分值,DH=BCD 码秒值。

⑧ AH=07H——复位报警时钟。

附录 F

ASCII 码字符表

编码(Hex)	字符	编码(Hex)	字符	编码(Hex)	字符	编码(Hex)	字符
00	NUL	20	SPACE	40	@	60	`
01	SOH	21	!	41	A	61	a
02	STX	22	"	42	B	62	b
03	ETX	23	#	43	C	63	c
04	EOT	24	$	44	D	64	d
05	ENQ	25	%	45	E	65	e
06	ACK	26	&	46	F	66	f
07	BEL	27	'	47	G	67	g
08	BS	28	(	48	H	68	h
09	HT	29	)	49	I	69	i
0A	LF	2A	*	4A	J	6A	j
0B	VT	2B	+	4B	K	6B	k
0C	FF	2C	,	4C	L	6C	l
0D	CR	2D	–	4D	M	6D	m
0E	SO	2E	.	4E	N	6E	n
0F	SI	2F	/	4F	O	6F	o
10	DLE	30	0	50	P	70	p
11	DC1	31	1	51	Q	71	q
12	DC2	32	2	52	R	72	r
13	DC3	33	3	53	S	73	s
14	DC4	34	4	54	T	74	t
15	NAK	35	5	55	U	75	u
16	SYN	36	6	56	V	76	v
17	ETB	37	7	57	W	77	w
18	CAN	38	8	58	X	78	x
19	EM	39	9	59	Y	79	y
1A	SUB	3A	:	5A	Z	7A	z
1B	ESC	3B	;	5B	[	7B	{
1C	FS	3C	<	5C	\	7C	|
1D	GS	3D	=	5D	]	7D	}
1E	RS	3E	>	5E	^	7E	~
1F	US	3F	?	5F	–	7F	DEL

参 考 文 献

[1] 戴梅萼. 微型计算机技术及应用[M]. 北京：清华大学出版社，1998.

[2] 钱晓捷. 16/32 位微机原理、汇编语言及接口技术[M]. 北京：机械工业出版社，2001.

[3] 刘乐善. 微型计算机接口技术及应用[M]. 武汉：华中科技大学出版社，2000.

[4] 邵时. 微机接口技术[M]. 北京：清华大学出版社，2000.

[5] 吴宁. 80X86/Pentium 微型计算机原理及应用[M]. 北京：电子工业出版社，2000.

[6] 刘文英. 微机原理与接口技术[M]. 北京：清华大学出版社，2001.

[7] 黄战华. 微机原理与接口技术[M]. 北京：机械工业出版社，2001.

[8] 王承发. 微型机接口技术[M]. 北京：高等教育出版社，2000.

[9] 邵鸿余. 微型计算机原理与接口技术[M]. 北京：科学出版社，2000.

[10] 孙德文. 微型计算机技术[M]. 北京：高等教育出版社，2001.

[11] 仇玉章. 32 位微型计算机原理与接口技术[M]. 北京：清华大学出版社，2000.

[12] BRAY B B.Intel 系列微处理器结构、编程和接口技术大全[M]. 北京：机械工业出版社，1998.

[13] 周荷琴，吴秀清. 微型计算机原理与接口技术[M]. 合肥：中国科学技术大学出版社，2004.

[14] 杨素行. 微型计算机系统原理及应用[M]. 北京：清华大学出版社，1995.

[15] 赵雁南，温冬婵，杨泽红. 微型计算机系统与接口[M]. 北京：清华大学出版社，2005.

[16] 周明德. 微机原理与接口技术实验指导[M]. 北京：.人民邮电出版社，2005.

[17] 顾晖，梁惺彦. 微机原理与接口技术：基于 8086 和 Proteus 仿真[M]. 北京：电子工业出版社，2001.

[18] 彭虎，周佩玲，傅忠谦. 微机原理与接口技术[M]. 2 版. 北京：电子工业出版社，2008.

[19] 尹建华. 微型计算机原理与接口技术[M]. 2 版. 北京：高等教育出版社，2008.

[20] 姚燕南，薛均义. 微型计算机原理与接口技术[M]. 北京：高等教育出版社，2004.